地理科学类实践教学指导丛书

城市与区域规划
实习指导书

主编　鲁迪

郑州大学出版社

图书在版编目(CIP)数据

城市与区域规划实习指导书/鲁迪主编. —郑州:郑州大学出版社,
2019.2(2021.2 重印)
（地理科学类实践教学指导丛书）
ISBN 978-7-5645-2178-3

Ⅰ.①城…　Ⅱ.①鲁…　Ⅲ.①城市规划-高等学校-教学参考资料
②区域规划-高等学校-教学参考资料　Ⅳ.①TU984

中国版本图书馆 CIP 数据核字（2015）第 222720 号

郑州大学出版社出版发行

郑州市大学路 40 号　　　　　　　　　　　邮政编码:450052
出版人:孙保营　　　　　　　　　　　　　发行部电话:0371-66966070
全国新华书店经销
郑州龙洋印务有限公司印制
开本:787 mm×1 092 mm　1/16
印张:18
字数:426 千字
版次:2019 年 2 月第 1 版　　　　　　　　印次:2021 年 2 月第 2 次印刷

书号:ISBN 978-7-5645-2178-3　　　　　　　定价:35.00 元
本书如有印装质量问题,由本社负责调换

作者名单

主　编　鲁　迪

副主编　钱宏胜

编　委　(以姓氏笔画为序)

李春妍　张　宁　岳汉秋

钱宏胜　鲁　迪

前　言

　　城市与区域规划实习是城乡规划专业、人文地理与城乡规划专业实践教学环节的重要组成部分。《城市与区域规划实习指导书》编写的目标是集规划理论教学和实践教学于一体的实用性较强的实习指导用书,注重将城市与区域规划理论与规划设计方法技能紧密结合,供人文地理与城乡规划专业的学生使用。本书具有以下特点:

　　——涉及理论、概念等一类知识内容时,注重穿插学习方法的介绍和讲解,结合学生的特点,注重知识内容的实用性和综合性,避免以往类似教材中较刻板的理论知识点,将更多的学时和内容重点放在实用规划设计方法、规划设计技能、规划设计过程和实习要求的阐述上。

　　——教材展示了大量的教学案例和学生实习作品,其内容不仅仅是项目或作业成果的展示,也包含完整的项目及作品制作构思的过程。实习内容中包含了近几年作者在教学中的过程记录和成果经验,具有一定的参考性。

　　——教材在涉及案例及不同类型规划设计分析的同时,更注重知识点的综合性和完整性。

　　——由于我国城镇化的快速发展,城乡规划行业的日新月异,因此,案例更注重行业的前沿性和创新性。

　　本书共分十一章,分别是:第一章绪论、第二章城市与区域规划实习的方法、第三章区域规划实习与案例、第四章城市规划实习与案例、第五章村镇规划实习与案例、第六章生态环境规划实习与案例、第七章景观规划实习与案例、第八章旅游规划实习与案例、第九章快题设计在城乡规划中的应用、第十章3S技术在城乡规划中的应用与案例、第十一章学生实习作品集锦。

　　在地方高校向应用技术型高校转型的背景下,进一步强化实践教学环节,加大实践教学投入,提高专业实习的质量,是提高实践能力培养的重要举措。城市与区域规划实习是城乡规划专业、人文地理与城乡规划专业的重要实践教学环节,但国内相关实习指导书十分缺乏。鉴于此,本书编写人员经过多次集中研讨,决定编写此书,为城乡规划等相关专业的学生实习提供资料指导。

　　本书由鲁迪、钱宏胜负责修改、统稿、定稿。编写分工如下:第一章(钱宏胜)、第二章(张宁、鲁迪)、第三章(张宁)、第四章(钱宏胜)、第五章(李春妍)、第六章(鲁迪)、第七章(李春妍)、第八章(钱宏胜)、第九章(李春妍)、第十章(岳汉秋)、第十一章(钱宏胜)。编写过程中

I

引用了众多学者的研究成果,由于编写时间仓促,文中未能一一标注,在此对有关作者表示诚挚的谢意。

本书是平顶山学院自编教材项目资助计划用书,编写过程中得到了平顶山学院有关领导的大力支持和帮助,尤其是副校长张久铭教授、校工会主席于长立教授、教务处处长李波教授、旅游与规划学院院长梁亚红教授给予的帮助和鼓励;同时,郑州大学出版社孙理达老师为本书的出版做了大量的工作。在此,编写组成员对他们的大力支持和热心帮助表示衷心的感谢!

本书编写人员虽然付出了极大的热情和努力,但由于受时间、资料、编写水平等限制,难免有疏漏,甚至错误等不尽人意之处,恳请有关专家和读者指正!

鲁　迪

2015 年 8 月于平顶山

目 录

第一章

绪 论

第一节 城市与区域规划实习目的及意义

一、人文地理与城乡规划专业

人文地理与城乡规划专业是理学地理科学大类下面的二级学科,前身是资源环境与城乡规划管理专业。2012年教育部将"资源环境与城乡规划管理专业"拆分为"人文地理与城乡规划专业"和"自然地理与资源环境专业"。人文地理与城乡规划专业是以人口、资源、环境与区域可持续发展的研究、应用、管理为内容的基础性与应用性相结合的专业。它涉及地理科学、人文科学、城乡建设规划、地理信息系统管理等多个领域的内容。其目的是为了适应区域经济、城市建设、房地产业、旅游业等方面的飞速发展,为社会提供专门人才。

二、城市与区域规划实习的目的和意义

城市与区域规划实习是《区域分析与区域规划》《城市规划原理》《村镇规划》《居住区规划》《旅游开发与规划》《生态环境规划》《景观规划》等课程教学中的重要实践环节,在教学中占有重要地位。通过野外实习可以使学生把课堂上所学的抽象的规划理论与实践结合起来,真正理解课堂上所学到的知识,并能够举一反三地应用所学理论和方法。因此,城市与区域规划实习是人文地理与城乡规划专业实践教学环节的有机组成部分。通过实习以达到以下目的:

(1)结合实际应用,使学生掌握《区域分析与区域规划》《城市规划原理》《村镇规划》《居住区规划》《旅游开发与规划》《生态环境规划》《景观规划》等规划的编制程序、方法和技能,实地了解规划工作的完整过程与管理方式,验证课堂教学所学得的理论与知识,加深和巩固对教学内容的理解,指导学生运用相关的理论进行模拟规划,培养学生的实践动手能力,以提高规划实践能力。

(2)通过区域规划实习,使学生进一步掌握区域规划的主要内容和编制过程。并针

对某一具体区域,能够从战略高度和全局视野分析其优势、劣势、机遇和挑战,给区域的未来发展确定一个科学的功能定位和目标定位,并确定未来发展的战略重点、战略布局框架和战略措施等。逐步培养学生的战略思维、全局观念、总体意识与综合分析能力。

(3)通过城镇规划实习,使学生进一步掌握区域城镇规划的主要内容和编制程序。并从某一实际区域出发,深刻认识城镇自身的发育发展过程,以及城镇与城镇、城镇与区域、城镇各功能区之间的相互关系。科学合理地确定区域城镇体系的等级规模结构、职能类型结构和空间布局结构。积极培养学生的演绎归纳、统筹兼顾与协调整合能力及城镇建设规划技能。

(4)通过生态环境规划实习,可以培养学生环境保护意识和生态建设理念,巩固和加深已学过的生态环境规划的理论和方法,培养学生生态环境现状分析、预测分析和生态环境规划技能。

(5)通过景观规划实习,使学生进一步掌握城市园林绿地的功能作用、构成要素、风景构图等基本原理和规划的基本步骤,培养学生的手绘和快题设计技能。

(6)通过旅游规划实习,可以使学生巩固所掌握的旅游资源开发与规划的基本理论和专业知识,学习旅游规划与管理的基本工作程序与操作规程,培养学生的旅游资源现状调查、分析和规划的基本技能。

(7)通过实习,使学生进一步熟悉 ArcGIS、AutoCAD、Photoshop、Sketchup 等绘图软件的使用,培养学生 3S 技术在城市与区域规划中的应用技能。

(8)培养学生求真务实的工作作风和科学态度,以及吃苦耐劳、严守纪律、团结协助的团队精神。

第二节　人文地理与城乡规划专业实习教学设置

一、地方高校转型发展与实践教学要求

党的十八届三中全会明确提出:"加快现代职业教育体系建设,深化产教融合、校企合作,培养高素质劳动者和技能型人才。"随后,国务院常务会议做出"引导部分普通本科高校向应用技术型高校转型"战略部署。教育部在"中国发展高层论坛"明确"600 多所地方本科高校实行转型"。在转型背景下,地方高校更加突出了实践能力的培养和应用技术型人才的培养。

人文地理与城乡规划专业在人才培养方案修订中,完善了人才培养目标体系,更加突出实践能力的培养,提出人才培养目标为"培养德、智、体、美全面发展,适应社会发展需要,具备人文地理与城乡规划的基本理论、知识和技能,在宏观、中观区域规划和土地管理等方面接受严格科学思维的训练和良好的专业技能训练,具有创新意识和实践能力,能在科研教育单位、相关政府部门、企事业单位从事城乡建设、区域经济发展规划相关工作的应用型人才"。

在能力培养方面,要求学生具备遥感和 GIS(地理信息系统)应用的基本技能,具备手工及计算机制图、识图的能力;具备资料查询、文献检索及运用现代信息技术获取相关信息的基本技能,具有分析、归纳、整理能力与学术交流的能力,具有一定的撰写学术论文的能力;具备城市与区域调研能力、空间分析能力、城乡规划的基本技能;掌握一门外语和计算机应用技能。

为了提高学生实践能力,把传统的实践验证教学模式逐渐转变为能力培养的实践教学新模式,加大了创新性实验和综合性设计实验培养力度。根据教学组织形式的分类,实践课程体系由室内实验教学、基地实习实训教学、课程综合设计实验教学、第二课堂教学和社会实践等五部分组成;从实践教学内容和层次上,又可将实践教学体系划分为基本技能培养模块、专业技能培养模块和拓展技能培养模块三个部分(图1.1),三模块之间形成实践能力的培养整合。

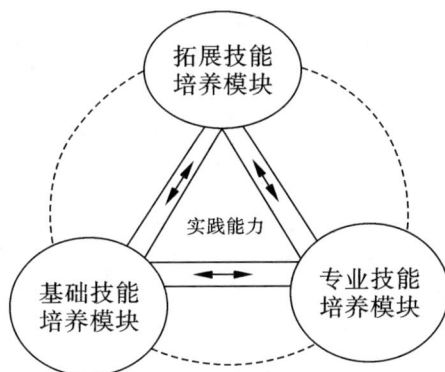

图 1.1　人文地理与城乡规划专业实践能力培养模式

二、人文地理与城乡规划实践教学体系设置

以平顶山学院为例,人文地理与城乡规划专业实践教学体系设置见表1.1,其中城市与区域规划实习安排在大三下学期(夏季),总共 21 天,其中包括野外调研实习、校内实习成果编制和实习报告的撰写时间。

表 1.1　课外实践教学环节活动计划表

	活动名称	活动代码	学分	活动安排			开课学期
				起始周	结束周	总周数	
活动类别	测量学综合实习	43130202	1	14 周末	16 周末	1(6 天)	二
	人文地理综合实习	43130203	1	9	9	1(6 天)	四
	城市与区域规划实习	43130204	3	9	11	3(21 天)	六
	毕业实习	44130205	8	14	20	8	七
毕业论文		51130206	8	1	8	8	八
合计			21			21	

续表1.1

第二课堂	专业技能类	AutoCAD 制图大赛	61130201	2	6	9	4	春季
		规划设计大赛	61130202	2	5	10	6	秋季
		科技论文大赛	61130203	2	8	11	4	秋季
	学科技能类	GIS 大赛	61130204	2	5	12	8	春季
		土地资源利用调查	61130205	2	5	14	9	春季
		区域旅游资源调查	61130206	2	5	14	9	秋季
合计				12			40	

第三节　城市与区域规划实习组织设计案例

一、实习基地的选择

本书以平顶山学院为例,探讨实习基地选择的依据。城市与区域规划实习地点选择在舞钢市区、平顶山市新城区、郑州市郑东新区、洛阳龙门石窟等实习等地进行。实习基地的选择主要考虑以下原则:

(1)基地特色明显,符合实习内容要求

选取的四个实习基地都具有明显的自身特色。

①舞钢市小城镇建设特色明显,是我校人文地理与城乡规划专业多年来重要的实习基地,自1999年始,我校地理科学类相关专业一直在此开展区域地理实习、城市与区域规划实习,具备丰富的实习基础。

②平顶山市新城区是平顶山市拉大城市框架,实现跨越式发展的现实需要,是平顶山市改善投资环境,提高城市品位,提升城市吸引力,全面建设小康社会,实现"繁荣、开放、文明、秀美"现代化工业新城的重大举措。新城区白龟山水库湿地生态景观和新城区住宅区是生态环境规划和居住区规划实习的便利基地。

③郑东新区是郑州市委、市政府根据国务院批准的郑州市城市总体规划,为实施拉大城市框架、扩大城市规模、加快城市化和城市现代化进程战略而投资开发建设的新城区。该区以迁建的原郑州机场为起步区,以国家经济技术开发区为基础,西起老107国道,东至京珠高速公路,南自机场高速公路,北至连霍高速公路,远期规划总面积约150平方公里,相当于目前郑州市已建成市区的规模(建成区面积132平方公里,市区常住人口260余万人),将在未来20~30年内建成①。郑东新区开发建设作为河南省加快城市

---

① 大河网.郑东新区[EB/OL].http://news.dahe.cn/2012/6332/101667765,2012-10-19.

化进程的龙头项目,已被河南省政府作为重点工程列入日常工作,是城市总体规划和新城区规划的典型实习基地。

④洛阳龙门石窟是世界文化遗产、国家首批风景名胜区、国家首批 5A 景区,是旅游规划实习的理想基地。

(2)与基地关系密切,充分发挥基地一线专家队伍优势

近年来,根据学科建设发展和教学目标的实现,已经跟实习基地建立了长期的、稳固的合作关系,部分基地一线专家指导人员具有丰富的实践经验,为学生提供了实践指导,实习都取得了明显效果。而且,随着专业的发展和实习需求多样性的增加,我院建设了一些新的实习基地,如洛阳市龙门石窟、郑东新区等,充分利用学校已经和该基地部分专家建立的合作关系,发挥当地的一线专家队伍优势。

(3)城乡发展较快,规划热点区域

以上四个实习基地为响应国家政策,并依据自身发展需要,均已完成新一轮规划编制。该基地实习的开展,有助于学生了解国家最新城市发展政策和相应的规划工作的最新进展,有利于丰富学生理论知识和实践经验。

二、实习时间的选择

实习时间:每学年的下半学期第 9~11 周,其中校外实习 12 天,校内制作规划实训作品和撰写实习报告 9 天。

其中校外实习的时间安排如下:

舞钢市:5 天;平顶山市区:5 天;郑东新区:1 天;洛阳龙门石窟:1 天。

三、实习内容设计与组织形式

(一)舞钢市实习内容与组织形式

(1)朱兰区实习点

实习内容:舞钢市城市经济、社会环境等情况的区域调查,朱兰区分区建设规划调查,包括城市定位、空间布局、土地利用、道路系统、绿地系统、居住区等内容。

组织形式:专家讲座、指导教师带队讲解和分组调查;

时　　间:1 天。

(2)垭口区实习点

实习内容:垭口区分区规划建设调查,包括城市定位、空间布局、土地利用、道路系统、绿地系统、居住区等内容。

组织形式:专家、指导教师带队讲解和分组调查;

时　　间:1 天。

(3)寺坡区实习点

实习内容:寺坡分区规划调查,包括城市定位、空间布局、土地利用、道路系统、绿地

系统、景观规划等内容。

组织形式:专家、指导教师带队讲解和分组调查;

时　　间:1 天。

(4)产业集聚区实习点

实习内容:产业集聚区与新农村规划考察;

组织形式:专家、指导教师带队讲解,实习分组调查;

时　　间:1 天。

(5)九头崖实习点

实习内容:九头崖旅游资源调查;

组织形式:指导教师带队讲解,实习分组调查、讨论与汇报;

时　　间:1 天。

(二)平顶山市区实习内容与组织形式

(1)平顶山市高新技术开发区实习点

实习内容:参观高新技术开发区规划展览馆,了解产业集聚区规划,小组分工展开调研。

组织形式:指导教师讲解、小组分工调研;

时　　间:1 天。

(2)新城区实习点

实习内容:参观博物馆、新城区规划馆,实测平安广场,分组展开城市空间布局、土地利用、道路系统、开放空间、绿地系统、居住区等调研。

组织形式:博物馆讲解员、指导教师讲解、小组分工调研;

时　　间:1 天。

(3)平顶山白龟山水库实习点

实习内容:水源地保护规划、湿地保护规划、滨湖带景观规划等。

组织形式:小组分工自主调研,并汇报调研情况;

时　　间:1 天。

(4)平顶山焦店镇实习点

实习内容:焦店镇村镇体系规划、镇区建设规划、村庄建设规划与旧村庄改造等调研考察。

组织形式:小组分工自主调研,并汇报调研情况及改造方案;

时　　间:1 天。

(5)平顶山市区实习点

实习内容:市区主要污染源空间分布与现状特点调研;鹰城广场、白鹭洲湿地公园等景观规划调研。

组织形式:小组分工自主调研,并汇报调研情况及改造方案;

时　　间:1 天。

（三）郑东新区实习

实习内容：参观郑东新区规划馆、CBD 规划，分组展开中心商务区调研。

组织形式：规划馆讲解员、指导教师讲解、小组分工调研；

时　　间：1 天。

（四）洛阳市实习

（1）洛阳龙门石窟实习点

实习内容：旅游资源调查，旅游市场调研、旅游空间布局规划，文化遗产保护与开发、旅游产品与线路设计、旅游设施等调研。

组织形式：讲解员、指导教师讲解、小组分工调研；

时　　间：半天。

（2）洛南新城区实习点

实习内容：新城区规划馆，分组展开城市空间布局、土地利用、道路系统、开放空间、绿地系统、居住区等调研。

组织形式：基地专家、指导教师讲解、小组分工调研；

时　　间：半天。

四、实习进程安排

（一）实习动员与准备阶段

实习动员目的是根据教学计划安排，实习前让教师和学生做好实习准备，包括时间的协调、知识和学习资料的准备、实习工具及生活用品的准备，以及保持健康身体等准备。

实习动员形式有多种，可开专题会议动员，可下发实习材料动员，亦可由实习指导教师或任课教师课间动员等。实习动员内容要点包括实习目的、实习内容、实习进程安排、实习成绩评定办法、实习基地基本情况、实习安全教育，以及实习指导教师的职责等内容。

（二）实习实施阶段

实习实施一般分为三个阶段：

第一阶段，学生实习调研方案的指导和调研方法培训。

第二阶段，在教师的带领下，按照每条实习线路安排的实习内容，以小组为单位进行野外工作方法的基本训练。由浅入深，由点到线、再由线至面逐步掌握实习内容。

第三阶段，实习报告或成果的撰写。

由教师讲述资料整理目的要求、图件格式、报告提纲。实习小组集体完成小组实习主题调研报告，每位同学同时需要完成个人调研报告，经教师审阅、批改报告初稿，由学生进一步修改,最后完成定稿和装订。

五、实习指导教师职责和学生要求

(一)实习指导教师职责

(1)制定出详细的实习计划、内容要求、时间安排、做好人员分组等工作;

(2)指导教师应熟练掌握有关实习的各方面内容,根据实习线路统一安排实习内容及实习方式,指导学生进行实地调查、制作规划实训作品和撰写实习报告。

(3)深入了解学生情况,热情耐心地对学生进行业务指导,并认真批改野外实习记录和作业。关心学生生活和健康状况。

(4)遵守实习期间各项规章制度。

(5)对学生上交的实习报告认真批改。按考核制度认真负责地评出学生实习成绩,并及时交学院教学秘书。

(二)学生实习要求

(1)学生在实习期间遵守国家政策法令和学校的规章制度。

(2)实习由带队教师统一指挥。注意开会、上课、出发及用餐的时间。野外实习期间原则上不得请假。

(3)学生在实习期间必须集中全部精力,不得做与实习无关的工作。认真听讲,虚心学习,做好笔记,认真独立完成各项作业。

(4)个人物品以简便为原则,相机等贵重物品要妥善保管,以免丢失。

(5)保护好图纸、资料及实习仪器、装备。实习结束后,应及时清理实习用品,并交还实验室。

(6)发扬尊师爱生、团结互助的精神;不怕苦、脏、累。注意个人饮食卫生。

(7)注意安全,不得单独进行野外活动,防止掉队发生意外。

(8)尊重当地风俗习惯,注意处理好与当地群众的关系。

六、实习成绩评定办法

实习成绩由三部分构成:实习态度和实习表现20%、专业素质表现30%、实习收获50%。根据学生所在小组实习主题调研报告和个人调研报告,由指导教师根据以上项目按优、良、中、及格、不及格五级评出学生实习成绩。

第二章

城市与区域规划实习的方法

城市与区域规划涵盖内容多样,覆盖范围广,涉及影响因素众多,是具有目的性、前瞻性、动态性、综合性的工作。规划需要制定发展战略,预测发展方向,设计未来的行动方案,是描绘未来发展的蓝图。要求规划工作者必须从实际出发,既要满足发展普遍规律的要求,又能针对不同的地域特点、不同的问题,确定规划的主要内容与发展方式。

城市规划与区域规划所需资料涉及各个方面,数量众多,如果缺乏第一手资料,对规划对象没有正确的认识,工作将无从开展。实习带领学生走出校园,在实践中探索与发现,通过现场踏勘、抽样调查、访谈等方法了解规划对象,汇总综合调查资料,熟悉各类资料的收集与整理的方法,运用规划的分析研究方法,解决实际问题。本章将结合实习过程,介绍城市与区域规划实习常用的基本方法,指导学生开展相关实践活动。

第一节 野外调查的前期准备

城市与区域规划涉及整个调查地区自然和人文的综合状况,调查研究是各类规划必要的前期工作。实习开始前的野外调查准备做得越充分,调查工作的开展就会越顺利,获得的成果也会越丰富,因而调查的前期准备工作必不可少。准备工作包括,明确调查课题,广泛搜集现有资料,制定周全详细的调查计划,准备必备的野外实习工具等。

一、调查课题的明确

整个城市与区域规划实习过程涉及区域规划、城市规划、村镇规划、生态环境规划、景观规划、居住区规划、旅游规划等多个实习课题。各项实习课题的关注重点各有侧重,同学们的选题方向也有所不同,为了能在实习过程中有的放矢,调研过程中做到心中有数,野外实习开始之前,明确调查课题,确定重点调查方向,梳理各课题的调查内容十分必要。

调查课题即实习工作中所要研究、说明、回答的问题。调查课题决定了调查的方向,影响到调查的内容、过程、方法以及方案设计等,同时制约调查的质量以及调查成果的社会价值。调查问题的好坏直接决定了最终调查结果的水平,调查问题的确定是整个野外工作前期准备的重点。

提出一个问题往往比解决一个问题更重要。在选择调查课题时需遵循需要性、重要性、创造性、可行性原则。根据社会发展的客观需要选择调查课题,理论方面对科学发展、规律认识、现象解释有益,实践方面能够对具体问题进行科学回答或者解决,按照新颖、独特、先进等要求选择课题,根据调查主体和客体的现实条件选择调查课题。

(1)文献分析与相关领域成果整理

调查问题的设定,首先是从感性和理性两个方面形成自己初步的问题意识。在此基础上,对已有的文献和成果进行梳理,了解研究现状、研究方法与研究成果,对问题进行修正和细化。将比较模糊的想法变成明确的调查主题,通过分析再次确认不得不调查的内容以及调查的主题。

(2)问题的表述与概念界定

清晰地陈述调查课题能够帮助研究者界定研究范围,在对调查问题有初步调研的基础上,从得到的资料、数据中提取出想要表达的内容,即对问题的表述。在问题表述时要利用恰当的概念,使表达的问题能够准确地传达。

(3)调查问题综合说明

对调查问题进行综合说明,可以让问题变得更加清晰,易于把握。对调查问题可以进行分类,并对概念做进一步的解释说明,为后续问卷调查、访谈等的调查内容设定指明方向,提供便利。

二、调查计划的制定

针对不同的调查课题,制定完整、详细的调查方案,是对调查的具体程序和操作方式的规划。包括制定计划、分解课题,将研究概念具体化、操作化,并说明调查中的各种细节、可能遇到的问题以及所采取的各种策略等方面。

制定调查计划是要阐明调查课题和研究的目的与意义、确定调查范围和调查单位、确定研究类型和调查方法、确定调查内容、编制调查提纲、明确调查过程和研究时间计划、研究经费和物质手段的计划、安排等。在制定调查计划过程中应遵循可行性、完整性、时效性、经济性等原则,编制出具备实际操作可能性,考虑全面,符合当下实际情况,并且经济可行的调查计划。考虑野外调查过程中各种不确定因素的影响,调查计划的制定需要留有一定余地。

(一)选择调查方法

不同类型的调查,适用的调查方法也不尽相同,调查方法的选择须从以下三个方面考虑:

一是调查范围,即调查是着眼于总体、部分还是个体,决定了调查是采用普查、抽样还是个案调查的方法;

二是调查的时间维,即调查是重视剖面调查还是纵向调查,决定了调查是采用注重广度还是注重深度的调查方法;

三是调查的数据类型,即以定量数据为主还是定性数据为主,决定调查是否要采用结构化的方法。

在此基础上,最后还需要考虑具体的资料收集采用何种方法,比如观察法、问卷调查法、访谈法等。

(二)制定实施方案

调查计划最终需要落实到实施方案。即根据分解的各项调查任务和已确定的调查方法,对调查的具体时间、地点、操作程序、步骤、执行方式做出详尽规划,并就经费的使用以及其他物质手段做出妥善安排。实施方案是调查正式实施的工作指引,要考虑调查过程中的各种细节问题以及相应的策略。周密的实施方案是调查顺利、高质完成的保证。

(1)调查时间

剖面调查一般是短期的,而纵向调查一般需要较长时间。就具体的资料收集方式而言,参与观察需要的时间最长,调查者需要生活在所调查的地区或场所进行长期的观察和访问,而问卷等统计调查一般所需时间较短。调查时间也与调查任务及调查者的可支配时间、经费及其他物质手段的安排密切相关。可支配时间、经费多,调查任务相对比较复杂的,调查时间可适当延长,反之则要缩短。

(2)调查地点

调查地点的选择要在既定的调查范围内考虑,具体调查地点的选择要坚持三原则:

①典型原则,尽量选取有代表性的调查点;

②就近原则,选取相对距离近的调查点;

③熟悉原则,优先选取调查者熟悉的调查点。

(3)工作指引

调查工作指引是用来规范调查程序和调查行为的工作手册,说明每一时间段的调查任务、调查地点、对象、调查工作要点、流程、注意事项以及特殊情况下的应急对策。

(4)经费安排

经费是影响野外调查方案设计和实施的重要因素,直接限制了调查范围、调查时间和调查地点。对经费的使用需做出合理的规划和安排。调查经费的安排需要考虑:

①调查经费的出处。不同的出处对于经费的使用有不同的规定,需要在事前统筹考虑。

②经费支出项目概算。一般而言,支出项目包括交通费、住宿费、印刷费、资料费、餐费以及协作人员的劳务费等几项,另外还应准备一部分应急资金,以防各种意外。

③调查经费应由专人管理。

(5)物质保障

物质保障主要指调查实施所需的各种设施保障,比如车辆、通信工具、录音、录像设备、实验仪器、计算机、软件等,根据需要及早做出规划和安排。

三、实习工具的准备

所有野外作业都有其户外作业的共同性,因此都需要一些一般性的装备,例如食品、衣物、药品、通信联络设备、文档及数据资料采集设备等。

（一）集体用品

药品：一般短期活动可能会出现划伤、跌打扭伤、中暑、蚊虫叮咬、肠胃不适、感冒、发烧等问题。针对上述问题野外实习中应准备必要的常用药，包括：肠胃药；感冒药；晕车药；外伤类：棉签、红药水、酒精、绷带、纱布、创可贴、云南白药、红花油（正骨水）等；其他：清凉油、人丹、藿香正气水等。

文档及数据资料采集设备：调查地区相关文字资料、交通图、地形图、工作手册、调查介绍信等；资料记录采集设备：如电脑、照相机、摄像机等；野外记录测量仪器：如 GPS、测尺、罗盘、望远镜等。

（二）个人物品

参与实习的个人一般需携带个人证件，准备必要的洗漱用品，换洗衣物，必要的个人餐饮用具，以及实习记录使用的笔、尺、笔记本、绘图本等。

第二节　常用的收集资料方法

在城市与区域规划实习过程中，常用的收集资料方法包括文献调查法、现场调查法、问卷调查法、访谈法等几种，现分别简单介绍如下。

一、文献调查法

文献调查法也称为历史文献法，即收集各种文献资料、摘取有用信息、研究有关内容的调查方法。科学研究具有继承性，进行研究必须在充分把握前人有关研究成果的基础之上。通过对文献资料的检索与整理对目前研究现状、已有成果等有初步的认识。一项调查研究一般至少需要进行三次文献检索：第一次是形成问题意识过程中的文献查阅，第二次是实施调查之前的文献整理，第三次是分析结论形成之前的文献综合。每一次文献检索的侧重点不同，但过程基本相同。

（一）文献调查法的特点

（1）历史性：文献调查法不是对社会现实情况的调查，而是对人类社会过去曾经发生的事情和已获得的知识所进行的调查。

（2）间接性：调查对象是各种间接的历史文献资料。

（3）非介入型和无反应型：它不介入文献所记载的时间，不接触有关实践的当事人，因此在调查过程中不存在与当事人的人际关系问题，不受当事人反映性心理或行为的影响。

（二）文献资料的检索与整理

文献资料包括电子文献和字纸文献等两类,具体可分为图书(教材、著作、统计年鉴、地方志)、期刊、报纸、会议文献、科技报告、学位论文、政府出版物、专利、标准、产品资料、科技档案等。国内电子期刊检索常用数据库包括:CNKI 中国期刊全文数据库、优秀硕博士毕业论文数据库、会议论文集数据库、人大报刊资料数据库、维普数据库、万方数据知识服务平台等。文献检索包含了对公共信息源的检索和对专业信息源的检索。公共信息的信息源一般主要有因特网、书店等。专业信息的检索需要借助专门的信息索引平台,图书馆是其代表。

文献检索的一般程序为:

（1）确定范围:研究问题、主要内容、时间跨度等;

（2）选择检索工具:参考工具书或检索工具书,手工检索或计算机检索 ;

（3）确定检索途径:题名、作者、分类、主题;

（4）检索与筛选。

在文献检索的同时就可以进行文献整理工作,文献整理的步骤包括:

（1）对文献依照内容和方法进行重新分类,并进行筛选;

（2）对挑选出来的重要文献进行详细整理;

（3）在上述工作的基础上,进一步整理这些既有研究的论点,挖掘已有研究中较少探讨并值得深入探讨的部分,整理其研究意义以作为进一步调查和研究的题材与重点;

（4）将整理过的文献作一份附带评述的目录,可以使今后的文献查找和引用更为便捷。

（三）已有统计数据的分析

在文献整理的基础上,还需要对所研究的问题及其背景资料的数量特征进行整理。通过野外调查可以获得一些宝贵的一手数据,但是,如果所调查的问题已有现成的数据可以利用,或者通过现成数据的活用可以间接导出结果,在野外调查中就应当减少这部分调查内容,以节省费用和时间。对于无法通过自己调查获取的数据,也需要在调查进行之前做出安排,确认数据的获取可能性。通过已有数据的整理分析,可以使野外工作的目的、问题更为明确,也可以使野外工作的时间和经费得到最大限度的节约。

每年国家、省市统计部门以及相关的研究单位都有一些专项的统计结果公布,可以作为调查工作的前期参考资料。国内的统计资料大体上可以分为四大类:定期统计报表、普查数据、抽样调查数据、其他调查数据,比如典型调查、重点调查数据等。

统计资料的收集可以先从网络开始。政府统计部门编辑出版的各类统计资料是官方统计数据的主要载体,也是各类宏、微观数据的主要来源。一些来自政府各职能部门的专题调查数据,比如通常由国土局、房管局或房改办提供的居民住房状况、居民购房意愿等调查数据。另外,一些专业的调查公司、数据公司以及一些其他商业机构、研究所也会基于某种目的进行一些调查,并发表相关的数据。除了国内的统计数据之外,国际或外国资助机构公开发表的统计资料也可以利用。

一般来讲,统计局的数据偏重于宏观经济、人口及环境方面。地方和民间研究机构的数据则更多涉及微观的居民生活、消费以及个人生活评价与体验,但总体来说,数据比文字更抽象,因而数据的分析整理也比文献整理更复杂,需要特别慎重对待。

统计资料的分析方法根据研究目的而有所不同,但基本过程是一致的,即先要核实数据,然后对数据进行分析、设定和检验假设,最后再对分析结果进行综合整理。在这些过程中,需要特别注意统计资料的比较核实,时序数据的处理以及检验假设。

(四)地图资料的收集与整理

图形资料是实习过程中非常重要的工具,其功能有:提供方位指导,标示研究区域具体范围;提供研究区域背景图像或现状情况;提供主要交通道路及标志性建筑;供调查者结合图示和实地情况及时将调查结果标到图上等。在城市与区域规划实习中,可根据需要收集最新的地形图、行政区划图、旅游景观图、经济分区图、农业分区图和工业分布图等有关调查区域的各类自然地图和人文地图,以满足不同的调查需求。获取图形资料的途径包括:在相关网站上下载;利用已有基础资料,借助于制图软件进行绘制;联系相关单位获取等。

二、现场调查法

现场调查法是指调查者带着明确目的,直接把调查触角深入到被调查的具体对象所在地,对调查对象进行调查研究,直接地、有针对性地获取第一手资料,并对信息进行分析得出结论的一种方法。现场调查法是规划工作最基本的调查手段和工作方法。它所获得的信息具有及时、确切的特点,获得资料准确率高,能够直接获取信息,有利于对调查对象建立感性认识。但缺点是较为浪费人力、物力和时间,受调查空间条件、调查对象的限制,应用范围窄,收效不大,只能部分了解该区域的特点。

(一)现场调查法的分类

现场调查法可分为现场观察法和询问法两种。现场观察法是调查者凭借自己的眼睛或借助摄像器材,直接记录调查现场正在发生的行为或状况的一种有效的收集资料的办法。其特点是被调查者是在不知晓的情况下接受调查的。询问法是指以当面、电话或书面的形式将所调查的事项向被调查者提出询问,以获得所需的调查资料的调查方法,被调查者直接参与并影响调查过程。

(二)现场调查法的应用阶段

在城市规划和区域规划的编制过程中,现场调查法应用广泛。在规划工作开展初期,根据事先制定好的调研计划,对规划对象进行现场勘查,了解规划对象的现状,例如城市的自然条件、重大基础设施布局等,建立对调查对象的感性认识和直观印象。此外,在规划工作进展过程中,当规划方案编制中遇到某些特定问题需要对特定区域情况做进一步确认时,要再次前往现场进行再次踏勘。

在城市规划中的应用一般分为三个阶段:准备阶段、实施阶段和整理阶段。准备阶段,熟悉城市用地分类及相关规范;根据调查选择比例尺合适的最新比例图;选择调查人员,并进行调查任务分配;标出尚未弄清的问题,明确调查重点等。实施阶段,依据预先确定的任务分配和方式进行调查,做到调查有序、内容全面、重点突出、标注清晰,建立对调查对象的感性认识。调查整理阶段,整理调查资料,讨论和分析调查重点、难点,对其中的疑点可以与当地有关部门沟通或进行补充调查,撰写现状调查报告。

三、问卷调查法

问卷调查法是用书面形式间接搜集研究材料的一种调查手段。问卷在形式上是一份精心设计的问题表格,其用途是用来测量人们的行为、态度和特征等。通过向调查者发出简明扼要的征询单(表),请示填写对有关问题的意见和建议来间接获得材料和信息。该方法广泛应用于现代社会调查以及城市、区域规划工作中,效率高,形式灵活,简便易行,得到的资料标准化,易于进行定量分析,节省人力物力和时间,但调查结果的可靠性往往依赖于被调查者的选择以及被调查者的合作态度与实事求是精神,可能出现主观偏差。

(一)问卷调查的一般程序

问卷调查的一般程序包括:确定研究问题、设计调查问卷、选择调查对象、发放问卷、回收和审查问卷、对问卷调查结果进行统计分析和理论研究。

问卷调查实施中,需要首先明确设计抽样调查的目的、作用和要求,确定调查对象,即总体;进而确定抽取样本的方式和样本单位的数目;组织抽取样本单位的工作;在辅助工作的准备完成后展开调查,最后对样本资料进行整理和计算,开展相关研究。

(二)问卷的设计

根据问卷的设计情况,可将问卷的种类分为封闭式问卷、半开放或开放式问卷两种。封闭式问卷由调查者设计好,然后由被调查者自填,或由调查者询问被调查者后帮助填写;半开放或开放式问卷是指问卷有大致的问题指向,但没有具体的回答分类项,被调查者可以根据自己的认识和经验回答问题。实际操作中调查者可根据面对的具体问题选择合适的问卷类型。

问卷设计要紧紧围绕所研究的问题和所要测量的变量进行,尽可能做到收集的正是所需要的资料,既不漏掉必须的资料,也不包含无关的资料。另一方面,要使调查取得良好的效果,设计问卷时不能只把注意力放在编制问题上,还要注意问卷调查中的人为因素。结合调查目的与调查人员情况,也要多从回答者的角度考虑,尽可能为他们填写问卷提供方便,考虑被调查者自身的能力、条件等,减少困难和麻烦。也减少被调查者因心理上和思想上对问卷产生的各种不良反应所形成的障碍,提高问卷的回收率,提升调查质量。

（1）调查问卷的一般结构

通常一份完整的调查问卷应包括以下几部分。

①问卷标题：简明扼要地展示调查内容；

②封面信：明确调查者身份，对被调查者权益保护作简单说明，告知调查目的、内容与范围，调查对象的选取方式等；

③指导语：问卷填答方式，用以指导被调查者如何正确填答问卷；

④被调查者的属性调查项：明确被调查者的基本信息；

⑤问卷核心调查项：根据研究设计的技术路线，确定调查问题的类型，核心调查项设计时需注意结构合理，问题表述具体，语言简单准确、表述问题的态度客观；

⑥简单且诚挚的致谢语。

（2）问题与答案的设计

问题与答案是问卷的主体，也是问卷调查能否达到预期效果的关键。

①问题的类型。

问卷中的问题设计一般包括以下三种类型：背景性问题，主要是被调查者个人的基本情况。客观性问题，是指已经发生和正在发生的各种事实和行为。主观性问题，是指人们的思想、感情、态度、愿望等一切主观世界方面的问题。检验性问题，为检验回答是否真实、准确而设计的问题。也可分为：有关行为方面的问题、有关态度或者看法方面的问题以及有关个人背景的问题。

②问题的形式。

a. 开放式问题：不提供答案；如"您的建议＿＿＿"。常用于对意见及建议的收集，或者提供给被调查者一定的自由发挥空间。

b. 封闭式问题：提供答案以备被调查者选取。包括顺序式、等级式、表格式、两项式、多选项式、相倚问题等。

顺序式问题要求被调查者从备选答案中选出部分或全部答案，并按一定原则进行排序。等级式问题对两个以上分成等级的答案进行选择，只能从中选择出一项。常用于满意度调查（三、五、七项式都可以，一般用五项式）或者一些程度性问题的调查。

表格式问题是当询问若干个有相同答案形式的问题时，可以将这些问题集中在一起构成一个问题的表达方式。

两项式问题的答案只有两种，回答者其中选择一项即可，多用于民意测验。

多项选择式问题给出的答案至少在两个以上，回答者根据要求选择其一或者选择多项，问卷中最常用的方式。

相倚问题是指有些问题只适用于样本中的一部分对象，而被调查者是否需要回答这一问题常要依据他对前面某个问题的回答结果而定，这样的问题即相倚问题。

③设计问题的原则。

a. 客观性原则，即设计的问题必须符合客观实际情况。

b. 必要性原则，即必须围绕调查课题和研究假设设计最必要的问题。

c. 可能性原则，即必须符合被调查者回答问题的能力。凡是超越被调查者理解能力、记忆能力、计算能力、回答能力的问题，都不应该提出。

　　d. 自愿性原则,即必须考虑被调查者是否自愿真实回答问题。凡被调查者不可能自愿真实回答的问题,都不应该正面提出。

　　④设计答案的原则。

　　a. 相关性原则,设计的答案必须与询问问题具有相关关系。

　　b. 同层性原则,针对某一问题设计的具体答案之间必须具有相同层次的关系。

　　c. 完整性原则,设计的答案应该尽量穷尽一切可能,最起码应包含一切主要的答案。

　　d. 互斥性原则,同一问题设计的答案之间必须是互相排斥的,没有交叉。

　　⑤问题的数目和顺序安排。

　　数目依据研究内容、样本性质、分析方法,拥有的人力、物力和财力等因素确定。一般来说,不应太长,以回答者能在 20 分钟内完成为宜,至多不超过 30 分钟。如研究经费充足,并付给回答者一定的报酬和礼物,问卷本身质量高,回答者对内容比较有兴趣的情况下,问卷稍长一些无妨。

　　安排顺序方面,一是按问题的性质或类别排列,不要把不同性质或类别的问题混杂在一起;二是按问题的复杂程度或困难程度排列,一般地说,应该先易后难,由浅入深,先客观后主观;三是按问题的时间顺序排列,一般地说,应该按照调查事物的过去、现在和将来的顺序来排列问题。

　　⑥问卷的语言表达。

　　问卷中尽量用简单的语言,避免专业术语和抽象概念。问题尽量简短,但也应避免问题含糊,定义不清的情况,避免语言中的毛病,杜绝双重或者多重含义的表达。问题不可以带有倾向性,应保持中立态度,不能以否定形式提问,以免误会产生。不问被调查者不知道的问题,不直接问敏感性问题,要间接、委婉,注意问题的提法,不要让被调查者有考试的感觉。问题的参考框架要明确,问卷语言条理清晰。

　　(3)问卷的评估

　　①小组讨论:采用小型座谈会的形式,对问卷进行深入讨论,评估问卷初稿。

　　②深度访谈:无结构的一对一的面谈,目的在于探查被访者在理解和回答问题时的思考过程。例如要求被访者用自己的语言重新陈述某个问题,或者要求被访者描述他们在整个回答过程中的完整思维活动等。

　　③实地试调查:通过对一小部分类似正式调查对象的被访者进行访谈,对问卷的内容、长度以及可能出现的错误进行评估。

　　如果时间允许,严格意义上是需要首先有一个检验性的问卷调查,即在实际调查地点对问卷设计的适用性进行检验。通过检验完善问卷,同时剔除没有意义的调查项,使得实际调查中能够获取更为准确的调查结果。

(三)问卷调查法应用中的关键问题

　　(1)问卷的信度和效度

　　信度是指调查结果反映调查对象实际情况的可信程度。效度是指调查结果说明调查所要说明问题的有效程度。提高问卷的信度与效度对调查结果准确性的提高非常必要。每个工作环节对信度和效度都有影响,合理安排调查的各个阶段与环节,通过科学设计调查指标和调查方案、向调查者和被调查者认真说明调查的意义、切实做好各项工作,才能有效提高调查信度和效度,保证调查工作高效开展。

设计调查方案要特别强调实用性原则和一定的弹性原则。调查目标的确定,调查内容工具和方法的设计,调查人员和调查对象的选择,要强调实用性。对调查工作的安排,则应强调一定的弹性。获得被调查者的支持与信赖,才能得到更为真实的调查结果。

(2)问卷实施的抽样方法

问卷调查从本质上说是一种抽样调查方法,从所要调查的总体中,按一定方式抽取一部分个体作为样本,通过对样本进行调查得到的结果来推论总体状况。如果抽样合理,既可以保证调查的精度,又可以节约时间和金钱,抽样可能取得较大的回答率,一般来说也能获得回答者的积极合作,从而使调查结果可更为准确。

抽样的种类包括:

①简单随机抽样:也称为无限制随机抽样或纯随机抽样,在简单的情况下,总的单元个数不多时可采取抽取的办法;

②系统抽样:也称为等距抽样,即将抽样单元排成一圈,随机确定一个起点作为抽样单元,以后每隔相等的间隔抽样一个单元;

③分层抽样:分层抽样是将总体中的单元分成大小不等、互不重叠的子总体,每个子总体称为层。然后在每个层中独立地进行抽样;

④整群抽样:设总体由 N 个大的单元(初级单元)组成,每个单元又分为 M 个小的单元,称为次级单元或二级单元。首先从总体中按某种方式抽样 n 个初级单元。然后观测每个初级单元中所包含的所有次级单元;

⑤多阶抽样:在整群抽样中,若每个初级单元中的次级单元比较相似只要对初级单元中的一部分次级单元进行调查即可。

实际调查时的抽样方案应该是这五种方法的某种组合,不管怎样设计抽样方案,都应遵循三个基本原则,即使精度有保证、尽量节省调查经费、调查实施方便。

(3)抽样误差

抽样误差是样本指标和总体指标之间的误差,误差的来源也是多方面的。在方案设计过程中,调研者应注意综合全面考虑,使总误差最小,而不只是仅注意某种误差。

①问卷设计过程和数据统计过程造成的误差:代用信息误差——调研问题所需的信息与调研者所搜集的信息之间的变差;测量误差——所搜寻的信息与由调研者所采用的测量过程所生成的信息之间的变差;总体定义误差——与要研究的问题相关的真正总体与调研者所定义的总体之间的变差;抽样框误差——由调研者定义的总体与所使用的抽样框隐含的总体之间的变差;数据分析误差——由问卷中的原始数据转换成调查结果时产生的误差。

②调查过程中造成的误差:问答误差是询问被调查者时产生的误差,或是在需要更多的信息时没有进一步询问而产生的误差;记录误差是由于在倾听、理解和记录被调查者的回答时造成的误差;欺骗误差是由调查员伪造部分或全部答案而造成的;无意识回答误差;有意识回答误差等。

四、访问调查法

访问调查法,也称访谈法,调查者通过有目的的谈话向被调查者收集资料,是定性研究最主要的方法。访谈本身作为一种直接和具有情感的人交流的过程,兼有科学和艺术的双重特征,其核心目的是花费尽量少的代价获取与主题相关的尽可能全面而又真实的信息。访谈法应用面广,能够简单而便捷地收集多方面的工作分析资料,因而深受调查者的青睐。

(一)访谈的类型

(1)根据访问调查的内容划分

根据访问调查的内容划分,可分为标准化访谈和非标准化访谈。

标准化访谈也称结构性访谈,按照统一设计的、有一定结构的问卷进行的访问,是一种高度控制的访谈方法。标准化访谈对访谈中涉及的所有问题都有统一的规定,在访谈过程中,要求调查者不能随意更改访谈的程序和内容。

非标准化访谈也称非结构性访谈,按照一定调查目的和一个粗线条调查提纲进行的访问。非标准化访谈有利于充分发挥访问者和被访问者的主动性、创造性,有利于适应千变万化的客观情况,有利于调查原设计方案中没有考虑到的新情况、新问题,对访谈问题探讨深入,但对访问调查的结果难以进行定量分析。

(2)根据访问调查的方式划分

根据访问调查的方式划分,可分为直接访问和间接访问。直接访谈是访问者与被访问者进行面对面的访谈。间接访谈是访问者通过打电话、网络对话等中介形式对被访问者进行访问。

(3)根据访谈对象的人数划分

根据访谈对象的人数多少划分,可分为个体访谈和集体访谈。

个体访谈是调查者面对一个被调查者开展的访谈形式。个体访谈能适用于各种调查对象,有利于与被访问者交朋友,避免其他人的干扰。

集体访谈即开调查会,调查者邀请若干被调查者,通过集体座谈的方式了解情况或研究问题的调查方法。

(二)访谈的实施步骤

访谈的实施步骤一般包括确定访谈目的、访谈前期设计、访谈实施、资料整理、补充性访谈、访谈资料最终整理等几个阶段。

(1)确定访谈目的

访谈目的即调查者希望通过此次访谈了解什么,得到何种有用信息,开展此次访谈的必要性与针对性。确定访谈目的是访谈实施的第一项工作,有了清晰明确的访谈目的,才能指导后续工作的开展。

(2)访谈前期设计

在访谈前期的准备阶段,必须做充足的准备,全面安排访谈工作,拟定访谈提纲,以便访谈工作开展时,能够依照提纲有步骤地展开。明确访谈类型,选择个体访谈或者集体访谈,对访谈对象、访谈问题、访谈时间等做出预设,提前安排访谈时间、地点、联系访谈对象。在前期设计中还需考虑访谈中可能出现的困难与突发状况,提出一定的应对措施。

(3)访谈实施

调查者根据访谈提纲,按照约定的时间、地点,与访谈对象进行访谈。实施过程中应注意对被访谈者的适当引导,控制访谈话题与方向,保持中立的态度,注意倾听,注重保护被访谈者的隐私。访谈实施中必须做好完整地记录工作,可采用手工记录或者机器记录的方式进行。手工记录所需费用较少,调查者进行后期整理较为方便,但记录信息量有限;机器记录能够完整地记录访谈信息,有利于调查者对访谈对象进行观察,集中精力进行提问,但使用成本一般较高。需要注意的是,在访谈即将结束时,调查者需要迅速回顾访谈内容,避免遗漏重要的项目。

(4)访谈资料整理

访谈结束后,调查者应及时重温访谈结果,进行访谈资料的整理工作。对于录音的整理,应按照时间顺序将声音资料转化为文字资料,并标记、注明访谈要点。对于手工记录的资料,回忆当时的情景,对话的特点,最大限度地补齐记录。第一手资料记录完成后,应对访谈资料进行分析,主要解决资料的准确性、可信度等问题,并确定访谈资料的应用范围。

(5)补充性访谈

首次访谈结束后,可根据需要进行补充性访谈,补充性访谈大体可分为三种类型:补充性再次访问——为了完成第一次访谈中没有完成的调查任务,可补充、纠正第一次访谈中的遗漏和错误而作的再次访问。深入性再次访问——为了深入探讨某些问题,按计划在第一次访问了解一般情况、熟悉被访问人员后作的第二次或多次访问。追踪性再次访问——为了了解被访问人员的变化,在第一次访问后间隔一段时间对原被访谈人员进行的再次或多次访问。

(6)访谈资料最终整理

所有访谈工作结束后,调查者应根据访谈结果进行最终的资料整理工作,并撰写完成访谈报告。回顾访谈过程,分析访谈信息,总结陈述访谈结果,以便更多的人了解访谈的结论,指导实践活动。

(三)访谈的技巧

用访谈法收集资料的过程实际是调查者与被调查者相互交往的过程,访谈的成败取决于交往是否成功。为了顺利地与被调查者正常交流,以获取需要的资料,在不同类型的访谈过程中也需要讲究一定的访谈技巧,准备充分,态度中立,虚心求教,保持对话题的兴趣等都是访谈得以成功的条件。

(1)个体访谈

个体访谈是调查者面对一个被调查者开展的访谈形式。个体访谈能适用于各种调查对象,有利于与被访问者交朋友,避免其他人的干扰。但有一定的主观性,不能彻底匿名,有些问题不能或不宜当面询问,访问调查获得的材料有许多需要进一步查证、核实。在实施个体访谈时要注意:

①摸索接近被访问者的技巧。

常用的接近方式包括:自然接近,在某种共同活动中接近对方;求同接近,在寻求与被访问者的共同语言中接近对方;友好接近,从关怀、帮助被访者入手来联络感情、建立信任;正面接近,开门见山,先进行自我介绍,说明调查的目的、意义和内容,然后作正式访谈,是访谈中采用较多的一种接近方式;隐藏接近,以某种伪装的身份、目的接近对方,这种方式只在特殊情况下对特殊对象时才采用。

②学会提问的技巧。

访谈中提出的问题一般可分为实质性问题和功能性问题两大类。实质性问题是为了掌握访问调查所要了解的情况而提出的问题,包括事实、行为、观念、情感、态度等方面,是访谈目的所在。功能性问题包括为了比较自然地接触被访问者而提出的接触性问题;决定访谈是否继续进行和如何进行的试探性问题;使访谈过程连贯和自然的过渡性问题;检验问题的回答是否真实、可靠的检验性问题等四种类型。在访谈中要善于运用不同类型功能性问题,以获得良好的访谈效果,获得更多有价值的访谈信息。

③学会边听边思考,学会引导和追询。

访谈过程中要善于接受和捕捉信息,能够正确理解接受、捕捉到的信息,及时做出判断或评价,舍弃无用信息,保留有用信息和存疑信息。当访谈过程中出现被访问者对问题理解不正确、疑虑重重、访谈中断、偏离主题等情况时,访问者要适时给予引导,以便访谈能够继续进行。当访问者需要促使被访问者更真实、具体、准确、完整地回答问题时,应及时对问题给予追问,直接指出有疑问的地方要求被访问者补充回答,或者侧面追问,从另一角度、以另一种方式进行追问。追询要寻找恰当的时机,适时、适度。

④访谈结束的礼数。

在访谈中要注意,访谈要适可而止,访谈时间不宜过长,一般以 1~2 小时为宜。访谈要善始善终,访谈结束时要对被访问者表示感谢,若一次访谈没有完成全部访谈任务,应具体约定再次访问的时间、地点等,以便下次访谈工作的开展。

(2)集体访谈

相对于个体访谈法,集体访谈法的优点是工作效率高。它可以集思广益,有利于把调查与研究结合起来,把认识问题与探索解决问题的办法结合起来。集体访谈法简便易行,可适用于文化程度较低的调查对象,有利于与被调查者交流思想和感情,有利于对访谈过程进行指导和控制等。集体访谈法的最大缺点是无法完全排除被调查者之间社会心理因素的影响。此外,有些问题不宜采用集体访谈,例如涉及个人态度等方面的问题等,并且集体访谈法占用被调查者的时间较多。

在实施集体访谈时要注意:

①做好充足的集体访谈前的准备。明确会议主题,调查纲目,确定会议规模,确定到会人员,选好会议的场所和时间;

②有良好的集体访谈过程的指导和控制能力。应注意以下几个问题:打破短暂沉

默,创造良好气氛,开展民主、平等的对话,把握会议的主题,做一个谦逊、客观的主持人,做好被调查者之间的协调工作,做好会议记录;及时结束会议;

③做好集体访谈后的工作。及时整理会议记录,回顾和研究会议的情况,查证有关事实和数据,作必要的补充调查。

五、野外调查的技术要点

(一)"三统"组织

在野外调查中,组织管理工作是至关重要的。一般在开展野外调查前,首先要成立野外调查领导小组和调查专业小组。调查队伍成立以后,需要开展"统一培训、统一认识、统一规范"等学习培训活动,即实施"三统"的组织和管理。要通过统一的专业技术培训,使各调查队员对野外调查工作高度重视,统一思想和认识;同时,要特别加强对各专业组之间以及各成员的调查主题、调研方法、技术规程、记录表格、重要参数等的培训,以统一技术规范与标准,目的是使不同专业人员和不同专题所调查的最终结果之间能够互认,能够相互对接,最终保证数据资料的统一性、完整性、准确性和共享性。

(二)"八多"要求

野外调查是获取规划相关数据资料的重要途径,因此,一定要充分利用在野外的考察时间,提高调查效率。在野外调查中,调研人员要充分发挥自己的四肢和感官的作用,全身心地投入调查。一般要求遵循"八多"原则,即"多走""多看""多想""多问""多听""多写""多摄"和"多饮食"。

(1)"多走"就是要勤用腿,或利用交通工具,多走动,调查更多的地方。

(2)"多看"就是要多用眼观察,无论在实地还是车上都要观看调查区的地形地貌、自然环境、生态景观、经济生产活动、农村和城市建设现状、风土人情等状况。

(3)"多想"就是要"开动机器",勤动脑,勤思考,对所见所闻进行分析判断和总结。

(4)"多问"就是要多动嘴,多向当地人请教,多提问题,多与人交流和讨论。

(5)"多听"就是要充分利用耳朵,多听取不同的观点和意见,而且要善于提取有用的信息。

(6)"多写"就是勤动手,多用笔,对所见所闻多记录,"好记性不如烂笔头",不要过分依靠大脑来记忆。

(7)"多摄"就是要利用摄影工具对野外的地形地貌、自然环境、生态景观、经济生产活动、农村和城市建设现状、风土人情和规划建设问题等进行拍摄记录,以便日后真实再现。

(8)"多饮食"就是要多吃一些东西,特别是要多喝水,以补充能量和水分,以减缓考察活动中体力的大量消耗。

六、野外数据的收集记录手段

随着现代技术的发展,野外数据收集记录的手段越来越丰富,常用的集中野外数据记录手段包括:野外工作笔记、录音、摄影和录像、野外速写、素描与草图等。

(一)野外工作笔记

野外工作笔记是野外实习最宝贵的原始资料,是实习成果的表现之一,也是后续进行综合分析和进一步研究的基础。

(1)野外工作笔记类型

野外工作笔记有多种类型,通常最好把一定观察时间内的所有信息记录在一起,用单独排列页码的方法区分笔记的类型。野外工作笔记包括摘要、直接观察记录、分析笔记等,调查者的推论也会包括在直接观察的记录里。

①摘要:在野外工作中完成,以短小、简单、概括的方式记录关键信息。

②直接观察记录:调查者离开调查地点后马上记下来的记录,对所见所闻的详细描述,是不加整理、未被加工的信息。直接观察记录是对摘要的具体补充。调查者一般会按照日期、时间、地点来组织笔记。

③调查者的推论:调查者根据所见所闻推出背后的意义,但是这些推论不一定全面与正确,在记录时要将推论和直接观察严格分开。

④分析笔记:梳理各个野外调查活动的结构关系,运用方法论的思想去记录调查计划、策略、伦理或程序的结论,并说明调查策略等,是调查者试图将野外事件与研究的逻辑框架建立联系的部分。

⑤私人状态的笔记:个人情感和情绪的记录,反映调查者在野外的情感状态,为后期整理资料提供了评述直接观察和推论的途径。

(2)野外工作笔记记录原则

在做野外工作笔记时应遵守以下几个原则:

①细致、忠实原貌原则,即尽可能地用当地人的概念、术语、分类方式记录;

②快速准确原则,指尽可能在现场完全记录报道人所叙述的内容;

③知情同意原则,不管采取的是哪种方式的记录及以后在使用时,一定要获得报道人和当事人的同意;

④及时记录原则,当日事当日毕;

⑤核对原则,田野记录资料需要反复进行前后核对。

(3)野外工作笔记内容的基本要素

为方便日后使用,可对笔记使用指向进行分类,例如可粗略地划分为自然环境信息、人文活动信息两类。野外笔记的内容主要包括调查日程、当地风俗、趣闻逸事等。野外工作笔记记录要思路清晰明确,文字通达,图文并茂。

野外工作笔记内容的基本要素包括:时间要素,笔记页首应标有日期;地点要素,体现地点信息;其他要素如制作标签、野外线路图、画地形图、画风俗画等。

（二）音像资料记录

音像记录是对客观事物最直接最清晰的记录方式，在野外实习调查中必不可少。随着科技的发展，摄影与录像更为广泛地应用于野外资料收集的过程中。需注意的是摄影与录像的记录过程中不可能面面俱到，并且相对其他记录方式成本较高，后续整理过程较复杂。

（1）录音

录音是野外调查中常用的一种数据记录手段。录音采集信息操作方便，信息记录即时完整，反映的是录音当时的真实场景，在采用访谈法进行资料收集、记录人文、经济活动时经常使用。在野外调查中，使用录音设备进行数据采集的一种调查方法，包括了声音、数据的获取、翻译、整理等一整套技术过程。

一般而言，录音的实施大体上包含了以下四个过程：

①录音前的准备。包括了解录音的声环境，设计录音时间，根据声环境选择合适的录音设备，根据录音时长准备电池和充足的存储介质等；

②录音实施过程。尽量为被调查者准备一个相对安静的录音环境，并且尽可能在征得被调查者同意后实施录音；

③录音资料的整理。分段建立录音档案，进行录音翻译，解析整理；

④文本制作。编制文本，进行校核并备份，完成工作。

（2）摄影和录像

摄影和录像能够鲜活地记录学科内容。摄影资料可以与文字资料、地图、遥感图像等有机地结合，从而说明地理学现象，成为其他研究资料的佐证。野外录像是图、影、音结合的野外信息记录形式。可以记录一个照片难以连续表达的活动的空间，同时将声音与画面同步记录，录像作品可包纳的信息比摄影作品多，以各个镜头的组合说明要表达的内容。用野外摄影和录像的形式可以避免用笔记录时可能出现的笔误和信息遗失，还可以节省野外笔录的时间。

（三）野外速写、素描和草图

图是表达现象的重要手段，许多现象仅用文字难以说清楚，须辅以插图，简单绘制，反映客观实情实景，好的图件的价值大大超过单纯的文字记录。实习过程中适时应用图件反映观察实质对后期实习资料的整理非常有益。

在观察野外信息时，速写、素描和草图是不可缺少的信息记录手段。素描是描绘者在既定的面积或在平面的物上描绘出外在的形体在空间中的位置，并借此训练来掌握物体的明暗层次和基本形象。速写是一种快速的写生方法，属于素描的一种。草图只需简单勾画，高效快捷。

相对于摄影，野外速写或素描可以将区域、人文地理学信息凸显出来。相对于遥感更加简便、可实践性强。野外素描图中可以将画者根据实际观察、联想和想象的信息体现在素描中，与常规速写、素描相比，更强调科学性而非艺术性。区域现象的空间特征只有在视野较大的画面中才能体现。地理学绘画与风景速写和素描较为类似，但地理学绘画的对象更关注具有人文特性的景观。

野外速写、素描和草图只是为了记录区域、人文地理现象,所以并不要求像常规速写和素描那样讲究绘画的基本功。但野外素描和速写技能的掌握绝非一蹴而就,需要在实践中细心品味,并持之以恒地练习才能得到不断提高。

第三节 常用的资料分析方法

实习过程中搜集了大量的文字、图形、数据资料,对这些资料进行整理与分析才能获取更多的信息,也是实习调查的目的所在。

一、实习资料整理与统计

(1)对调查资料进行全面复核,确保资料的真实性、准确性和完整性,在复核的基础上进行资料的初步加工,使之初步条理化、系统化,并以集中、简明的方式反映调查对象的总体情况。

(2)运用统计学的有关原理和方法,研究调查对象的数量关系,揭示事物发展的规模、水平、结构和比例,说明事物发展的方向和速度,为进一步的分析研究提供准确系统的数据。

(3)运用形式逻辑和辩证逻辑的思维方法,对审查、调整后的文字资料和统计分析后的数据进行分析研究,来说明调查现象的前因后果,揭示事物的本质及其发展规律,得出理论性的结论。

(4)通过撰写调查报告,对调查的评估和总结,广泛应用调查成果,认真总结调查经验和教训,寻求改进调查工作的途径和方法,为今后更好的调查打下良好的基础。

二、定性研究分析方法

规划中常用的定性研究分析方法主要有:系统法、传统综合法及比较法等。

(一)系统法

系统法又称系统分析法,认为一切事物都是由彼此相关的多种要素组成的,并且事物的各组成要素都有一定的属性,执行着特定的功能,各组成要素相互联系、相互依存、相互制约、相互作用,形成统一的整体。系统法在应用中从系统的组成、结构、功能、界限、环境、状态等出发,考虑系统诸要素之间的相互关系,建立模型,对系统整体功能优化做出目标决策,并提出调整方案或给予新的设计。

系统法通常由三个基本环节构成,即问题形成、系统分析、系统评价。问题的形成是指确定研究系统的性质、边界等;系统分析主要是对系统要素的性质、功能及其相互关系、不确定因素、发展变化等做出判断,并提出方案;系统评价是从可行性、可靠性、经济性、先进性等方面对设计方案进行综合评价。每一个环节都有一系列定性和定量的具体方法可供选择。

通常在系统分析和系统综合中常采用演绎和归纳两种方法。演绎是从一般到特殊的研究方法,从普通的概念、原理等出发,结合实际进行逻辑推理而得出结论;归纳法是从特殊到一般的研究方法,从大量的调查入手,通过对实证材料的整理综合,认识事物的性质与联系,进行归纳推理得出有关类似问题的结论。用系统法来解决区域规划,可以比较精确地形成关于研究对象的最基本的概念,可以确定其发展目标和方案,可以制定具体实施措施。

(二)传统综合法

传统综合法是与系统分析法相反的逆性思维方法。它是在系统分析的基础上不断将系统分析结果加以综合形成整体认识的一种科学方法。一直在系统思想的统帅下完成综合过程,故亦可称为系统综合方法。它是按照系统整体化的要求,把各个要素综合成相应的小系统,再将各个小系统综合为一个大系统。该方法不是将已经分解了的要素再按照原来的联系机械地重新拼接起来恢复到原来的系统,而是根据系统分析的结果,把各个要素按照要素与要素、要素与系统、系统与外界环境之间的新联系,形成整体优化的新结构,创造出更符合总体目标要求的新系统。

综合平衡法是传统综合方法的一种。所谓平衡,就是各种关系的处理。总的来说,综合平衡法要处理好三个方面的关系:供给和需求的关系,国民经济各部门、各种具体的建设项目的用地关系以及地区与地区之间的关系。

综合平衡法的工作步骤一般是:

(1)确定综合平衡的内容和指标体系;

(2)预测发展需求,包括部门发展和地区发展的预测,确定各项目的需求量;

(3)综合平衡。通过供需双方的比较,反复调查,最后确定规划方案。

(三)比较法

比较法是科学研究的基础方法之一,也是地理学认识区域特征和规划学进行方案论证、择优方案的基本方法。实际上,在传统综合法中也已运用到比较法,即根据区域经济发展战略,从经济发展总体目标出发,对社会再生产各方面、各环节、各领域的人力、物力、财力的资源和需要进行对比,以调解和处理经济发展中的不平衡和矛盾。

比较法在规划工作中被广泛地应用。比如:认识区域特征,确定区域发展的优势;发展目标与具体指标的制定;重点开发地区和经济建设项目布局地点的选定。

比较法的工作步骤一般是:①选择比较对象,比较的对象应具有内在的联系性,具有可比性;②确定比较标准,针对比较对象,明确比较内容,确定比较标准,才能使比较的结论有据可依;③分析评价,即目标和方案的优选。

三、评价决策方法

规划所面临的对象是一种充满竞争而又富于挑战的复杂环境。在这样的环境中,无论是宏观制定战略规划或总体规划,中观编制分区规划或地块开发的总体方案,以及专项规划或详细规划设计等,都必须对复杂的事物进行评价,必须权衡各方利益,考虑多种要素进行决策。与此类工作相关的方法包括层次分析法、线性规划法等。

(一)层次分析法

在多目标决策中,人们常常把各因素对目标的贡献或作用相互进行比较,层次分析法正是对人们这种成对比较因素之间的作用强弱的定性概念给了一种定量化标度。如果有一组物体,需要知道它们的质量,而又没有衡器,那么就可以通过两两比较它们的相互质量,得出每一对物体质量比的判断,从而构成判断矩阵,然后通过求解判断矩阵的最大特征值和它所对应的特征向量,就可以得出这一组物体的相对质量。这一思路提示我们,在复杂的决策问题研究中,对于一些无法度量的因素,只要引入合理的度量标度,通过构造判断矩阵,就可以用这种方法来度量各因素之间的相对重要性,从而为有关决策提供依据。

层次分析法是指将一个复杂的多目标决策问题作为一个系统,将目标分解为多个目标或准则,进而分解为多指标(或准则、约束)的若干层次,通过定性指标模糊量化方法算出层次单排序(权数)和总排序,以作为目标(多指标)、多方案优化决策的系统方法。是针对多目标问题做出决策的一种简易的新方法,特别适用于难于完全定量进行分析的复杂问题,是对人们的主观判断进行客观描述的一种有效的方法。

层次分析法将决策问题按总目标、各层子目标、评价准则直至具体的备选方案的顺序分解为不同的层次结构,然后用求解判断矩阵特征向量的办法,求得每一层次的各元素对上一层次某元素的优先权重,最后再加权和的方法,最终权重最大者即为最优方案。这里所谓"优先权重"是一种相对的量度,它表明各备选方案在某一特点的评价准则或子目标,标下优越程度的相对量度,以及各子目标对上一层目标而言重要程度的相对量度。

(二)线性规划法

线性规划法是决策系统的静态最优化数学规划方法之一,是解决多变量最有决策的方法,是在各种相互关联的多变量约束条件下,解决或规划一个对象的线性目标函数最优的问题,即给予一定数量的人力、物力和资源,如何应用能得到最大经济效益。线性规划具有适应性强、应用面广、计算技术相对简便的特点。它作为经营管理决策中的数学手段,在规划中的应用也非常广泛,它可以用来协助主导产业的选择、用地结构的调整,也可在交通方式安排和交通设施选择中发挥作用。

线性规划中的目标函数是决策者要求达到目标的数学表达式,以决策变量的线性函数形式表达,根据具体问题可以是最大化或最小化,约束条件是指实现目标的能力资源和内部条件的限制因素,也是决策变量的线性函数,用一组等式或不等式来表示。

目标函数: $Z = C_1 X_1 + C_2 X_2 + \cdots + C_n X_n$ 最大或最小值

制约条件: $a_{11} x_1 + a_{12} x_2 + \cdots + a_{1n} x_n \leq b_1$

$$a_{21} x_1 + a_{22} x_2 + \cdots + a_{2n} x_n \leq b_2$$

$$a_{m1} x_1 + a_{m2} x_2 + \cdots + a_{mn} x_n \leq b_m$$

$$x_j \geqslant 0(j = 1, 2, \cdots, n)$$

满足线性约束条件的解叫作可行解,由所有可行解组成的集合叫作可行域,求解线性规划问题的基本方法是单纯形法,现在已有单纯形法的标准软件,可在电子计算机上求解约束条件和决策变量数达 10000 个以上的线性规划问题。

四、定量数据统计分析

统计分析是运用统计学原理和方法处理各种数据资料,从而简化和描述数据资料、揭示变量之间的统计关系进而推断总体的一整套程序和方法。统计分析的主要目的体现在简化和描述数据资料,寻找并展示变量间的统计关系,用样本统计量推断总体等方面。

(一)统计整理

统计整理是指根据研究的目的,将数字资料进行科学的分类和汇总,使之成为系统化、条理化、标准化的,能反映总体特征的综合统计资料的工作过程。统计整理是统计显示与分析的前提和基础,它不是单纯的数字汇总,而是运用科学的方法,对数字资料进行分类和综合,从感性认识上升到理性认识。

数据的统计整理包括统计分组,对统计资料进行汇总、计算,作统计图表三个基本步骤。在统计整理中,抓住最基本的、最能说明问题本质特征的统计分组和统计指标对统计资料进行加工整理,是进行统计整理必须遵循的原则。统计整理的步骤由内容来决定,大体可分为设计整理方案,对调查资料进行审核、订正,进行科学的统计分组,统计汇总,编制统计表等几个步骤。进行汇总的数据资料,一般都要通过表格或图形的形式表现出来。

(二)描述统计和推断统计

描述统计是对采集的数据进行审核、整理、归类,在此基础上进一步计算出各种能反映总体数量特征的综合指标,经过归纳分析而得到有用的统计信息。对于一组数据整体,只有既用集中量数描述其平均水平和典型情况,又用离散量数反映其分散性、变异性等特殊情况,才能真实描绘出这组数据的全貌。

集中量数分析是用一个典型的值来反映一组数据的一般水平,或者说反映这组数据向这个典型值集中的情况,它所表示的是一组数据集中的程度或水平。常用的集中量数是平均数、中位数和众数。

离散量数据分析是用来反映数据的离散程度的。离散量数越大,表示数据分布范围越广,越不集中,越不整齐;反之,离散量数越小,表示数据分布范围越集中,变动程度越小。表示离散程度的常见统计量有极差、方差与标准差、变异系数和偏度系数。

推断统计是研究如何利用样本数据来推断总体特征的方法。推断统计是在对样本数据进行描述的基础上,利用一定的方法根据样本数据去估计或检验总体的数量特征,包括参数估计和假设检验等。

(三)相关分析

相关分析是研究现象之间是否存在某种依存关系,并对具体有依存关系的现象探讨其相关方向以及相关程度,是研究随机变量之间相互关系的一种统计方法。

相关关系是一种非确定性的关系,根据相关的形式不同,相关关系可分为线性相关与非线性相关。如果变量之间的关系近似地表现为一条直线,则称为线性相关;如果变量之间的关系近似地表现为一条曲线,则称为非线性相关或曲线相关。按相关所涉及变量的多少可分为单相关和复相关,两个变量之间的相关关系称为单相关,多个变量之间的相关关系称为复相关。

(四)回归分析

回归分析是在相关关系的基础上,研究要素之间具体数量关系的统计方法,具体描述因变量对自变量的线性依赖关系的形式。即寻找能够清楚表明变量间相关关系的数学表达式,并根据这个表达式进行估计预测。借助于回归分析方法,可以建立要素之间的回归分析模型。

在回归分析中,当研究的因果关系只涉及因变量和一个自变量时,叫作一元回归分析,当研究的因果关系涉及因变量和两个或两个以上自变量时,叫作多元回归分析。又依据描述自变量与因变量之间因果关系的函数表达式是线性的还是非线性的,分为线性回归分析和非线性回归分析。通常线性回归分析法是最基本的分析方法,遇到非线性回归问题可以借助数学手段转化为线性回归问题处理。

(五)常用的数据统计分析软件

(1)Microsoft Excel

Microsoft Excel 是微软公司的办公软件 Microsoft Office 的组件之一,可以进行各种数据的处理、统计分析和辅助决策操作,执行计算,分析信息并管理电子表格,制作数据资料图表等。Excel 函数一共有 11 类,分别是数据库函数、日期与时间函数、工程函数、财务函数、信息函数、逻辑函数、查询和引用函数、数学和三角函数、统计函数、文本函数以及用户自定义函数。

(2)SPSS

SPSS(Statistical Product and Service Solutions)——"统计产品与服务解决方案"软件,是一系列用于统计学分析运算、数据挖掘、预测分析和决策支持任务的软件产品及相关服务的总称。SPSS 系统特点是操作比较方便,统计方法比较齐全,绘制图形、表格较有方便,输出结果比较直观。

适合进行社会学调查中的数据分析处理。SPSS 集数据录入、资料编辑、数据管理、统计分析、报表制作、图形绘制为一体。统计功能包括常规的集中量数和差异量数、相关分析、回归分析、方差分析、卡方检验、t 检验和非参数检验;也包括多元统计技术,如多元回归分析、聚类分析、判别分析、主成分分析和因子分析等方法;能在屏幕(或打印机)上显示(打印)如正态分布图、直方图、散点图等各种统计图表。

（3）Matlab

Matlab 和 Mathematica、Maple 并称为三大数学软件。它在数学类科技应用软件中在数值计算方面首屈一指。Matlab 可以进行矩阵运算、绘制函数和数据、实现算法、创建用户界面、连接其他编程语言的程序等，主要应用于工程计算、图像处理、金融建模设计与分析等领域。

Matlab 是一个包含大量计算算法的集合。其拥有 600 多个工程中要用到的数学运算函数，可以方便地实现用户所需的各种计算功能。Matlab 的函数集包括从最简单最基本的函数到诸如矩阵、特征向量、快速傅立叶变换的复杂函数。函数所能解决的问题大致包括矩阵运算和线性方程组的求解、微分方程及偏微分方程组的求解、符号运算、傅立叶变换和数据的统计分析、工程中的优化问题、稀疏矩阵运算、复数的各种运算、三角函数和其他初等数学运算、多维数组操作以及建模动态仿真等。

第四节　城市与区域规划总则编制的规范要求与方法

规划总则是区域规划、城市总体规划、村镇规划、生态环境规划、景观规划、居住区规划等各类规划报告的一个重要组成部分。它是对规划的总体背景、基本范围、总体要求、基本原则、内容任务、规划过程等的概括性表述，是规划报告的总纲。一般包括规划背景、规划目的、规划范围、规划依据、指导思想、重点内容、规则原则、规划技术路线与方法等几部分内容。

（一）规划背景与规划目的的撰写要求

规划背景与规划目的是对规划任务的立项背景（如国家与地方政策背景、社会经济发展的现实需求、国内外区域发展形势等）、目的意义、地位和作用进行简洁描述。在编写时，要准确精练，篇幅不宜过长。

（二）规划范围的撰写要求

直接简要地说明规划区"红线"范围、地理位置（经纬度范围、行政地界）、所包括的代表性地区、面积大小。在这部分通常要求配置一幅规划范围的红线图。在文字上也力求准确简洁。

（三）规划期限的设定要求

规划期限是设定规划建设实施的时间范围。一般的规划需要设定规划基准年（即规划数据资料的基准参照，一般以规划制定前一年或当年作为规划基准年）。同时，均可设定近期（1～5 年）、中期（6～10 年）、远期（11～20 年）三期进行规划。对于某一具体规划的期限设定，则可根据规划区实际的建设需求或委托单位的意见而定，并不强求千篇一律。

（四）规划依据的编制要求

规划依据是规划制定所参考的主要政策法律文件和相关的基础资料，一般包括国家或地方政府制定的大政方针、政策、法律法规、管理办法、国民经济中长期发展纲要、生态环境建设规划纲要、技术规范与相关标准、相关的上位规划和同位专题规划等。规划依据的选定与所开展的规划主题和规划所在的行政地区等有关，不同规划之间不能机械地照抄照搬。规划依据通常以条目的形式罗列，每条依据需注明其发布单位、文号或技术编号、时间等相关信息。

（五）规划指导思想的确定方法

规划的指导思想是指导整个规划制定和实施的思想方针、宏观方向、重点任务、基本目标和基本思路，是整个规划编制的行动纲领。一项具体规划的指导思想因规划所在地区、规划主题和内容及其发展定位而异。在这部分的文字编写上，要求"站得高、看得远、抓得紧、吃得透、放得开、收得住"。段落不宜过长，内容不宜过泛，要落到实处。

（六）规划原则的设定要求

规划原则是用以指导规划编制过程中产业选择、项目设计、空间布局、生态环境保护等的基本准则。原则一经设立，规划编制过程就得遵循。否则，制定出来的规划报告会自相矛盾。规划原则因地因规划主题而异。在进行规划原则编写时，要求每个原则的标题短小精悍，尽量控制在 10 个汉字左右，同时，要求围绕原则标题的主旨作简要说明。

（七）规划技术路线的表述方法

规划技术路线是对整个规划编制过程中的各个环节的工作计划、工作内容、人员组织、重要活动、阶段性成果等进行的框架性描述，实际上就是一个工作技术流程，通常用框图的形式表述。

这里需要说明的是，在规划过程中，要及时记录每一个时间点上（从项目立项到项目评审通过的期限内）所开展的规划工作和活动，最终按时间顺序编制一个规划活动记录表（大事记），作为附件材料，以供规划工作回顾或规划工作汇报时之用。

（八）规划方法的原则与说明

规划方法是在整个规划编制过程中所使用的主要技术方法，目前用于城市与区域规划的方法很多，如调查研究法、头脑风暴法、综合推理法、案例借鉴法、公众参与法、咨询论证法等。所使用的主要规划方法一般需要在规划总则部分作简要说明。

第五节　城市与区域规划图件编制的规范要求与方法

规划设计成果一般由规划文本、规划图纸和附件三部分组成。规划文本用于表达规划的意图、目标和对规划的有关内容提出的规定性要求,文字表达应当规范、准确、肯定、含义清楚。规划图纸用图像表达现状和规划设计内容。附件主要包括规划说明书和基础资料汇编、规划说明书的内容是分析现状、论证规划意图、解释规划文本等。

城市与区域规划图件与文本一起构成了规划的重要成果,是城市与区域规划的必要组成部分,与文本具有同等效力,并与文本的内容相对应。城市与区域规划图件是充分利用地图的获取、模拟、传输、负载信息的功能,形象直观地反映资源、环境、经济、文化诸要素的空间分布特征和规律,为科学规划提供了一种强有力的研究手段和信息表达工具。

一、规划图的种类和内容

规划图从地图学的角度来说,是指在制图区域的地理基础底图之上突出地表现一种或几种要素的地图,属于专题地图的范畴。

(一)规划图的种类

(1)按比例尺分,有大比例尺地图,比例尺取1∶1000~1∶1000;中比例尺地图,比例尺取1∶10000~1∶50000;小比例尺地图,比例尺取1∶50000~1∶100000。一般面积大的规划区比例尺可以小点,面积小的规划区比例尺可以大点。

例如:区域城镇关系示意图常采用图纸比例为1∶50000~1∶100000,标明相邻城镇位置、行政区划、重要交通设施、重要工矿区和风景名胜区。城市现状示意图常采用图纸比例1∶25000~1∶50000,标明城市主要建设用地范围、主要干道以及重要的基础设施。城市规划示意图常采用图纸比例1∶25000~1∶50000,标明城市规划区和城市规划建设用地大致范围,标注各类主要建设用地、规划主要干道、河湖水面、重要的对外交通设施。

(2)按开本分,有 A4、A3、A2、A1、A0 号图,A4 和 A3 主要是装订用图,一般与文本装订在一起,A2、A1、A0 号图主要是用作挂图或展板。

(3)按表现形式分,有纸质地图和数字地图。

(4)按制作方式分,有手绘制图和机助地图(现在一般是计算机辅助制图)。

(5)按颜色丰富程度分,有黑白地图和彩色地图,现在大多是彩色地图。

(6)按内容分,有区位图、现状图、总规划图、规划分析图、功能分区图、专题规划图等。

(二)规划图的构成要素

规划图由地理基础要素和专题要素两大部分组成。

(1)地理基础要素。地理基础要素包括数学基础要素、地理要素和辅助要素 3 个部分。数学基础要素包括地理坐标、比例尺、地图投影、方位等,反映地图与实际空间之间关系的要素。地理要素包括地貌、水文、土壤、植被、居民地、交通、境界和地物等基本地理状况。辅助要素包括制图时间、制图人、制图方法等特别说明的要素。

(2)专题要素。专题要素突出表示一种或几种规划要素,视图幅的主题和内容要求确定,如生态评价图主要表示评价的等级、影响因子和分区;功能分区图主要表示功能区划分的影响因子和功能区的范围等。

　　任何一幅专题地图基本上是由专业主题要素和底图要素两个层面构成,较复杂的专题地图则由两个以上的层面构成,主题要素是专题地图重点和突出表达的内容,是图面主体部分。即最主要的主题要素在第一层平面,次要主题要素在第二层面,更次要主题要素在第三层面,依次类推,底图要素则处底层平面。

二、规划图制作的一般步骤

　　规划图制作是城市与区域规划中的一项重要工作和主要环节。通常包括以下几个步骤(图2.1):

　　(1)收集和购置相关规划地图及图件资料(纸质版和电子版)。主要包括地形图、行政区划图、土地利用及其他要素现状图、遥感影像图以及相关的规划图件等。

　　(2)图形的加工处理与数字化。利用"3S"技术软件以及一些图形图像处理软件对一些基础地图进行加工处理(如扫描、坐标纠正、数字化等),以满足下一步规划图制作的需要。

　　(3)规划图件的编制与集成。主要根据不同规划专题图的内容要求,利用GIS软件及一些图形图像处理软件,提取、添加和叠置不同的规划要素、图层和其他信息(包括数学基础要素信息),通过一定的修饰和合成,进而形成不同内容的专题图件。

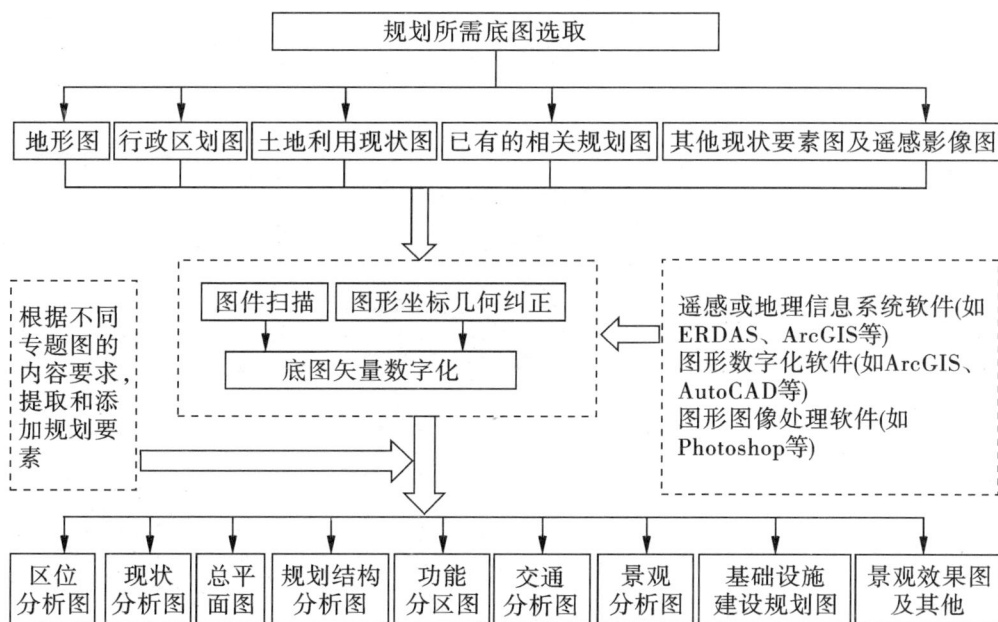

图2.1　规划图制作的一般步骤

三、规划图制作的规范要求

规划图除了地图的特殊数学法则、特定的符号系统和特定的制图综合外,还有一些其他方面的基本要求。

(1)符号形象,直观生动。规划图应大量采取组合符号、象形符号和透视符号,形象直观,象征性强,具有一定的艺术性,美观生动,易于被使用者使用,可以较好地转载信息。

(2)色彩和谐悦目,有吸引力。色彩设计应能更好地突出表现规划图的主题,强化和衬托地图内容,增强地图的表现力,提高地图的载负量和易读性,丰富地图的色彩效果。实践证明,和谐悦目的色彩对读者有更强的视觉吸引力。

(3)表示方法灵活多样。规划图的内容是通过不同的表示方法显示的,在表现方法上应灵活多样、新颖活泼、引人入胜。通常采用"多层平面表示法"来描绘。另外,在表示方法上常采用彩色线画符号、彩色晕渲、彩色素描等,烘托主题,增强感染力。

(4)以图为主,图文并茂。规划图在图面配置和结构上,以地图形式表现为主,配以文字、照片等内容,综合地反映主题内容。由于地图有限的图面载负量和读者使用地图能力的限制,必要的文字说明、图表是地图所不能替代的。文字说明不仅是对地图内容的补充,也是对难以用制图方法表达的事物的扩展显示。

第三章

区域规划实习与案例

区域规划是为实现一定地区范围的开发和建设目标而进行的总体部署,是人们根据现有的认识,对规划区域的未来设想和理想状态及其实施方案的选择过程,是一个区域较为长远而全面的发展构想,也是描绘区域未来经济建设的蓝图,在区域发展过程中起着至关重要的作用。

第一节　区域规划实习内容及要求

区域规划属于空间规划范畴,并且区域规划涉及内容广,关注问题多为宏观、全局的重大问题,与其他规划相比,区域规划具有综合性、战略性、地域性等特点。区域规划实习是对所学理论知识的综合应用,对区域规划综合素质的提升非常有益。

一、区域规划的主要内容

区域规划的主要任务是根据区域的发展条件(自然资源、社会资源、现有的技术经济构成等),从整体与长远利益出发,统筹兼顾,考虑地区发展的潜力和优势,明确规划区域社会经济发展的方向和目标,对区域社会经济发展和总体建设,包括土地利用、城镇建设、基础设施和公共服务设施布局、环境保护等方面做出总体部署,对生产性和非生产性的建设项目进行统筹安排,制定区域开发政策和措施。其目的是发挥区域的整体优势,因地制宜地发展区域经济,达到人和自然和谐共生,促使区域社会经济快速、稳定、协调和可持续发展。区域规划的内容归纳起来,可概括为以下几个主要方面。

(一)区域发展定位与发展目标

区域发展定位的内容包括:发展性质与功能定位,经济增长与社会发展定位,经济竞争力和可持续发展的综合评价与目标定位等。其中确定功能定位和发展目标是最主要的内容。

(二)经济结构与产业布局

区域经济结构包括生产结构、消费结构、就业结构等多方面内容。我国现阶段的区域规划仍以生产结构的分析和制定为重点,但近年来区域规划更多地关注第三产业的发展和布局,从经济发展变化趋势出发,根据市场的需求,对照当地生产发展的条件,分析区域产业结构和地区分布现状,揭示产业发展的矛盾和问题,提出调整经济结构和推进协调发展的思路,确定一二三产业的大体结构,明确区域发展的优势产业,设计相应的产业链,同时要确定重点的发展区域,建设产业集群,协调好各产业部门的空间布局。

(三)城镇体系和乡村居民点体系规划

城镇体系和乡村居民点体系是社会生产力和人口在地域空间组合的具体反映。城镇体系规划是区域生产力综合布局的进一步深化和协调各项专业规划的重要环节。研究城镇体系演变过程、现状特征、预测城镇化发展水平、研究区域城镇化的道路是编制城镇体系规划的基础。

城镇体系规划的基本内容包括:拟定区域城镇化目标和政策;确定规划区的城镇发展战略和总体布局;原则确定各主要城镇的性质和方向,明确城镇之间的合理分工与经济联系;原则确定城镇体系规模结构,各阶段主要城镇的人口发展规模、用地规模;确定城镇体系的空间结构,各级中心城镇的分布,新城镇出现的可能性及其分布;提出重点发展的城镇地区或重点发展的城镇,以及重点城镇近期建设规划建议。

(四)基础设施规划

基础设施是经济发展和人民生活正常进行的必要的物质条件,也是社会经济发展现代化水平的重要标志,具有先导性、基础性、公用性等特点。基础设施对生产力和城镇的发展与空间布局有重要影响,应与社会经济发展同步或者超前发展。

基础设施大体上可以分为生产性基础设施和社会性基础设施两大类。生产性基础设施是为生产力系统的运行直接提供条件的设施,包括交通设施、邮电通讯、供水、排水、供电、供气、供热、仓储设施等。社会性基础设施是为生产力系统运行间接提供条件的设施,又称为社会服务事业或福利事业设施,包括教育、文化、体育、医疗、商业、金融、贸易、旅游、园林、绿化等设施。

区域规划要在对各种基础设施发展过程及现状分析的基础上,根据人口和社会经济发展的要求,预测未来对各种基础设施的需求量,确定各种设施的数量、等级、规模、建设工程项目及空间分布。

(五)自然资源的开发利用与保护规划

自然资源主要指水、土地、矿产和生物资源,是区域发展的物质基础和重要条件。区域规划要深入分析各种自然资源的现状和社会经济发展的保障程度、承载能力;应研究各种自然资源未来可持续开发利用的模式,区域社会经济发展对自然的需求量和区域内可满足的程度,未来的承载状况,尤其是水土资源的承载状况;提出解决水、土地、矿产、生物资源问题的途径和对策。

(六)环境治理和保护规划

生产过程是人与环境进行物质交换的过程。各地区应在不超越资源与环境承载能力的条件下,谋求资源的开发和经济的发展,保护资源永续利用和提高生活质量,使自然、经济、社会相互协调和可持续发展。

区域环境中自然环境的治理和保护规划包括:①分析环境诸要素的现状特征;②揭示整个区域环境和各个环境要素状态的存在问题;③根据区域经济和社会发展的远景目标,预测环境状况,制定区域近期和远期环境保护规划目标,包括环境污染控制目标和自然生态保护目标;④拟定一系列环境保护的具体措施。

(七)区域发展政策

区域政策是实现区域战略目标而设计的一系列政策手段的总和。政策手段大致可以分为两类:一类是影响企业布局区位的政策,属于微观政策范畴,另一类是影响区域人民收入与地区投资的政策,属于宏观政策范畴。区域规划的区域发展政策研究,侧重于微观政策研究,并且要注意区域政策与国家其他政策相互协调一致,避免彼此间的矛盾。

区域政策的主要内容有:①劳动力政策,包括流动政策和就地转移政策等;②资金政策,包括财政手段、改善企业金融状况和行业控制等,诱导资金投向;③企业区位控制政策,如通过税收和企业开发许可证制度,促使工业发展符合总体规划的要求;④产业政策,通过产业政策,促进新企业的创建和小企业的成长,促进技术革新,发展经济开发区。

二、区域规划的程序与实习要求

通过区域规划实习,使学生进一步掌握区域规划的主要内容和编制过程。并针对某一具体区域,能够从战略高度和全局视野分析其优势、劣势、机遇和挑战,给区域的未来发展确定一个科学的功能定位和目标定位,并确定未来发展的战略重点、战略布局框架和战略措施等。逐步培养学生的战略思维、全局观念、总体意识与综合分析能力。区域规划的一般程序如图3.1所示。

(一)区域规划准备工作

准备工作充分与否对规划工作能否顺利进行关系甚大,必须高度重视,从思想上以及行动上为区域规划工作的顺利开始做好准备。

实际工作中,区域规划准备阶段通过调查、座谈,了解当地对规划的要求,并结合实际,宣

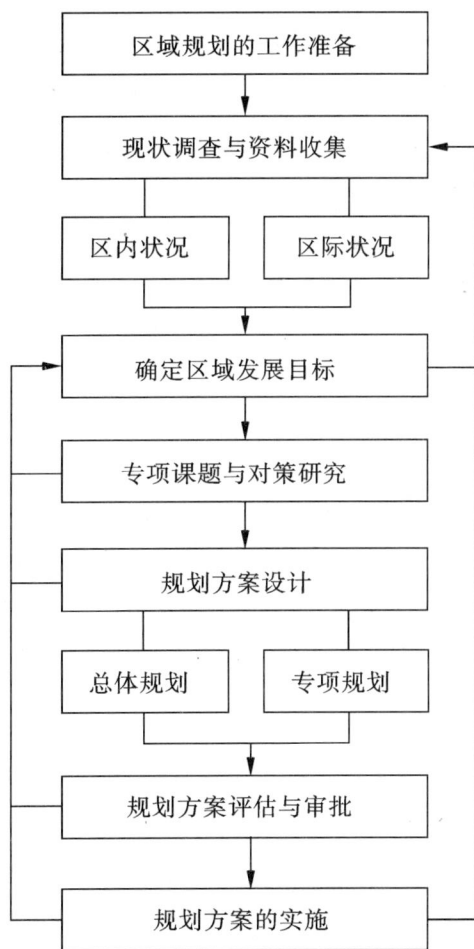

图 3.1　区域规划的一般程序

传区域规划的性质、任务,使当地的行政领导和有关部门以及广大干部、群众对规划工作有较为深刻的理解;组织起有权威的和未来进行实际决策的领导机构;筹建由综合规划方案编制的规划人员和各专项规划的专业人员组成的工作班子;筹措规划经费;准备规划区域地图;初步拟定规划工作阶段和进度要求,明确各阶段任务、内容、成果要求;筹备办公地点和工作室等。

实习过程中要求学生深刻认识区域规划准备工作的重要性,明确区域规划准备工作的工作内容,学会工作计划制定、人员工作安排的基本方法。

(二)区域发展的现状调查与资料收集

收集有关影响区域社会发展的各种条件、各种要素的基础资料,搜集有关地区经济和社会发展长期计划以及各项基础技术资料,对区域社会经济发展的现状进行调查,并加以分析研究。在搜集整理资料过程中,必须对研究区域的资源作全面分析与评价。包括自然资源(土地、水、气候、生物、矿产、天然风景等)、社会资源(男女劳动力数量、年龄构成、就业比重、劳动技能、文化教育水平等)和经济资源(指在某地区内已积累的物质财富,包括工农业生产、交通运输、水利能源、城乡建设等物质技术基础)。

区域发展的现状调查与资料收集作为整个规划的工作基础,目的在于认识区域的本质特征、区域发展的演变过程,明确区域发展的优势和限制因素,找出发展的关键问题和潜力,为区域发展战略,制定区域发展目标及设计规划方案提供依据。

实习过程中使学生明确区域发展现状调查的具体工作内容,能够回答区域发展资料收集阶段应收集哪些资料、如何收集资料等问题。

(三)区域发展目标的确定

目标是发展的导向,有了目标,才能组织合理的结构,围绕目标的实现提出对策和方案。在制定区域发展目标时,可采用"形势发展的需要为原则"或是"地方的发展条件和资源的可能性为原则"或者两者结合。需要根据社会发展的总趋势、区域内外的条件和资源状况,对区域未来发展变化进行大量的预测工作才能完成区域发展目标的确定。

实习中帮助学生分析案例中区域发展目标,解读区域发展目标的制定过程,要求学生理解区域发展目标的地位与重要性,掌握区域发展目标制定的方法。

(四)区域发展的课题与对策研究

区域规划中根据区域的自然环境、历史发展背景、未来发展目标、重大建设项目等对区域发展具有重大影响的课题需要进行深化研究,给予重点关注。对于区域各经济部门和重大建设项目或重点开发区域、不许开发的保护区域的深化研究等是生产力总体布局的工作基础。

通常这些课题有:水、土、矿产、森林资源的开发利用,人口增长,就业问题,主导产业,经济结构,交通运输系统,自然保护区,生态与环境保护,重点开发区域,科技园,等等。

在实习中就具体规划实例中的重点研究课题进行分析讨论,例如,收集资料,试分析研究区域的产业结构,并指明影响区域产业结构的因素是什么? 产业结构应如何优化? 使学生理解对于任何一项课题都会存在数个可能的解决方案,如何对方案进行比选,选择最优方案以及最佳的问题解决对策是规划能否达到最佳效果的关键所在。训练学生分析问题,解决问题的实践操作能力。

(五)规划方案设计与评估

规划方案设计包括综合的总体规划方案、部门发展的专项规划方案以及规划说明、附件等内容。此阶段需要各部门、规划各部分尽可能和谐、协调、有效地发展,往往需要形成若干个可供比较、选择的方案。规划方案设计需要规划工作者发挥创造力与想象力,也是规划工作者综合能力的展现。

规划方案的评估包括方案形成过程中的评估以及规划方案初步确定后的评估。对于若干可供比选的方案进行评估,必须基于共同的评估标准和评估方法,以判断优劣;对于方案的综合评估需由当地政府的负责人、业务主管部门以及相关专家进行评估、论证或评审,规划工作者应根据评估意见进行规划文本的修改与完善。

实习中对实例规划方案进行结构分析以及总体评价,要求学生能够理清规划框架,对方案设计的过程更加清晰。掌握并能够自主应用规划方案评估的基本方法,具备对规划设计方案进行分析评估的理念。

(六)规划方案的实施

任何规划在实施的过程中都必须经常检查规划的可行性和实际效益,根据新发现的情况和问题,对原规划方案做出必要的调整、补充和修改,使其适应变化了的形势和环境。

要求学生理解规划跟踪的必要性,掌握规划实施中的动态跟踪方法。

第二节　区域规划案例——中原经济区规划①

中原经济区以郑汴洛都市区为核心、中原城市群为支撑、涵盖河南全省延及周边地区的经济区域,地处中国中心地带,全国主体功能区明确的重点开发区域,地理位置重要、交通发达、市场潜力巨大、文化底蕴深厚,在全国改革发展大局中具有重要战略地位。2011 年国庆前夕,建设中原经济区上升为国家战略。中原经济区是我国首个内陆经济改革和对外开放经济区,2012 年 11 月,国务院正式批复《中原经济区规划》,建设中原经济区拥有了纲领性文件。

规划范围包括河南省全境,河北省邢台市、邯郸市,山西省长治市、晋城市、运城市,

---

① 国家发展和改革委员会. 中原经济区规划(2012—2020 年)[EB/OL]. http://news. dahe. cn/2012/12-03/101800581. html,2012-12-03.

安徽省宿州市、淮北市、阜阳市、亳州市、蚌埠市和淮南市凤台县、潘集区,山东省聊城市、菏泽市和泰安市东平县,区域面积28.9万平方公里,2011年末总人口1.79亿,地区生产总值4.2万亿元,分别占全国的3%、13.3%和9%。本规划是中原经济区建设的行动纲领和编制相关专项规划的重要依据,规划期为2012～2020年。

一、发展基础

(一)发展优势

(1)交通区位重要。地处我国腹地,承东启西、连南贯北,是全国"两横三纵"城市化战略格局中陆桥通道和京广通道的交汇区域,在全国综合交通运输网络中具有重要的枢纽地位。

(2)粮食优势突出。农业生产条件优越,是我国重要的农产品主产区。粮食产量超过1亿吨,占全国的18%以上,其中小麦产量5400万吨,接近全国的50%;棉花、油料、畜禽产量分别占全国的18.4%、20.5%、14.8%,特色农林产品在全国占有重要地位。

(3)产业基础较好。矿产资源丰富,煤、铝、钼、金、天然碱等储量较大,是全国重要的能源原材料基地。工业门类齐全,装备、有色、食品产业优势突出,电子信息、汽车、轻工等产业规模迅速壮大,形成了比较完备的产业体系。

(4)市场潜力巨大。城镇化率达到40.6%,正处于工业化、城镇化加速推进阶段,投资和消费需求空间广阔,市场优势日益显现。人口总量大,劳动力素质不断提升,是全国劳动力资源最为丰富的区域之一。开放型经济快速发展,全方位开放格局逐步形成。

(5)文化底蕴深厚。中原地区是中华民族和华夏文明的重要发源地,历史悠久,拥有大量宝贵的历史文化遗产,形成了兼容并蓄、刚柔相济、革故鼎新、生生不息的中原文化,文化软实力不断增强。

(二)机遇与挑战

(1)发展机遇

经济全球化和区域经济一体化深入发展,有利于发挥区位、劳动力资源等优势,积极承接国内外产业转移。国家实施扩大内需战略,有利于激发人口、市场蕴藏的巨大内需潜能,增强发展的内生动力。国家支持中原经济区探索新型城镇化、工业化和农业现代化(以下简称"三化")协调发展的新路子,有利于破解发展难题,形成体制政策新优势。区域合作日益密切,有利于区域联动和一体化发展,形成服务全国发展大局和支撑未来经济发展的重要增长极。

(2)矛盾和挑战

农村人口多、农业比重大、保粮任务重,经济结构不合理、农村富余劳动力亟待转移、基本公共服务水平低,"三农"问题突出是制约"三化"协调发展的最大症结,人多地少是制约"三化"协调发展的最现实问题,城镇化水平低是制约"三化"协调发展的最突出矛盾。必须大胆探索,创新体制机制,加快转变经济发展方式,强化新型城镇化引领作用、新型工业化主导作用、新型农业现代化基础作用,努力开创"三化",协调科学发展新局面。

二、总体要求

(一)战略定位

(1)国家重要的粮食生产和现代农业基地。集中力量建设粮食生产核心区,推进高标准农田建设,保障国家粮食安全;加快发展现代农业产业化集群,推进全国重要的畜产品生产和加工基地建设,提高农业专业化、规模化、标准化、集约化水平,建成全国新型农业现代化先行区。

(2)全国"三化"协调发展示范区。在加快新型工业化、城镇化进程中同步推进农业现代化,探索建立人口集中、产业集聚、土地集约联动机制,形成城乡经济社会发展一体化新格局,为全国同类地区发展提供示范。

(3)全国重要的经济增长板块。推进区域互动联动发展,发展壮大城市群,建设先进制造业、现代服务业基地,打造内陆开放高地、人力资源高地,成为与长江中游地区南北呼应、带动中部地区崛起的核心地带,引领中西部地区经济发展的强大引擎,支撑全国发展新的增长极。

(4)全国区域协调发展的战略支点和重要的现代综合交通枢纽。强化东部地区产业转移、西部地区资源输出和南北区域交流合作的战略通道功能,促进生产要素集聚;建设现代综合交通体系,加快现代物流业发展,形成全国重要的现代综合交通枢纽和物流中心。

(5)华夏历史文明传承创新区。挖掘中原历史文化资源,加强文化遗产保护传承,提升全球华人根亲文化影响力;培育具有中原风貌、中国特色、时代特征和国际影响力的文化品牌,提升文化软实力,增强中华民族凝聚力。

(二)发展目标

(1)到2015年,初步形成发展活力彰显、崛起态势强劲的经济区域。

(2)粮食综合生产能力稳步提高,经济结构调整取得重大进展,经济社会发展水平进一步提升,在提高效益和降低消耗的基础上,主要经济指标年均增速高于全国平均水平,人均地区生产总值与全国平均水平的差距进一步缩小;城镇化质量和水平稳步提升,"三化"发展协调性明显增强;生态环境明显改善,主要污染物排放量大幅减少,可持续发展能力显著增强;人民生活水平明显提高,农村居民人均纯收入力争达到全国平均水平,城镇居民人均可支配收入与全国平均水平差距进一步缩小,基本公共服务水平和均等化程度全面提高。

(3)到2020年,建设成为城乡经济繁荣、人民生活富裕、生态环境优良、社会和谐文明,在全国具有重要影响的经济区。

(4)粮食生产优势地位更加稳固,工业化、城镇化达到或接近全国平均水平,综合经济实力明显增强,基本实现城乡基本公共服务均等化,生态文明建设取得显著成效,实现更高水平的"三化"协调发展。

中原经济区 2015 年、2020 年的主要规划指标如表 3.1 所示。

表 3.1 中原经济区主要规划指标

类别	指标	2011 年	2015 年	2020 年
经济发展	人均地区生产总值/元	26317	38000	60000
	地区生产总值占全国比重/%	9	9.5	10.5
结构调整	粮食综合生产能力/万吨	9326	10000	10800
	战略性新兴产业增加值占地区生产总值的比重/%	4	7	15
	服务业增加值比重/%	29.5	32	37
	城镇化率/%	40.6	48	56
	社会消费品零售总额年均增速/%	18	16	16
资源环境	耕地保有量/万公顷	1423	1423	1423
	单位地区生产总值能耗下降/%	—	比 2010 年下降 16%	比 2010 年下降 30% 左右
	万元工业增加值用水量/吨	145	130	110
	森林覆盖率/%	22	23	25
改善	城镇年新增就业人数/万人	219	220	220
	城镇居民人均可支配收入/元	17813	25000	38000
	农村居民人均纯收入/元	6629	10500	16000
	中等职业教育在校生人数/万人	265	300	350
	高等教育毛入学率/%	28	35	40

三、空间布局

落实全国主体功能区规划的要求,按照核心带动、轴带发展、节点提升、对接周边的原则,明确区域主体功能定位,规范空间开发秩序,加快形成"一核四轴两带"放射状、网络化发展格局。

(一)打造核心发展区域

提升郑州区域中心服务功能,支持郑(州)汴(开封)新区加快发展,深入推进郑(州)汴(开封)一体化,提升郑(州)洛(阳)工业走廊产业和人口集聚水平;推动多层次高效便捷快速通道建设,促进郑州、开封、洛阳、平顶山、新乡、焦作、许昌、漯河、济源 9 市经济社会融合发展,形成高效率、高品质的组合型城市地区和中原经济区发展的核心区域,引领辐射带动整个区域发展。中原经济区的空间布局结构如图 3.2 所示。

2011年末总人口
1.79亿
13.3%
地区生产总值
4.2万亿元
9%

%占全国的比例

区域面积
28.9万平方公里
3%

粮食产量
超过1亿吨
18%以上

○ 一核
四轴
两带

河北
山西
陕西
河南
湖北
山东
安徽

邢台
邯郸
聊城
长治
安阳
鹤壁
东平县
晋城
濮阳
菏泽
运城
焦作 新乡
济源
三门峡 洛阳 郑州 开封
商丘
许昌
亳州 淮北
平顶山 漯河 周口 宿州 蚌埠
南阳 阜阳
驻马店 凤台县
信阳

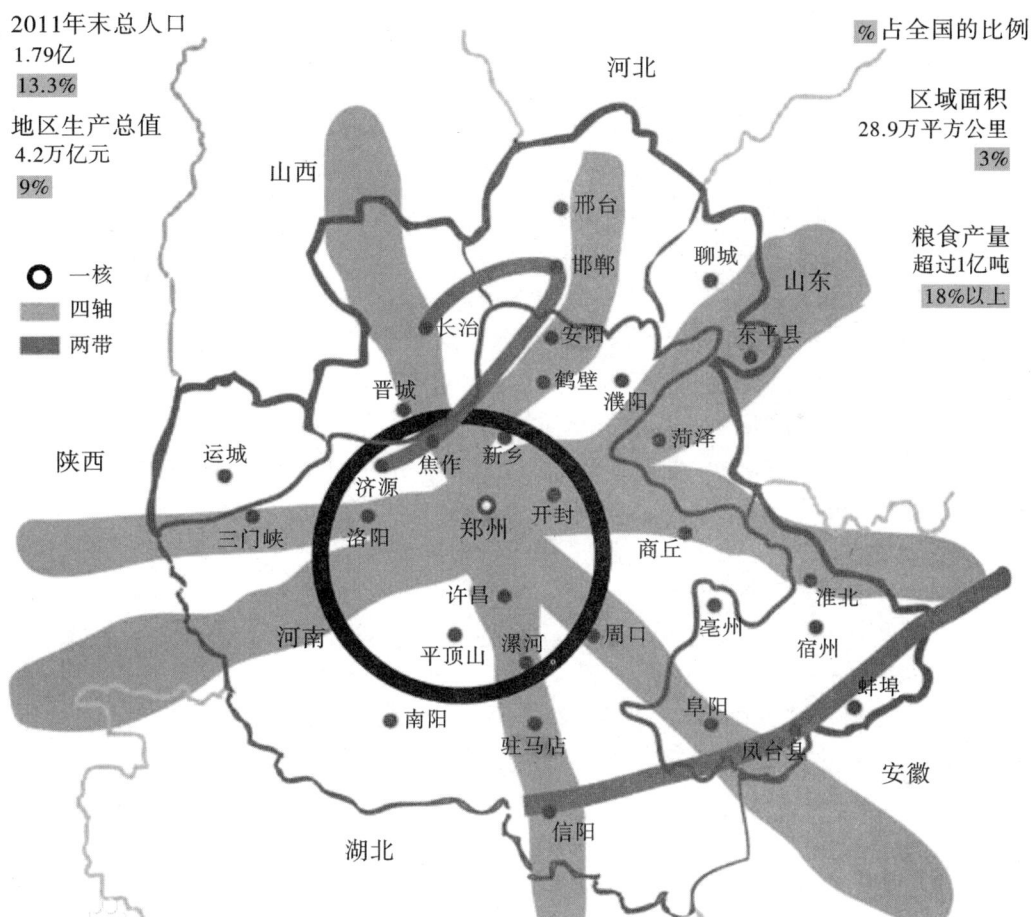

图3.2 中原经济区空间布局

（二）构建"米"字形发展轴

提升陆桥通道和京广通道功能,加快东北西南向和东南西北向运输通道建设,构筑以郑州为中心的"米"字形重点开发地带,形成支撑中原经济区与周边经济区相连接的基本骨架。

沿陇海发展轴。依托陆桥通道,增强三门峡、运城、洛阳、开封、商丘、淮北、宿州、菏泽等沿线城市支撑作用,形成贯通东中西部地区的先进制造业和城镇密集带。

沿京广发展轴。依托京广通道,提升邢台、邯郸、安阳、鹤壁、新乡、许昌、平顶山、漯河、驻马店、信阳等沿线城市综合实力,构建北接京津、沟通南北的产业和城镇密集带。

沿济（南）郑（州）渝（重庆）发展轴。依托连接重庆、郑州、济南的运输通道,提升聊城、濮阳、平顶山、南阳等沿线城市发展水平,培育形成连接山东半岛、直通大西南的区域发展轴。

沿太（原）郑（州）合（肥）发展轴。依托连接太原、郑州、合肥的运输通道,发展壮大长治、晋城、焦作、济源、周口、阜阳等沿线城市,培育形成面向长三角、联系晋陕蒙地区的区域发展轴。

(三)壮大南北两翼经济带

加强运输通道建设,提升晋冀鲁豫交界地区和淮河上中游地区城市发展水平,培育壮大沿邯(郸)长(治)—邯(郸)济(南)经济带和沿淮经济带,形成与"米"字形发展轴相衔接、促进中原经济区东西向开放合作的重要支撑。

沿邯长—邯济经济带。依托邯长—邯济铁路、晋豫鲁大能力运输通道和青(岛)兰(州)高速,推动长治、邯郸、安阳、邢台、聊城等沿线工业城市振兴发展,形成支撑中原经济区北部省际交汇区域发展的经济带。

沿淮经济带。依托淮河水运通道及沿淮路网通道,统筹淮河沿线资源开发,提升信阳、周口、驻马店、漯河、阜阳、亳州、淮北、宿州、蚌埠、淮南的产业集聚与城市发展水平,形成支撑中原经济区东南部区域发展的经济带。

四、推进新型农业现代化

推进以粮食优质高产为前提,以绿色生态安全、集约化标准化组织化产业化程度高为主要标志,基础设施、机械装备、服务体系、科学技术和农民素质支撑有力的新型农业现代化,构建具有中原特点的现代农业产业体系,夯实"三化"协调发展的基础。

(一)建设粮食生产核心区

依托纳入全国新增千亿斤粮食生产能力规划的县(市、区),建设黄淮海平原、南阳盆地、太行山前平原、汾河平原优质专用小麦和优质玉米、水稻、大豆、杂粮产业带,大幅提高吨粮田比重,建设粮食生产核心区。推进整建制粮食高产创建,实施提高粮食综合生产能力重大工程,打造20个粮食生产能力超20亿斤、25个15亿~20亿斤和60个10亿~15亿斤的粮食生产大县,建设区域化、规模化、集中连片的国家商品粮生产基地。

(二)加快农业结构战略性调整

加快现代畜牧业发展,推进畜禽标准化规模养殖场(小区)建设,优化生产布局,加大养殖品种改良力度。加快优势特色产业带建设,大力发展油料、棉花产业,推进蔬菜、林果、中药材、花卉、茶叶、食用菌、柞桑蚕、木本粮油等特色高效农业发展,建设全国重要的油料、棉花、果蔬、花卉生产基地和一批优质特色农林产品生产基地。大力发展设施农业。

(三)构建现代农业支撑体系

实施现代农业产业化集群培育工程,构建现代农业产业体系,促进农业适度规模经营,提高农业公共服务能力,完善农产品流通体系,加强农产品质量安全体系建设,推进农村信息化建设。

五、加快新型工业化进程

坚持做大总量和优化结构并重，发展壮大优势主导产业，加快淘汰落后产能，有序承接产业转移，促进工业化与信息化融合、制造业与服务业融合、现代科技与新兴产业融合，推动产业结构优化升级，构建结构合理、特色鲜明、节能环保、竞争力强的现代产业体系，发挥新型工业化在"三化"协调发展中的主导作用。

（一）建设产业集聚平台

依托中心城市和县城，整合提升各类开发区、产业园区，提高土地节约集约利用水平，规划建设二、三产业集聚发展平台，以城镇功能完善吸引产业集聚，以产业集聚促进人口集中，形成以产兴城、依城促产、产城互动发展格局。

按照企业集中布局、产业集群发展、资源集约利用、功能集合构建、人口有序转移的要求，提升产业集聚区建设水平，突出主导产业，完善服务配套，严格准入门槛，有序承接产业转移，形成一批规模优势突出的产业集群和新型工业化示范基地。

优化城市功能分区，规划建设一批商务中心区和特色商业区，推动金融、会展、商务、创意和特色商贸、文化休闲等服务业集中布局，打造区域服务中心。

依托城市新区，推动中心城市现代服务和高端制造业集聚发展，形成现代产业集中区，探索产业融合发展新模式。

（二）大力发展先进制造业

重点制造业基地和优势产业集群包括：①装备制造业，洛阳大型矿山装备基地，邯郸、邢台、长治冶金石化装备基地，许昌、平顶山输变电装备基地，郑州、焦作、新乡、蚌埠工程机械基地，郑州、平顶山、淮北、邯郸、晋城煤机装备基地等；②汽车工业，郑州整车基地等；③电子信息产业，郑州、鹤壁、漯河、信阳、蚌埠、长治等电子信息产业集群；④食品工业；⑤化学工业；⑥有色工业；⑦钢铁工业；⑧新型建材产业；⑨纺织工业；⑩轻工业。

（三）积极培育战略性新兴产业

战略新型产业基地和产业集群包括：①新一代信息技术产业，郑州、鹤壁、漯河、南阳、信阳、蚌埠、长治、济源等信息制造业，郑州、洛阳等信息服务产业集群；②生物产业，郑州生物产业国家高技术产业基地，新乡、焦作、周口、驻马店、南阳、聊城、菏泽等生物产业基地；③新能源产业，南阳新能源产业国家高技术产业基地等；④新能源汽车，郑州、新乡、聊城等新能源汽车产业集群；⑤新材料产业，洛阳新材料产业国家高技术产业基地等；⑥节能环保产业，洛阳、平顶山、蚌埠等节能环保装备产业集群；⑦高端装备制造业，许昌、平顶山等智能电网装备产业集群等。

（四）加快发展服务业

壮大服务业支柱产业。发挥优势，整合资源，加快发展生产性服务业，培育壮大服务业支柱产业,建设全国重要的现代服务业基地。

(1)现代物流业。提升郑州全国现代物流中心地位。打造一批区域性物流中心。建立中原经济区物流产业联盟、电子商务平台和公共信息系统,推动龙头企业构建全国性物流网络。

(2)旅游业。挖掘整合旅游资源,实施旅游精品发展战略。实施乡村旅游富民工程。完善旅游基础设施和公共服务,建设"智慧旅游"服务网络。

(3)文化产业。改造提升传统优势产业,发展文化创意、动漫游戏、数字出版、移动多媒体等新兴文化产业。推进文化改革发展。健全文化市场体系。大力发展对外贸易,推动中原文化走出去。

(4)金融业。加快推进郑东新区金融集聚核心功能区建设。支持郑州商品交易所增加期货品种。推进地方法人银行改制重组。支持符合条件的农村信用社改制组建农村商业银行。支持设立创业投资基金,培育股权投资机构。支持符合条件的企业上市和发行债券,扩大直接融资规模。

提升传统服务业。优化城市商业网点结构和布局,鼓励和支持连锁经营、物流配送、电子商务等经营业态向农村延伸,引导住宿和餐饮业健康规范发展。推动传统商贸、餐饮和休闲娱乐融合发展,鼓励中心城市积极发展商贸综合体。以社区商业网点、社区养老、家政服务、医疗卫生等改造建设为重点,推动创建一批居民服务示范社区。支持发展具有较强竞争力的大型商贸流通企业。

培育新兴服务业。大力发展信息服务业,建设郑州软件服务外包基地,加快推进郑州国家电子商务示范城市建设。加快发展研发设计、技术交易、信息咨询等服务产业,推动科技、创意企业孵化园区建设,创建一批企业工业设计中心。积极发展会展业,举办国际性展会,培育知名会展品牌。支持郑州发展国际会展业,推进郑州服务业综合改革试点市建设。

(五)提高自主创新能力

强化科技支撑,发挥企业自主创新主体作用,实施企业创新能力建设工程,强化与高等院校、科研院所及跨国企业的战略合作,建设一批企业技术中心、工程(重点)实验室、工程(技术)研究中心等研发平台。加强与中国科学院的合作,推进科技成果转移转化中心建设。实施品牌创建工程,培育一批拥有自主知识产权和核心技术的知名品牌。推动在中原经济区布局建设知识产权区域中心。

六、加快推进新型城镇化

发挥城市群辐射带动作用,构建大中小城市、小城镇、新型农村社区协调发展、互促共进的发展格局,走城乡统筹、城乡一体、产城互动、节约集约、生态宜居、和谐发展的新型城镇化道路,引领"三化"协调发展。

(一)加快城市群建设

实施中心城市带动战略,加快完善多层次城际快速交通网络,实现以郑州为中心的核心区域9个城市融合发展,进一步增强中原城市群辐射带动作用。

依托以客运专线为主的高效便捷交通走廊,强化"米"字形发展轴节点城市互动联动,促进中原城市群扩容发展,提升综合实力和竞争力。

深化城际开放合作,发挥轴带集聚功能,推动邯郸、安阳、邢台、鹤壁、聊城、菏泽、濮阳等北部城市密集区提升发展,促进蚌埠、商丘、阜阳、周口、亳州、淮北、宿州、信阳、驻马店等豫东皖北城市密集区加快发展,形成与沿海地区沟通联系的前沿地带。

强化交通一体、产业链接、服务共享、生态共建,构建中原城市群、北部城市密集区、豫东皖北城市密集区一体化发展格局,形成具有较强竞争力的大中原城市群。

(二)提升城镇功能

郑州。强化科技创新和文化引领,促进高端要素聚集,完善综合服务功能,增强辐射带动中原经济区和服务中西部发展的能力,提升区域性中心城市地位。依托郑汴新区,推动向东拓展发展空间,重点发展电子信息、汽车、高端装备等先进制造业和金融、现代物流、文化等现代服务业,壮大总部经济,打造全国重要的先进制造业和现代服务业基地。优化城市发展形态,密切中心城区与新郑、新密、荥阳、登封等周边县城的联系,推进组团式发展,培育郑州都市区。

重要中心城市。发挥交通区位、产业基础、人口规模等优势,进一步提升轴带重要节点城市的综合承载能力和服务功能,扩大辐射半径,培育形成支撑中原经济区发展的次中心城市。包括洛阳、邯郸、聊城、安阳、南阳、蚌埠、阜阳、商丘、长治等。

地区性中心城市。优化老城区功能布局,拉大城市框架,将中心城区周边符合条件的县城、县级市市区和特定功能区纳入城市组团,优化人居环境,增强服务功能,提高节点支撑作用。推动开封、新乡、焦作、邢台、平顶山向特大城市发展。提升许昌、漯河、驻马店、信阳、濮阳、周口、鹤壁、三门峡、淮北、亳州、宿州、菏泽、晋城、运城城市综合承载能力,推动济源成为新兴的地区性中心城市。

县城。按照现代城市规划建设标准,推动县城老城区集中连片改造和新城区建设,完善城市基础设施和公共服务设施,加强产业集聚区、特色商业区、商务中心区建设,成为吸纳农村人口转移的主要载体。推动纳入中心城市组团的县城加快发展,形成与中心城区优势互补的功能区,具备条件的逐步发展成为中等城市;完善规模比较大的县城城镇功能,增强吸纳人口的能力,培育形成一批新兴城市。

中心镇。实施中心镇功能提升工程,完善基础设施和公共服务设施,因地制宜发展特色产业,成为县域经济发展的重要增长点。实施扩权强镇,支持经济发达镇逐步发展成为具有一定规模的小城市。支持有条件的镇加快发展,打造一批特色鲜明的重点旅游镇、工业镇和商贸镇。提升小城镇服务功能,发展成为面向周边农村的生产生活服务中心。

(三)探索推进新型农村社区建设

因地制宜探索新型农村社区建设模式,发挥农民主体作用,尊重农民意愿,稳步开展试点,把新型农村社区建设作为推进城乡一体化的切入点。发挥县域镇村体系规划对新型农村社区规划的指导作用,依据产业规模、产业特性和交通区位、生态环境条件,科学确定新型农村社区规模。增强产业支撑,促进大多数社区居民向二、三产业转移就业。推进社区水、电、路、气、房、通信等基础设施建设,配套建设教育、医疗、文化体育、超市等公共服务设施,建设垃圾集中收集、污水集中处理设施,推进农民生产生活方式转变。对社区居民住房,根据土地性质,依法核发土地使用证和房屋所有权证,维护农民合法权益。探索开展转移落户到城镇的居民退出农村房屋交易试点。按照依法、自愿、有偿的原则,鼓励和支持农村土地承包经营权流转,发展多种形式的适度规模经营。

(四)促进城乡协调发展

统筹规划城镇建设、农田保护、产业集聚、村落分布、生态涵养等空间布局,推动形成城乡衔接的公共交通、供水供电和生态建设、环境保护一体化发展格局。加强城乡社会管理,推进农村人口向城镇转移、向新型农村社区集中。加强环境综合整治,改善农村人居环境,建设美好乡村。增强城镇对农村的产业辐射,形成合理分工的产业布局,引导农村工业适度集中,加快发展农村服务业。引导城市资金、技术、人才、管理等生产要素向农村流动,促进三次产业联动发展。统筹配置公共资源,促进基本公共服务均等化。提升城乡就业和社会保障服务能力,提高社会保障统筹层次和保障水平。深入推进新乡统筹城乡发展试验区建设和信阳、宿州、蚌埠龙亢农场农村改革发展综合试验。

七、其他

(一)建设现代化基础设施

按照统筹规划、合理布局、适度超前的原则,加强交通、能源、水利和信息等基础设施建设,构建功能配套、安全高效的现代化基础设施体系,为中原经济区建设提供强有力的支撑。

建设综合交通枢纽,提升郑州全国性综合交通枢纽地位,加快推进郑州东站、郑州新郑国际机场和郑州火车站三大客运综合枢纽建设改造,推动铁路、公路、民航等多种运输方式高效衔接,实现客运零距离换乘、货运无缝衔接。构建现代交通网络。建设全国重要的能源基地:煤炭基地、电力基地和坚强电网、油气和新能源。加强水资源保障。加快信息网络设施建设。

(二)加强生态环境保护和资源节约利用

坚持绿色、低碳、可持续发展理念,加强生态建设和环境保护,大力发展循环经济,提高资源节约集约利用水平,努力构建资源节约、环境友好的生产方式和消费模式,建设绿色中原、生态中原,增强区域可持续发展能力。

推进生态建设,落实全国主体功能区规划,加强重要生态功能区生态保护和修复,保障生态安全。加强环境保护。强化资源节约集约利用。

（三）建设和谐中原

加快推进以保障和改善民生为重点的社会建设,健全惠及广大城乡居民的基本公共服务体系,提升保障能力,推动中原经济区经济社会协调发展。

弘扬中原大文化;优先发展教育事业;加快医疗卫生和人口事业发展;完善就业和社会保障体系;加大扶贫开发力度。

（四）促进区域联动发展和开放合作

完善中原经济区联动发展机制,打造高水平开放合作平台,促进区域共同发展繁荣,全面提升对外开放水平,建设内陆开放高地,强化全国区域协调发展的战略支点作用。

优化区域内分工合作;支持开展区域合作示范;密切与其他经济区联系;发展内陆开放型经济;建设郑州航空港经济综合实验区。

（五）创新"三化"协调发展体制机制

鼓励大胆探索,先行先试,深化改革,创新机制,不断破解"三化"协调发展体制机制难题,以改革促创新、促发展,推动农业大区向现代经济强区转变。

推进关键环节先行先试,稳妥推进人地挂钩工作;建立农村人口有序转移机制;建立健全资金筹措机制。深化重点领域改革。完善政策支持体系。开展"三化"协调发展创新示范,鼓励各地结合自身实际,开展"三化"协调发展试验示范。

（六）规划实施保障

(1)加强组织协调:河南省、河北省、山西省、安徽省、山东省人民政府要切实加强组织领导,细化实施方案,明确分工,落实责任,完善机制,推动规划实施。国务院有关部门要按照职能分工,密切配合,支持中原经济区加快发展,在政策实施、项目建设、资金投入、体制创新等方面给予积极指导和支持。

(2)强化监督检查:发展改革委要加强对规划实施情况的跟踪分析和督促检查,强化对规划实施的综合评价和绩效考核,推动规划各项指标和任务的落实,适时组织开展对规划实施情况的评估,对规划进展和实施中出现的重大问题及时向国务院报告。在实施过程中,要完善规划实施的公众参与和民主监督机制,推动规划顺利实施。

第四章

城市规划实习与案例

第一节　城市规划实习内容及要求

城市规划实习是城市规划原理课程教学的重要实践环节。实习的目的是培养学生解决实际问题的能力,即通过理论联系实际,将抽象的理论与具体的实践问题结合起来,训练学生解决实际问题的能力。实习过程中,要求学生针对城市发展和城市规划的相关内容,对城市和城市规划实施过程中存在的实际问题进行调查,在调查的基础上,结合城市规划原理进行分析并提出相应的解决对策。这样既保证了学生能对城市和城市规划问题有较明确的认识,巩固专业理论知识,同时也可以培养认识问题、解决问题的能力。

一、城市发展基本条件调研

城市发展基本条件调研是城市规划的基础工作。调研的目的是弄清城市发展的自然、社会、历史、文化背景以及经济发展状况和生态条件,并找出城市发展中拟解决的主要矛盾和问题,是城市规划的主要依据。城市调研的主要内容包括:

(1)城市勘查:工程地质、地基承载力、地震水文地质。

(2)城市测量:地形图、高程、地下管网。

(3)气象资料:温度、湿度、江水、风、日照。

(4)水文资料:水位流量、洪水防洪、流域规划。

(5)城市历史资料:历史沿革、城址变迁、市区扩展。

(6)经济与社会发展:现状、规划;国土和区域规划。

(7)城市人口:城乡常住暂住人口,增长、年龄、劳力。

(8)自然资源:矿产、水、动力、农副产品数量分布。

(9)城市土地利用:用地分类、增长情况、分布。

(10)工矿企事业单位现状及规划资料:用地与建筑面积、产量产值、职工数、用水电量、运输、污染。

(11)交通运输:对外和市内交通现状和发展预测。

(12)仓储资料:用地、货物状况及使用要求的现状预测。

（13）城市行政、经济、社会、科技、文教、卫生、商业、金融、涉外等机构的现状和规划资料。

（14）建筑物现状：公共建筑分布、面积、住宅面积、层数、密度。

（15）工程设施：市政工程和公用实施现状与规划。

（16）城市园林、绿地、风景区、文物古迹、优秀近代建筑。

（17）人防设施及其他地下建筑物和构筑物。

（18）城市环境资料：环境监测成果、单位排污数量、城市垃圾数量及其分布。

二、城市性质及其定位依据

城市性质定位是城市总体规划的前提，是确定城市发展方向和布局的依据。城市性质决定城市规模、用地组织的特点和市政公用设施水平。同时，便于因地制宜，使规划更具有现实性和特色。

实习过程中，要求学生通过调研分析城市定位是否符合城市发展的实际，并掌握城市性质定位的方法。城市定位的主要依据有以下几个方面：

（1）区域因素。城市在所在区域内的政治、经济、文化等方面的作用与地位。把城市放在区域更大的范围内，用系统的观点来考虑。

（2）城市形成与发展的主导基本因素。为满足本市范围以外地区的需要而服务的对城市形成发展起到直接作用的因素。城市性质由城市形成与发展的主导基本因素决定，由该因素组成的基本部门的主要职能所体现。

（3）政府方针、政策因素。党和国家的方针政策及国家经济发展计划对该城市建设的要求。

三、城市空间布局与用地规划

城市总体布局是城市规划的重要内容，它是一项为城市长远合理发展奠定基础的全局性工作。它是在城市发展纲要基本明确的条件下，在城市用地评定的基础上，对城市各组成部分进行统筹兼顾、合理安排，使其各得其所、有机联系。城市总体布局是城市的社会、经济、环境以及工程技术与建筑空间组合的综合反映，通过城市主要用地组成的不同形态表现出来的，是城市在一定的历史时期，社会、经济、环境综合发展而形成的。随着社会经济的发展、人们生活质量水平的提高、科学技术的进步，规划布局也是不断发展的。

城市总体布局的核心是城市主要功能在空间形态演化中的有机构成，它是研究城市各项用地之间的内在联系，结合考虑城市化的进程、城市及其相关的城市网络、城镇体系在不同时间和空间发展中的动态关系。根据制定的城市发展纲要，在分析城市用地和建设条件的基础上，将城市各组成部分按其不同功能要求、不同发展序列，有机地组合起来，使城市有一个科学、合理的总体布局。

实习调研过程中，要求学生首先从整体上把握城市空间结构特点，并结合城市用地的条件对各功能区城市用地结构的合理性分析，提出城市空间布局优化和城市用地调整的方向。

四、城市交通与道路系统规划

考察城市主次干道空间分布、道路红线宽度、道路横断面形式以及城市交通情况,从整体上把握城市道路网系统结构特点,并指出路网系统存在的主要问题。依据城市空间布局和城市用地的功能需求,分析城市交通内部城市中心区、工业企业及仓库、大型文化中心和体育中心、居住区中心、城市公园等吸引点和火车客运站、货站、长途汽车站、港口与码头、机场、对外交通与城市道路的结点等交通外部吸引点,找出城市道路交通网络优化的措施。

五、城市绿地系统规划

考察城市绿地的类型、城市绿地系统的要素构成,分析绿地系统的功能需求及其与其他用地的关系,把握城市绿地系统结构特点,分析城市绿地点、线、面系统联系,探讨其布局合理性及存在问题,提出优化解决方案。

第二节　案例——平顶山市城市总体规划[①]

一、平顶山市概况

平顶山市位于河南省中南部,处于豫西山地和淮河平原的过渡地带,西部以山地为主,其多数山峰海拔高度 500~1000 米,部分山峰海拔高度在 1000~1600 米,最高山峰是鲁山县西部边界的尧山,海拔 2153.1 米;东部以平原为主;中心市区西北、西南地势较高,向东南逐渐降低,形似簸箕状。北部有焦赞寨、马鹏山、平顶山、落凫山、擂鼓台、龙山等山峰呈北西西向排列,其中擂鼓台为群峰之首,海拔 506.5 米;南部有河山、北渡山、白龟山、凤凰山、锅底山、舒山,海拔高程 135~245 米,构成了白龟山水库和沙河北岸的天然堤坝。这种特殊的地貌特征,使两山间形成狭长的走廊式洼地,湛河自西向东穿市而过。

平顶山市 1957 年建市,是中国优秀旅游城市和国家园林城市,现辖 2 市 4 县 4 区。市域范围含四区、两市、四县,包括新华区、卫东区、湛河区、石龙区、舞钢市、汝州市、宝丰县、叶县、郏县和鲁山县,市域总面积 7882 平方公里。

资源资源丰富,已探明各类矿藏 57 种,其中煤、盐、铁储量最大,是中南地区最大的煤田,是全国十大优质铁矿之一,有"中国岩盐之都"之称。

① 平顶山市人民政府. 平顶山市城市总体规划(2011—2020 年)[EB/OL]. http://www. pdsgh. gov. cn/readnews. asp? newsid=1405,2014-02-18.

交通便利,平顶山市地处京广和焦枝铁路干线之间,距新郑机场 100 公里。兰南、宁洛、二广、郑尧、焦桐 5 条高速公路穿境而过,和全国高速公路网络相连。

二、规划范围

城市规划区范围:《平顶山市城市总体规划》(2011～2020 年)将城市规划区范围界定为:市区和近郊区,约 400 平方公里(其中包括新华区、卫东区、湛河区和石龙区的全部区域范围、宝丰县城和叶县县城的城市规划区范围,叶县遵化店镇、鲁山县辛集镇,以及鲁山县马楼乡、张良镇、磙子营乡国道 311 线以北地区)。

其他重要区域范围:饮用水源保护区约 90 平方公里(其中包括石漫滩水库水源保护区约 90 平方公里);市区以外主要风景区约 458 平方公里(其中舞钢市石漫滩国家森林公园约 190 平方公里,鲁山县尧山风景旅游区约 268 平方公里);

重要市政设施:包括南水北调工程和主要交通干线两侧因城市发展需要控制的区域约 149 平方公里。

规划面积:平顶山市城市规划区总面积约 1098 平方公里,中心城区城乡规划建设用地范围面积总计约 106 平方公里。

三、市域城镇体系规划

(一)规划指导思想

(1)集中力量优先发展中心城市,重点发展县级市和县城,大力发展中心镇,构筑科学合理的现代城镇体系。

(2)加强中心城市综合职能建设,增强其与周围城镇的有机联系,强化其辐射力和带动力。

(3)加强市域东南、西北两翼两个县级市——舞钢市和汝州市建设,发挥其市域副中心作用。

(4)重视县域经济中心作用,加强叶县、宝丰县、郏县、鲁山县及石龙区发展,以县城促进城乡联系,带动广大农村地区发展。

(5)积极推进基础较好、潜力较大的中心镇的快速发展,对其他城镇加大扶持力度,带动周边农村经济发展。

(二)市域经济区划

(1)中部经济区:以平顶山中心城区为中心,以能源化工、装备制造产业为基础,强力推进工业化进程。

(2)西北经济区:以汝州市为中心,建设为公路枢纽、外向型加工贸易和三高农业基地。

(3)西部经济区:以鲁山县为中心,建设为林业资源开发、市域生态系统建设区和旅游中心。

(4)南部经济区:以舞钢市为中心,建设为钢铁开采加工工业基地和旅游度假区。

（三）市域城镇体系结构

规划市域城镇体系空间结构为"一心、两卫、四极点"和"X型双轴发展"组成的点轴布局结构。

"一心"：指平顶山市（中心城区）为中心，按照"发展西部新区，优化东区功能，完善老区环境"的发展思路，完善中心城市职能，着重增强城市的区域竞争力、辐射力、带动力。

"两卫"：叶县、宝丰县城为中心城区的卫星城，强化与中心城区的产业合作，并为中心城区的进一步发展提供空间。

"四极点"：舞钢市、汝州市、郏县、鲁山县城为四个经济增长极，发展成特色突出的县（市）域经济和文化中心。

"X型双轴"：沿焦枝、漯宝、平舞和洛界、许南等干线公路及洛平漯高速公路，以汝州市区、宝丰县城、平顶山中心城区、叶县县城、舞钢市区等城市为主要节点的城镇发展主轴线；沿311国道西段及郑尧高速公路，以鲁山县城、宝丰县城、郏县县城等城市为主要节点的城镇发展次轴线。

（四）规模等级结构

规划市域城镇分为四个等级：市域中心城市（中心城区）、县（市）域中心城市、中心镇和一般镇。平顶山市市域城镇等级结构见表4.1。

（1）市域中心城市1个：中心城区人口规模为110万人。

（2）县（市）域中心城市6个：汝州市区、舞钢市区、宝丰县城、叶县县城、郏县县城和鲁山县县城，人口规模在10万～20万人。

（3）中心镇：每个县市扶持3～5个中心镇，人口规模在1万～5万人左右。其中重点镇的人口规模可达到3万～5万人。

（4）一般镇，其他建制镇及一般乡镇，人口规模0.3万～1万人。

表4.1 平顶山市域城镇等级结构（2020年）

级别	规模等级	城镇个数	城镇名称
一级城镇	110万人	1	平顶山市
二级城镇	20万人	3	汝州市、舞钢市、宝丰县城
	10～20万人	3	郏县县城、鲁山县县城、叶县县城
三级城镇	1～5万人	21	汝州：临汝镇、寄料镇、小屯镇、温泉镇 宝丰：大营镇、周庄镇、石桥镇 鲁山：张良镇、梁洼镇、张官营镇、下汤镇、尧山镇 郏县：薛店镇、冢头镇、安良镇 舞钢：尚店镇、八台镇、尹集镇 叶县：保安镇、任店镇、仙台镇
四级城镇	0.3～1万人	68	其他建制镇及一般乡镇

(五)职能结构

平顶山市市域城镇体系的规模与职能结构见表4.2。

(1)平顶山市中心城区

全市的政治、经济、文化中心,国家能源和原材料基地,强化矿产资源深加工,发展化工、机电、纺织等产业和服务业,培育区域中心职能。

(2)县(市)域中心城市

宝丰县城:以食品加工业为先导的县域中心城市,积极培育新型建材、生物制药和农副产品加工业,依托铁路交通枢纽发展商贸、物流产业。

叶县县城:以井盐开发和综合利用为主导的盐化工基地和县域中心城市,加强农产品加工业发展。

汝州市区:以资源精深加工为主的平顶山市西北部和汝州市域的中心城市,在煤炭、电力、建材、农副产品加工等方面拉长产业链,提升产业层次。

舞钢市区:平顶山市东南部和舞钢市域的中心城市,培育壮大采矿、冶炼、轧钢为一体的钢铁产业链,建成钢铁、纺织和食品工业基地,依托国家级森林公园,发展旅游业。

鲁山县城:鲁山县域中心城市,重点发展旅游服务业,大力发展电力、化工等产业。

郏县县城:郏县县域中心城市,煤炭、建材和畜牧养殖加工业。

(3)重点镇(镇区)和一般镇(镇区)

表4.2　平顶山市市域城镇体系的规模与职能结构

级别	人口规模等级	城镇数	城镇名称	备注
市域中心	110万人	1	平顶山市 ABCDE	A:县级及以上行政中心
县(市)域中心城市	20万人	3	汝州市 ABCDE、舞钢市 ABCDEG、宝丰县城 ABCDE	B:政治经济文化服务中心
	10～20万人	3	叶县县城 ABCDE、郏县县城 ABC、鲁山县县城 ABCDE	C:工业基地 D:交通枢纽 E:矿产资源开发基地
中心镇	1~5万人	21	汝州:临汝镇 CDF、寄料镇 EF、小屯镇 CDEF、温泉镇 DG 宝丰:大营镇 CEF、周庄镇 F、石桥镇 EF、鲁山:张良镇 F、梁洼镇 EF、张官营镇 F、下汤镇 FG、尧山镇 FG 郏县:薛店镇 F、冢头镇 F、安良镇 F 舞钢:尚店镇 F、八台镇 EF、尹集镇 DF 叶县:保安镇 EF、任店镇 F、仙台镇 F	F:商贸及农副产品加工地 G:旅游疗养地
一般镇	0.3~1万人	68	其他建制镇及一般乡镇	

四、中心城区规划

(一)城市性质与城市规模

平顶山定位:中原经济区重要的能源和重工业基地,豫中地区的中心城市。

中心城区人口规模:规划2015年,中心城区人口为101万人。规划2020年,中心城区人口为110万人。

城市建设用地规模:至2015年,中心城区城市建设总用地约为93.0平方公里,人均规划建设用地约为92.1平方米。至2020年,中心城区城市建设总用地约为106平方公里,人均规划建设用地约为96.4平方米。

(二)中心城区用地布局规划

1. 城市空间管制规划

规划将平顶山市中心城区划分为已建区、适建区、限建区3个管制区。

(1)已建区。包括中心城区内,老城区和新城区各类城市建设和村庄等现状建成区范围。规划对原有用地通过更新改造,提高用地混合开发和集约利用程度,并注意改善区内的环境和绿化空间。

(2)适建区。主要指规划新增建设用地范围和规划位于城市发展方向上,有一定建设基础,且与已建区有较为密切的联系,考虑未来开发需要预留的地区。适建区是新产业和城镇人口迁移聚集的主要地区,这些地区可根据环境影响安排合适的居住、公共服务、工业仓储等城市项目,对内部乡镇建设加强规划引导,对村庄建设采取整治、合并的发展政策,以促进用地集约、有序使用。

(3)限建区。已建区和适建区以外的中心城区外围,包括北部山体、采煤塌陷区、应河-沙河沿岸、白龟山水库西岸与南岸的广大农田、湿地、山地范围为限建区。

限建区内分布有湿地公园、泄洪区、塌陷区等生态旅游开发保护区、灾害综合防治控制区、地质构造脆弱地带和农业耕作地区,这些地区景观良好,生态环境易受盲目开发影响,需要人为对建设强度和功能进行控制。此外,限建区内还分布有大量分散的村庄、乡镇,应在确保生态环境不受影响的前提下,进行更新改造,并严格控制大规模建设,保护农田不受侵占。

2. 建设用地发展方向

规划中心城区建设用地以向西跳跃式发展为主,形成以行政和文教为核心的完整新城区。同时,适度向东和向南扩展,完善现有城区的功能配置。

3. 城市空间布局结构

规划形成"一轴三廊、两主三次、两大片区、五大组团"的"带状组团式"城市空间布局结构。

(1)一轴三廊。由沿建设路-龙翔大道的城市发展主轴线和分别沿东环路-平舞铁路、孟平铁路、梅园路的三条绿化景观通廊组成,串联起城市各公共中心和周边山体、水域。

（2）两主三次。包括矿工路、体育路、开源路、建设路之间的市级老城中心,明月路、长安大道、祥云路、清风路之间的市级新城中心两个城市主中心;以及建设路、开发二路周边的老城东部组团中心,新南环路、新华路周边的老城南部组团中心和夏耘路、菊香路、滍阳路、长安大道之间的新城西部组团中心等三个次级中心。

（3）两大片区。指东部片区和西部片区。东部片区由老城区组团、东部组团和南部组团组成,规划城市人口86万,城市建设用地78平方公里,它是全市的商业和经济中心。西部片区是城市的新城区,由东西两个组团组成,规划居住24万人口,建设用地28平方公里,它是城市的行政、文化中心,高新技术产业基地。

第三节　案例——舞钢市城市总体规划①

一、舞钢市城市概况

（一）地理位置

舞钢市位于河南省中部,北距省会城市郑州165公里,辖属平顶山市,并位于平顶山市最南端。东靠西平县、遂平县,南邻泌阳县,西与方城县、叶县接壤,北与舞阳县毗连。

舞钢市地处东经113°21′27″~113°40′51″,北纬33°25′00″~33°25′25″,处于伏牛山东部余脉与黄淮平原交接地带。市域南北长32.19公里,东西宽30.10公里,总面积645.67平方公里。

（二）自然环境条件

（1）地形、地貌

舞钢市处在伏牛山东部余脉与黄淮平原交接地带,及伏牛-大别弧形构造带的凸出部位。全市有平原、岗地、丘陵、山地4种地貌类型,地势西北、东南高,西南、东北低。其中,海拔100米以下的平原202.00平方公里,占全市总面积的31.29%;海拔100~200米的岗地278.47平方公里,占43.13%;海拔200~300米的丘陵91.30平方公里,占14.14%;海拔300~500米的浅山区54.30平方公里,占8.41%;海拔500米以上的深山区19.6平方公里,占3.03%。

市域南部与泌阳县交界处的五峰山,海拔872米,为全市的最高峰。此外,龙王撞、灯台架、云磨顶、大虎山等,海拔都在800米以上。中西部的马鞍山、四头垴、荞麦山,海

---

① 天津大学城市规划设计研究院.舞钢市城市总体规划(2006-2020),2006.

拔在 500 米左右。东南部和中西部为海拔 300~500 米的低山区。东北部为山前倾斜平原,处在与西平县交界处的张营村,是全市的最低处,海拔 74.5 米,最高与最低的落差为 797.5 米。在山区和平原之间,则是海拔 100~300 米的岗地丘陵地带。

（2）气候条件

舞钢市属季风型大陆性气候区。由于地处暖温带向北亚热带过渡地带,具有明显的过渡性气候特征。气候温和,四季分明。无霜期平均 221 天。

由于地形和植被影响,形成了舞钢市小气候的主要特征,温暖多雨,光照充足。舞钢市全年降雨比邻县偏丰,一年内各季节降水分布不均,夏季主要受来自海洋的暖湿空气影响,盛行偏南风,温度高、湿度大,当与北方南下的冷空气相遇时,容易产生降水过程,而且雨量较大。夏季多暴雨,占全年总降水量的 47%~53%。冬季主要受来自北方的冷空气控制,盛行偏北风,气温低,水分少。春秋两季时间较短,冷空气活动频繁,总的说来是冷空气占优势,降水量比夏季少,比冬季多。

（3）水文条件

境内河流属于淮河水系,主要河流有滚河、港河、韦河、甘江河等,均发源于南部和中西部山区,呈平行状分布。除甘江河向西流经方城县、叶县至舞阳县境内注入澧河外,其余诸水均向东北出境注入洪河。

全市地下水资源丰富。疏松层承压水区分布在北部平原小梁山—小寺山一线以北。其中,单井出水量大于 40 吨/时的富水区约 20.1 平方公里,出水量 20~30 吨/时的弱富水区约 23.2 平方公里,出水量 10~20 吨/时的弱贫水区约 23.2 平方公里。

（4）工程地质

根据舞钢市地形、地貌、地质和地表、地下水系分布条件,全市划分为岩石工程地质区、山前垄岗（岗地）工程地质区、平原工程地质区 3 个区域。

岩石工程地质区主要分布在市区的丘陵、低山及中低山中,地表标高在 200~871.7 米,占全市总面积的 25.7%。区内地层一般呈单斜状,倾向 170°~190°,倾角 22°~32°。该工程地质区内由于地势陡峻,地表起伏变化大,从总体看一般不适宜从事城市建设活动,但丘陵地形坡度小,局部平缓,地表面岩石的强度高,也可依地势的变化布局建设,以增强城市优美的山色环境,塑造城市整体特色景观。

山前垄岗（岗地）工程地质区主要分布于市区南部的各山前地带,主要位于尚店镇,杨庄和尹集两乡亦占大部,还包括滚河、水磨湾河两岸的二级阶地以上地段,以及舞阳钢铁公司厂区、垭口等部分地区均属山前岗地之列;市区北部山前一带分布范围较小。分布标高在 100~200 米,占全市总面积的 43.1%。地形坡角 2.5°。地貌形态为山麓斜坡堆积,由洪积扇、坡积裙组成的岗地或垄岗。岗地一般呈南北走向,且平行排列,少数有东南—西北或东西走向,岗地宽 1~2 公里。岗顶平缓,长 1 公里至数公里。

山前垄岗（岗地）工程地质区岩性的组成主要是第四系松散层和基底岩石两部分。特殊性土主要有膨胀土,是黏性土的特殊类型。土的液限、自由膨胀率均大于 40%,具有吸水膨胀,失水收缩和反复膨胀变形的特点。季节干湿气候条件变化、地下水位升降,均导致低层砖石结构的建筑物成群开裂损坏。市区膨胀土的分布,主要在尚店盆地,其次为沿滚河、水磨湾河二级阶地以上地段,如寺坡、舞钢厂区附近等,垭口、朱兰、枣林、八台等地也有分布。膨胀土埋深一般为 2 ~ 3 米,也有直接裸露地表,层厚 2 ~ 5 米,局部 10 米左右,或 10 米以上。在进行建设时,应注意查明本土的存在与分布,并采取相应的处理措施。

平原工程地质区占全市总面积的 31.2% ,主要分布于山地以北的武功、枣林、安寨三乡和铁山、八台二乡东北部,以及尚店镇沿滚河两岸。地面标高 100 米以下,地表微向东北方向倾斜,地形坡度 2‰左右,与黄淮平原连成一片。

(三)资源情况

(1)农业资源。全市耕地达 2 万多公顷。农作物主要以小麦、玉米为主,经济作物以油料、棉花、蔬菜、食用菌种植为主。

(2)矿产资源。舞钢市矿产资源丰富多样,有 50 种之多,其中多金属矿产 20 多种,非多金属矿产 30 多种。已探明铁矿石储量 6.6 亿吨,占全省已探明储量的 76.3% ,是全国十大铁矿区之一。已知的 30 余处铁矿产地,主要分布在北部低山及山前平原一带,其中大型矿床有铁山庙、铁古坑、经山寺、赵案庄、王道行等。

(3)旅游资源。舞钢市是一座融山、水、林、城为一体的新兴工业旅游城市。市区内有著名的石漫滩国家森林公园、石漫滩国家水利风景区和国际龙船竞赛基地,有国家现代化大型特钢联合企业(舞钢公司)和新中国成立后治淮第一坝(石漫滩水库大坝)。市域内有九头崖、天池山、五峰山、九龙山、宫平院、二郎山等近十个景区,风光秀丽、景色宜人。早在春秋战国时期,这里就以盛产利剑而名闻华夏,古墓葬、古寺庙、古石碑、古文物等文化古迹数不胜数;再加上地处在平(顶山)、漯(河)、驻(马店)南(阳)四地市地交汇点,又有高兰、平桐、七蚁三条省道在境内交汇,交通条件十分便利。众多的有利因素给舞钢市发展旅游业提供了条件。

(4)水资源。舞钢市水资源丰富,现有石漫滩水库、田岗水库,总库容在 15000 万立方,兴利库容 7100 万立方米。

(5)林业资源。舞钢市域自然条件良好,植物生长期长,适生树种多,部分亚热带和寒温带树种也可生长。全市共有植物 1600 余种,共生脊椎动物 200 余种。现有林业用地 33.8 万亩,活立木蓄积 48.2 万立方米,森林覆盖率 32% ,各类经济林面积 4 万余亩,年产各类干鲜果 734.8 万公斤。

林业资源主要分布在南部的尚店,杨庄、庙街及铁山等地,主要以人工林为主,仅南部的山区有部分天然次生林,现在开发的二郎山、天池山、九头崖、九龙山等景区主要分布在该区。

(四)历史沿革

舞钢市地处中原,历史悠久。八台镇赵案庄、庙街乡庙街、枣林乡南岗、尚店镇圪墚赵村有龙山文化遗址,说明早在原始社会晚期这里就有人类繁衍生息。

春秋时为柏子国,后为楚所并。战国时属韩,称合伯,是著名的冶铁重地。汉代分属于汝南郡西平县和南阳郡舞阴县、红阳县。北魏时属西舞阳,隋时属北舞县。唐开元四年(716)属舞阳县,此后历代沿袭未变。

1970 年 10 月平舞工程建设开始,成立河南省平舞工程会战指挥部。1972 年 3 月,成立河南省平舞工区市政建设处。1973 年 11 月,成立河南省革命委员会舞阳工区办事处,划舞阳县南部 6 个公社为其辖区,属河南省直辖(地、市级),从此成为独立的行政区域。

1977 年 5 月,省革委舞阳工区办事处撤销,划归平顶山市,同年 11 月,以当地最大企业舞阳钢铁公司简称命名,称舞钢区。1979 年 10 月改属许昌地区。1982 年 10 月又划归平顶山市。1990 年 9 月 4 日,经国务院批准,撤销平顶山市舞钢区,设立舞钢市(县级),由省直辖,以原舞钢区的行政区域为舞钢市的行政区域。河南省人民政府 1990 年 10 月 11 日决定,舞钢区改为舞钢市后,实行计划单列,委托平顶山市代管。

(五)社会经济发展

(1)人口规模。舞钢市现辖 4 个办事处(垭口 、朱兰 、寺坡 、院岭),32 个居民委员会,3 个镇(尚店、八台、尹集),5 个乡(铁山、杨庄、武功、枣林、庙街)。市域总人口共 32 万人,全市人口密度为 479 人/平方公里。

(2)经济状况。2014 年,全市完成生产总值 106 亿元,公共财政预算收入 10.5 亿元,全社会固定资产投资 169.2 亿元,社会消费品零售总额 39.1 亿元,城镇居民人均可支配收入 21282 元,农民人均纯收入 10314 元。

舞钢市经济在自 20 世纪 90 年代始大体呈平稳上升的发展态势,其中第二产业增长迅猛,第三产业也加快了发展的步伐。舞钢市形成了钢铁、纺织、装备制造、造纸、建材、医药等支柱行业,规模工业企业发展到 80 家,实现总产值 203.9 亿元。

(六)资源环境承载力

城市所处区域的资源环境承载力包括对土地资源、水资源、能源和生态环境容量等城市生存发展基本条件的分析,目的在于找出制约城市发展的主导因素,通常情况下,土地与水资源是制约城市发展的两大主要因素,结合舞钢市的现状与未来发展的制约因素,现对舞钢市的土地资源、水资源、能源和生态环境承载力论证如下:

(1)土地资源。舞钢市城市建成区的空间拓展方向主要为东北、西北、东、南四个方向:东北方向可沿建设路向武功乡延伸,西北可沿建设路向规划高速公路出入口方向拓展,向东沿通平路至东环路有大片可建设用地,向南则可沿湖滨路建设与钢厂连成一体。将上述范围可建设用地汇总,包括北至铁路、东至东环路、西至西环路、南至石漫滩水库的地域空间内,去除山地、水域及矿区等不可建设用地后,有 31 平方公里的可建设用地,如加上水库南岸的 1.2 平方公里可建设用地,远期舞钢市城区有可用城市建设用地 32.2 平方公里。按国家标准 100 m^2/人计算,远期可容纳 32 万人。

(2)水资源。水资源总量系指大气降水在区域内所产生的地表水及地下水资源量。由于地表水与地下水相互联系而又互相转化,因此,水资源总量应为地表水资源量与地下水资源量之和,再扣除相互转化的重复计算水量。舞钢市境内的地表水资源包括河流和水库两大部分,其中石漫滩水库和田岗水库库容达 15176 万立方米,地下水主要集中在市域北部平原小梁山-小寺山一线以北,允许开采水量预计 10.7 万立方米/日,基岩自流井区有两处,允许开采量 2.3 万立方米/日,加上其他地下水源供给能力,估算舞钢市水资源量为1.90亿立方米。

目前,舞钢市用水以农业用水占绝大多数,工业次之,居民生活用水量比例较小。根据现状工农业和生活用水水平,估算将来城市人口规模扩大至土地承载容量之后,用水量将达到1.17亿立方米,在舞钢市水资源供给能力范围之内。

(3)能源。能源主要包括电能和燃气的供应。电力供应方面在地区电网的支持下,形成了由220 kV舞阳变电站供电的舞钢市电网。变电设施有110 kV变电站2座,35 kV变电站10座,到2015年,舞钢市最大负荷达251 MW,全市用电量达11.03亿千瓦时。其中主要的用电量集中在工业生产方面,为8.06亿千瓦时,占现状用电量的绝大多数。规划期内工业生产的集约化发展与生产工艺的不断提高,将使工业单产用电量大幅降低,总用电量增长速度减缓。随着城市建设与经济的发展,生活用电将成为电的增长点。从长远的发展来看,用电量的增长将逐步趋于平稳,用电需求可逐步由区域电网提供支持来解决。而现状舞钢市电力供应的问题,主要是在于市域电网35 kV电源全部来自舞阳变电站35 kV母线,供电可靠性差,而且,变电站偏离负荷中心,低压侧没有联络,也无相互支援能力,使中压电网线损较大,供电可靠性差。加强配电网络的建设将是规划需要解决的重点。

舞钢市的燃气供应从工业用气开始,建设路南侧的天然气门站已开始建设,供气线路也在建设中。计划年供气量为1.3亿立方米,可满足舞钢市的生产与生活近期与未来发展的用气量。随着城区供气管网的不断建设与完善,可逐步改变城市的能源结构,改善城市的生态环境。

(4)生态环境。舞钢市域内具有良好的生态环境基础,生物多样性丰富,植被茂盛,地表水和地下水含量丰富且水质良好。全市植被面积达227平方公里,绿地率34.15%,绿化覆盖率达到35.55%,水资源量达1.90亿立方米。对城市的发展具有很大的承载能力。另外,城市污水处理厂的逐步建成,使城市污水达标排放率不断提高,能源结构的改善和工业生产工艺的不断更新将使废气、废渣的排放大大减少。因此,舞钢市现有自然生态可容纳其未来发展的城市活动,而重点在于对城市的发展进行有序的规划,使城市的发展与自然相谐调,避免出现对生态环境的破坏性建设。

二、城市性质及其主要依据

(一)城市性质变化

城市性质定位是城市发展战略重要组成部分,作为战略规划,其具有全局性、长远性、纲领性的特点。但城市性质定位又具有长期性和经常性特点,其中长期性是指城市性质一旦确定,其作为长期指导城市建设的方向标,但经一定时期的城市发展,可能原有的城市性质定位已经不符合城市发展的要求,需要进行城市性质调整。舞钢市自1972年经历了6次城市总体规划修编,城市性质也几经变化,如表4.3所示:

表4.3　舞钢市历年城市总体规划中城市性质定位变化

年份	城市性质	规划期限
1972	以钢铁工业为主的工业城市	近期1977年 远期1985年
1973	以钢铁工业为主的工业城市	近期1977年 远期1985年
1975	以钢铁工业为主的工业城市	近期1980年 远期1985年
1985	以钢铁工业为主导,建材与地方工业相应发展的工业城市	近期1990年 远期2000年
1994	以钢铁工业为主导,建材、轻化等地方工业相应发展,集山、水、林、城为一体的现代化工业和旅游城市	近期2000年 远期2010年
2006	河南省中部以钢铁加工和矿山开采为主导、并相应发展地方产业的现代化工业城市和以山水自然景观为特色的旅游城市工业为主的工业城市	近期2010年 远期2020年

(二)城市性质定位的依据

1.区域依据

(1)舞钢市在河南省发展中的地位和作用

河南省地处南北交替,东西演进的过渡地段。是西北内陆地区通往东南沿海的重要通道,亦是中国产业发展从东部向中西部转移的重要支撑地。而舞钢市位于河南省中部,临近京广交通干线,处于中原城市群外部边缘,受平顶山直辖,但在经济上,与漯河市联系更为紧密,在以郑州、洛阳为中心的河南省城镇体系规划中,舞钢属于中原城市群中的一般工业城市。

(2)舞钢市在平顶山市发展中的地位和作用

平顶山市下辖四区(新华区、卫东区、石龙区、湛河区)、四县(宝丰县、叶县、鲁山县、郏县)、两市(舞钢市、汝州市)。河南省对平顶山市在城镇体系等级结构中的定位是区域中心城市,职能分工是以能源、化工、纺织为主的综合性工业城市,旅游胜地,豫中地区的中心城市。适宜发展能源、化工、商贸、教育、信息业、旅游业,限制发展高耗水工业。

舞钢市在平顶山市属于规模较小的城市,第二产业发达,第一、三产业相对落后。但由于其丰富的矿产资源以及良好的工业基础,舞钢市在平顶山市的经济发展战略中仍占有十分重要的地位,是平顶山市积极扶植的两个区域次中心之一。

在平顶山市的经济区划中对舞钢市的定位是平顶山市东南经济区中心,功能为钢铁开采加工工业基地和旅游度假区。

2. 舞钢市形成和发展的主导因素和潜力因素

(1)丰富的矿产资源和大规模、先进的钢铁加工企业为舞钢市奠定了良好的工业基础。

舞钢内矿产资源丰富多样,有 50 种之多,其中多金属矿产 20 多种,非多金属矿产 30 多种。铁矿石储量很大,是全国十大铁矿区之一。已探明铁矿石储量 6.6 亿吨,占河南省已探明储量的 76.3%。在已探明的多金属矿产中,铁合金元素有钛、钒、铬、镍、锰等,有色及贵重金属矿产有金、银、铅、镁以及稀散、稀土矿产。在非金属矿产中,有大理石、花岗石品种 20 多个,储量 12655 万立方米。丰富的矿产资源为舞钢提供了优越的发展条件。

舞钢市现有三个钢铁加工企业:舞阳钢铁有限责任公司、河南安阳集团舞阳矿业有限责任公司和舞钢中加钢铁有限公司。前两个为国有大型企业,后者为中外合资企业。舞阳钢铁有限责任公司始建于 1970 年,是我国首家宽厚钢板生产和科研基地。1978 年 9 月建成投产了国产化第一套 4200 轧机,结束了我国不能生产特厚特宽钢板的历史。目前,该公司已形成了电炉冶炼——精炼——连铸(模铸)——加热——轧制——热处理——精整这一当今世界先进水平的短流程宽厚钢板生产线。河南安阳集团舞阳矿业有限责任公司原名舞阳铁矿,主要产品是精铁矿。舞钢中加钢铁有限公司是一个新企业,2003 年 4 月 17 日投产。公司通过开发建设矿山工程(采矿、选矿、团矿、炼铁),与舞阳钢铁有限责任公司的炼钢、连铸、轧钢有机的衔接起来,形成钢铁生产一条龙,完善了舞钢市钢铁生产工艺链条,使得舞钢工业发展会有更广阔的前景,并随之出现若干新的经济增长点。

(2)国内外对钢铁产品的巨大需求为舞钢市钢铁企业提供了广阔的市场前景

随着国内经济形势的良好运行,一些与钢材消费关联度较强的产业将继续实现高速发展。因此,国内钢材市场需求仍将保持较旺盛的增长势头,这就为舞钢市继续大力发展钢铁生产提供了广阔的市场。

(3)独特的地形地貌和优美的自然景观为开发旅游业提供了资源基础

舞钢市地处伏牛山东部余脉与黄淮平原交接地带,多丘陵和山地,有九头崖、天池山、五峰山、九龙山、宫平院、二郎山等近十个景区,风光秀丽、景色宜人。地域气候属亚热带向暖温带过渡的季风型大陆气候,气候温和。植被丰富,森林覆盖率达 32%。境内有著名的石漫滩国家森林公园、石漫滩国家水利风景区和国际龙船竞赛基地,有国家现代化大型特钢联合企业(舞钢公司)和新中国成立后治淮第一坝(石漫滩水库大坝)。舞钢市历史文化悠久,早在春秋战国时期,这里就以盛产利剑而名闻华夏,文物古迹众多。

自 1998 年以来,舞钢市先后制定了"优先发展旅游业""旅游名市""建设现代化生态旅游城市"的战略决策,不断完善景区及基础服务设施建设,已取得一定收效。近几年舞钢市接待游客的数量呈逐年递增趋势,旅游业作为舞钢市的新兴产业呈现出良好的发展势头。

三、城市空间布局与用地规划

(一)城市空间布局结构

1.空间布局结构

根据城市现状地理条件,为适应城市未来发展,规划确定未来城市为"一轴、三片区"的发展模式,每个组团承担不同的功能,以核心交通轴为依托使各组团相互协调发展。

"一轴":指钢城路,承担未来城市发展核心轴的作用。

三个片区分别是指:

(1)北部——新兴工业园和商贸居住片区

规划体现新兴城市功能。

依靠北部平整广阔的土地条件和便捷的对外交通联系,沿钢城路以西的建设路建立新兴工业园区,用优惠的土地政策,相对低廉的劳动力吸引经济投资,发展一、二类工业,为周边居民提供新的就业岗位,为城市未来发展注入新的动力,推动市域城市化进程。沿钢城路以东的建设路和朱兰大道两侧拓展商贸居住功能,完善该区域的基础设施,营造宜人的居住环境和便利的公共服务体系,使其成为城市新型的现代化商贸居住区。

(2)中部——垭口核心片区

规划体现和谐社会政治、经济、文化多方面的繁荣,是现代化小康城市面貌的核心体现区。

继续巩固垭口区政治、文化的核心地位,推进城市公共服务设施一体化建设,建立行政文化中心使其成为该区的带动核心,完善商业、文化、体育、医疗、教育等设施,使其向规模化发展,一改以往散乱无序的发展状态,整合居住用地,提升居住品质,改善居住环境。大力整治交通系统,使道路网络化、等级化,鼓励公共交通发展。

(3)南部——钢厂工业园和石漫滩生态旅游片区

规划体现生态型的城市特色。

结合石漫滩水库的优美景致发展生态旅游业和宜居环境。以生态、环保、维护城市公共利益和公共安全为前提,严格控制周边用地的开发建设。对钢厂的扩建或相关产业工厂的建设加以引导和规范,避免对环境的破坏。

三个片区是在依据现状的基础上,以钢城路为纽带,结合不同的地理位置和资源条件,统筹发展各部分的城市职能,加强各片区之间的分工协作和优势互补,充分发挥市区内部对周边经济的带动和辐射作用,完善了城市功能,增强城市的整体竞争力。

2.功能分区

本次规划确定了城市未来的五个功能组团,分别是:

(1)朱兰西工业仓储组团:主要承担仓储,一、二类工业,对外货运交通等功能。

(2)朱兰东商贸居住组团:主要承担商贸服务、居住等功能,并配有相应的文化娱乐、医疗教育等设施。

(3)垭口核心组团:城市的行政中心、文化中心、商业中心,完善的居住功能。

（4）寺坡钢厂工业组团：三类工业、配套居住等功能。

（5）石漫滩风景旅游组团：自然生态型旅游度假区。

在这五个组团之间充分利用地形地貌，结合自然林地插入生态绿地斑块，由钢城路依次串接起来，形成舞钢市城依山建，碧水环抱，山水林城融于一体的生态型"山水"空间城市格局。

（二）城市发展方向的选择

城市的空间结构形式大体上可以归纳为集中和分散两大类，舞钢的城市空间结构从总体上看，因地形限制而呈分散式。但就其局部而言又表现出集中发展的趋势。规划中特别注重处理好集中与分散的"度"，既要合理分工，加强联系，又要在各个组团内形成一定规模，创造一定的就地生产和生活的条件，减少不必要的交通压力。

现综合考虑影响舞钢城市空间布局的各方面因素，城市空间发展方向可能有：

（1）向西北发展

在1994年版的总体规划中，朱兰西规划了大片的居住区和工业仓储区，但是由于产业结构和产业定位的不合理以及交通和自然条件的多方面限制，区域的发展并未像规划预期的那样，反而呈现出一片萧条的景象——闲置空旷的厂房、简陋破败的城中村。就在朱兰西区成为规划遗留问题并逐渐淡出人们视线的时候，随着"十一五"期间，国家计划建设的焦（焦作）随（随州）高速公路途经舞钢市，打通了朱兰区向西对外联系的交通通道，一个前所未有的发展机遇呈现出来，朱兰西区的工业复兴迫在眉睫。

市区西北方向的八台镇铁矿储量37550.3万吨，占全市铁矿总储量的56.7%。八台镇交通方便，平舞铁路经张我庄、赵案庄、泥河孙、大马庄出境，在八台附近设有梁八台车站，公路往东有八（台）老（庄）公路，往西通叶县，东南通往市区，向南通到杨庄。八台镇各方面基础设施完善，可开发潜力很大。

铁山乡矿产资源丰富。全市铁矿储量的41%埋藏在该乡的铁山庙、铁古坑和石门郭。铁山乡因紧靠市区，乡镇企业比较发达。铁山乡交通便利。平舞铁路、漯舞小铁路，许泌公路均经过这里。有乡村道路9条，总长16.7公里。商业贸易比较发达，有朱兰等4处集贸市场。铁山庙火车站附近原有仓储业基础，为以铁矿及其副产品的运输为主的物流业的发展提供了可能。

未来市域西北部的发展，以朱兰东-铁山乡、八台镇为两个核心向周边扩散，向建设新型现代化铁矿方向发展，积极发展铁矿深加工产业，延长产业链。而此地原有的许多小规模乡镇，也可在原有的基础上建设矿区生活区，积极发展第三产业，为周边庙街等落后乡镇的剩余劳动力提供就业机会，推进其经济发展，加快这一地区的城市化进程。

（2）向西南发展

舞钢市区西南的钢铁厂是舞钢市的支柱企业，目前正在钢厂旁边建设的中加公司是以加工铁粉为主的大型企业，它的发展将加快钢铁厂的发展，延长其产业链，未来钢铁工业仍然是主导产业，所以以现有产业基础为依托，发展相关后续产业，实现经济增长，是十分必要的。市区西南的院岭地区紧邻钢铁厂，该地地势平缓，也有较好的建设基础和便利的交通条件。在未来的发展中，它无疑是钢铁工业园区和高科技研发区用地的首选。这一地区的发展必将带动整个市区的发展,使舞钢的经济上一个新台阶。考虑到该地位于石漫滩水库的上游,须建设防护林带,保护水源地不受污染。

(3)向东北发展

舞钢市区东北为朱兰区东部,该区向东北至舞阳和漯河,向北至平顶山,向南至驻马店和南阳,且该区境内有铁路通过,对外交通便捷。该区轻工业进出较好,集中了化工厂、双汇肉联厂、皮革厂、棉纺厂、塑料厂等一批以轻工业为主的生产企业。商贸基础较好,有舞钢商贸城等商贸市场。还有学校和医院等配套设施,发展基础好。区内土地利用率低,开发建设潜力大,阻力小。而且该区北面为小规模村落,有大片空地,为未来该区进一步扩展提供了广阔的空间。由于该区东南田岗水库为水源地,故向东南发展受到限制。随着交通的发展,该地区的轻工业和商贸业将更加繁荣兴旺。

(4)向东发展

东环路以东广大地区地势平缓,适合建设。市区东面的武功乡交通方便,境内有漯舞小铁路和许泌公路、舞遂公路等交通干线通过。1986年建成武功滚河大桥,修建通往西平县境的砂石公路。全乡公路通车里程31公里。武功原是舞阳县四大镇之一,隔日有集市贸易,经济基础较好,为城市向东发展提供较大动力。但是考虑到田岗水库和滚河水源地保护的问题,以及此处为水库下游泄洪区,不适宜大规模开发建设。

(5)向南发展

舞钢市区南部分布着田岗水库、石漫滩水库及大片的山地,市域东南还有二郎山景区、九州景区、蟒背山景区、九头崖景区、天池景区、五峰山景区,风景资源极其丰富,发展旅游业的潜力很大。再加上该地区东临驻马店、南临南阳市,有公路与郑州市、漯河市、平顶山市相连,这些都为该地区旅游业的潜在游客市场。在未来建设中,应一方面对现有景区进行保护,开发更多的旅游项目,挖掘旅游潜力,加大宣传力度;另一方面加快该地区公路和配套基础设施建设,为今后的发展打下良好基础。

综上所述,通过分析城市各个方向发展的优势及劣势,确定舞钢市的发展方向为西北方、东北方和东方。

四、城市交通与道路系统规划

(一)道路系统总体结构

规划市区路网结构为"三横三纵":"三横"——建设路、滨湖大道、通平路;"三纵"——钢城路、东环路、西环路(规划路)。

(1)市区主干道环路

主干道环路由建设路、通平路、滨湖大道、钢城路、东环路、西环路(规划路)组成,是直接串联各组团的交通干道,主要服务于慢速交通,如来往于各组团中心的小汽车交通、公共交通及自行车交通,在主干道环路上可以布置公交专用线。

（2）市区五条景观路

规划将建设路、通平路、滨湖大道、钢城路、东环路这五条城市主要干道改造成景观路，形成"三横两纵"的景观系统。

（3）过境公路线

过境交通线的建设不仅起到串联舞钢城区五个主要对外出入口的作用，更为重要的是，在城区外围形成过境交通，避免过境交通穿越城区。

（二）道路断面宽度及路网密度

考虑到舞钢市作为未来的滨湖旅游城市，对城市景观、特别是道路景观具有比较高的要求，故舞钢市区各级道路的红线宽度取《城市道路交通规划设计规范》的上限，以便在道路中留有较宽的绿化带。规划（预留）城市主干道红线50～60米，次干道26～35米，支路15米。

规划道路的主要指标如下：至2020年，经调整后的舞钢城区规划路网主、次干道密度为3.48公里/平方公里。主干路密度（含景观路）为1.48公里/平方公里；次干路密度为2.00公里/平方公里，支路密度为2.66公里/平方公里，建成区整体路网密度为6.14公里/平方公里。道路用地率为17.82%。详细指标见表4.4、表4.5。

表4.4　舞钢市区道路网规划指标表

名称	道路长度/km	道路网密度/（km/km²）	机动车道/条	道路红线宽度/m	建筑后退道路红线距离/m
主干道	29.65	1.48	4～6	50～60	25
次干道	40.07	2.00	2～4	26～35	15
支路	53.21	2.66	—	—	—
合计	122.93	6.14	—	—	—

表4.5　舞钢市区规划道路一览表

路段名称	等级	起讫点	路段长度/m	红线宽度/m	横断面	道路功能	后退红线/m
钢城路	主干道	规划一路—滨湖路	6600	55	7-7-2-10.5-2-10.5-2-7-7	生活	25
建设路	主干道	朱兰大道—七蚁线	5540	60	7-8-3-10.5-3-10.5-3-8-7	生活	25
通平路	主干道	中心环路—东环路	4830	50	6-6-2.5-21-2.5-6-6	生活	25

续表 4.5

路段 名称	等级	起讫点	路段长度 /m	红线宽度 /m	横断面	道路 功能	后退红线 /m
东环路	主干道	规划一路—滨湖路	5745	55	7-7-2-10.5-2- 10.5-2-7-7	交通	25
西环路—规划路	主干道	建设路—滨湖路	6400	35	4-5-2-13-2-5-4	交通	25
滨湖路中段	主干道	滨湖路西段—钢城路	3430	55	7-7-2-10.5-2- 10.5-2-7-7	生活	25
规划一路	次干道	朱兰大道—七蚁线	5775	35	4-5-2-13-2-5-4	生活	15
朱兰北路	次干道	健康路—七蚁线	3010	26	6-14-6	生活	15
朱兰大道	次干道	规划一路—七蚁线	6310	35	4-5-2-13-2-5-4	生活	15
朱兰南路	次干道	钢城路—东环路	2410	35	4-5-2-13-2-5-4	生活	15
健康路	次干道	温州路—规划一路	5700	35	4-5-2-13-2-5-4	生活	15
规划二路	次干道	建设路—朱兰南路	1515	35	4-5-2-13-2-5-4	生活	15
中心环路	次干道	钢城路—健康路	5780	35	4-5-2-13-2-5-4	生活	15
温州路	次干道	中心环路—健康路	2740	35	4-5-2-13-2-5-4	生活	15
滨湖路东段	次干道	钢城路—东环路	3700	26	6-14-6	生活	15
规划三路	次干道	中心环路北—中心环路南	960	35	4-5-2-13-2-5-4	生活	15

五、城市绿地系统优化

(一)城市绿化现状

舞钢市区的绿化覆盖率比较大,城区内有自然形成的山地森林、石漫滩水库沿岸绿带和富有特色的多块三角形街心绿地。近年来又完成了水利园、英烈园、树木园、金马游园、鑫源绿色广场、奋飞绿色广场等绿地工程建设项目和多块街头绿地的建设,城区内各单位内部的绿化工作也相对较好,道路绿化采用名贵玉兰树种,提高城市品位,彰显舞钢特色气质。

主要问题是:绿地系统不健全,虽然有大片天然绿地,但是亲人尺度差,利用率低,公共绿地严重匮乏,而且主要为广场和游园,分布不均衡,居住区内尤其是朱兰东区绿地缺乏,新建道路的道路绿化很少,部分道路沿街绿化质量差。居住用地与工业用地间没有防护绿化带的隔离,另外现有铁路、河流周围缺少一定宽度的防护绿带。

(二)城市绿地系统优化

1. 绿地系统优化的目标

(1)城市园林绿地系统规划要做到点、线、面相结合,以扩大绿地面积、提高绿化覆盖率、提高“绿量”和“绿质”为目标,注重城市绿地的体系化建设,将城市的各种用地及道路有机地组织到园林绿化系统中去。

(2)绿地系统建设与总体规划建设同步进行,充分保护利用原有的绿化基础,逐步提高全市性公园的绿化质量和绿化覆盖率。

(3)各类绿地性质明确,布局合理,便于居民休憩游览活动,不断满足人民群众日益增长的物质文明和精神文明的需要。

(4)充分利用城市原有的自然生态,将城市的河、湖、水系、绿化等生态元素引入城市的绿地系统,使之成为城市的“绿肺”。

2. 城市绿地系统布局结构

依据舞钢市城市布局特点,舞钢市绿地系统结构可归纳为:“一心一环,三纵三横,多园均布,新区增色,湖滨溢彩”。

“一心一环”:一心即以城市规划行政中心为基点,向外辐射的城市绿地核心。一环即围绕城市总体规划在舞钢市区的东部、南部以及钢城路与东环路之间有大片天然的山地森林,是整个城市的天然绿色屏障。

“三纵三横”:即纵、横三轴。纵轴为高速路、钢城路、东环路,横轴为建设路、通平路、湖滨路。纵横三轴处与城市边缘的确定为城市防护林带,处于城市内部的确定为城市景观大道。

“多园均布”:“多园”包括已建的公园以及规划建设的公园。在此基础上规划以公园绿地为主要形式均布于城市之中,充分考虑合理的服务半径,使城市居民出户 300 ~ 500 米即能走进公园游憩。

“新区增色”:新区即城市北部——新兴工业园和商贸居住片区,高起点建设,大量拓展城市绿地,使新区达到“绿色郁翠,四时有花”,营造良好的绿色生态环境、宜人的居住环境和便利的公共服务体系,推动工业发展,为城市未来注入新的动力。

“湖滨溢彩”:湖滨即城市南部——钢厂工业园和石漫滩生态旅游片区,采用见缝插绿,并积极开展垂直绿化。在湖滨地段增辟公园绿地、附属绿地,既美化环境,又为旅游业提供良好的生态环境。

第五章

村镇规划实习与案例

第一节　村镇规划实习内容及要求

村镇规划按其内容可分为村镇总体规划、镇区建设规划和村庄建设规划与旧村庄改造三类,这三类规划是不同级别的规划,各规划侧重点不同。

一、村镇总体规划

(一)实习内容

村镇总体规划的任务是以乡(镇)行政辖区范围为规划对象,依据县域规划、县农业区划、县土地利用总体规划和各专业的发展规划,在确定的发展远景年度内,确定乡(镇)域范围内居民点的分布和生产企业基地的位置;根据各自的功能分工、地理特点和资源优势,确定村镇的性质、人口规模和发展方向;按照相互之间的关系,确定村镇之间的交通、电力、电讯以及生活服务等方面的联系。

总体规划体现农业、工业、交通、文化教育、科技卫生以及商业服务等各个行业系统对村镇建设的全面要求和相应建设的总体部署。

村镇总体规划的内容总结下来就是"三定""五联系","三定":定点(定居民点和主要生产企业基地位置)、定性(定村镇的性质)和定规模(定村镇的规模)。"五联系":交通运输联系、供电联系、电讯联系、供水排水联系和生活服务联系(主要公共建筑的合理配置)。

焦店镇位于平顶山市新城区和老城区的衔接处,此镇的发展关乎平顶山新老城区衔接问题,故而焦店镇总体规划在平顶山市整体发展中的地位非常重要。

根据村镇总体规划的内容和特点,主要实习内容如下:

(1)确定焦店镇的镇域范围,搜集整理焦店镇相关资料

①确定规划范围:村镇总体规划以县域规划与县域乡镇社会经济发展规划为依据,规划范围应与其相一致。

②搜集资料:

　　a. 地形图资料：主要包括村镇区域位置地形图、村镇所在范围现状图，以及用于规划编制的地形图等，图纸比例尺一般包括 1 : 20000、1 : 10000、1 : 5000、1 : 2000 等，根据规划区域的大小选用。

　　b. 自然资料：主要指气候、水文、地质等自然环境资料。

　　c. 社会经济资料：主要包括人口资料、农业生产、工副业生产、重要工程设施、大型公共建筑、名胜古迹等资料。

　　人口资料主要包括乡镇域内各居民点的人口数、户数，其中包括农业户数和非农业户数、人口数、人口分布密度等。

　　农业生产包括各类农作物分布，生产水平（单产、总产）和商品率等。

　　工副业生产包括工副业产品的产量、原料、燃料来源、销售方向、职工人数、重要工副业分布点、生产规模等。

　　重要工程设施资料包括农业工程、交通运输、电力、电讯等工程设施的数量、分布和使用状况等。

　　大型公共建筑资料主要包括学校、医院、影剧院等的分布、规模、服务范围等。

　　名胜古迹等包括著名的山、水、湖、泉、洞、园林、寺庙、古建筑、历史名人的故居、墓碑，以及已列入各级文物保护的单位等。

　　d. 规划、计划资料：主要包括农业区划、区域规划、土地利用规划、农业基本建设规划、国民经济发展规划，以及交通、电力、水利等专业规划的图纸、文件等。

　　③根据村镇总体规划的内容，将有关资料分门别类进行整理，并根据整理的资料，制作现状图、图表等，供分析使用。

　　（2）分析研究材料，构思方案

　　①分析研究材料。

　　首先，要确定资料的可靠性，资料是规划工作的基础，资料本身不可靠，就会直接影响规划质量。其次，要注意各类资料间的相互矛盾，特别是没有区域规划的情况下，许多专业规划都是根据本专业技术经济要求制定的，相互之间存在矛盾在所难免。再次，通过资料分析，找出存在问题（包括总体规划的各项内容），这就是分析研究资料的重要目的。

　　②研究解决问题的方法，构思初步方案。

　　研究解决问题的过程，就是构想初步方案的过程。解决问题的方法、途径不同，都会产生不同的方案，如乡镇分布集中程度不同，就可能有几种不同的方案，重要工业副业的不同配置，方案也不一样。故构思初步方案，不应该是一个，而应该是若干个或者许多个。因此，在分析研究方案构思过程中，产生不同意见，不要强求一致，可以做不同方案的探讨。

　　③进行多方案比较，确定正式方案。

　　进行多方案比较，必须对每一个方案，从技术上的科学性，经济上的合理性，实施的可行性等多个方面进行综合分析比较，才能确定较佳方案。并对选定方案，进一步讨论补充修改，最终作为正式方案。最终方案的确定，必须广泛听取当地群众的意见，由当地政府经过充分讨论后，做出决定。

（3）绘制图纸，编制说明书

①村镇总体规划图。

村镇体系布局的方位、类型、重要工副业基地和农业工程，大型公共建筑，交通网的布置，电站、变电所的位置，高压线、电讯线路的走向等，这些内容都要用不同的符号在规划图纸上标出来。

②村镇总体规划说明书。

第一部分，对现状简要的分析，指出存在的主要问题，并提出解决这些问题的意见。

第二部分，对规划方案的简要说明，包括规划期限、村镇分布的调整和人口规模，各种工程规划的介绍等。

（二）实习要求

（1）实习过程中以小组的形式进行，要求同学们掌握并灵活运用各种搜集资料的主要方法。掌握资料分析的方法，掌握村镇体系规划的方法及技能。

（2）要求每组同学根据实习内容制定一个焦店镇村镇体系的布局方案。

二、镇区建设规划

（一）实习内容

镇区建设规划的任务是以镇总体规划为依据，根据镇的现有条件和近远期经济社会发展计划，确定镇区的性质和发展方向，预测人口和用地规模、结构，进行用地布局，合理配置各项基础设施和主要公共建筑，安排主要建设项目的时间顺序，并具体落实近期建设项目。根据平顶山市的村镇体系结构，确定的实习地点是焦店镇。

镇区建设规划的工作方法和步骤与村镇总体规划的大体一致，但镇区建设规划是在村镇总体规划的基础上作的进一步详细规划，故而在基础资料调查时要比总体规划详细具体一些。具体来说，镇区建设规划的现状分析图应包括下列内容：

（1）行政区和建成区界限，各类建设用地的规模与布局。

（2）各类建筑的分布与质量分析。

（3）道路走向、宽度，对外交通以及客货站、码头等的位置。

（4）水厂、给排水系统、水源地位置及保护范围。

（5）电力、电讯及其他基础设施情况。

（6）主要公共建筑的位置与规模。

（7）固体废弃物、污水处理设施的位置、占地范围。

（8）其他对建设规划有影响的，需要在图纸上表示的内容。另外现状分析图上还应当附有现状存在的问题总结。

镇区建设规划的主要内容包括：

（1）在分析土地资源状况、建设用地现状和经济社会发展需要的基础上，根据《镇规划标准》确定人均建设用地指标，计算用地总量，再确定各项用地的构成比例和具体数量。

(2)进行用地布局,确定居住、公共建筑,生产、公用工程、道路交通系统、仓储、绿地等建筑与设施建设用地的空间布局,做到联系方便、分工明确,划清各项不同使用性质用地的界限。

(3)根据镇总体规划提出的原则要求,对规划范围的供水、排水、供电、电讯、燃气等设施及其工程管线进行具体安排,按照各专业标准规定,确定空中线路、地下管线的走向与布置,并进行综合协调。

(4)确定旧镇区改造和用地调整的原则、方法和步骤。

(5)对中心地区和其他重要地段的建筑体量、体形、色彩提出原则性要求。

(6)确定道路红线宽度、断面形式和控制点坐标、标高,进行竖向设计,保证地面排水顺利,尽量减少土石方量。

(7)综合安排环保和防灾等方面的设施。

(8)编制镇区近期建设规划。

(9)规划实施对策建议。

(10)历史文化名镇及其他有特殊要求的镇,可适当增加相应方面的规划要求内容。

(二)实习要求

(1)实习过程中以小组的形式进行,要求同学们通过实习掌握镇区建设规划的方法及技能。

(2)要求每组同学根据实习内容制定一个焦店镇镇区用地布局的方案。

三、村庄建设规划与旧村庄改造

(一)实习内容

我国现有的广大村庄大多数是在过去小农经济条件下产生的,落后的生产力和交通条件等基础设施深刻地反映在每一个旧村庄的建设中。

这些村庄布点零乱,内部结构不合理,缺少公共服务设施与公用设施,严重地阻碍了农业机械化、现代化生产的发展,影响了农村新生活的建设。因此,迅速地改善旧村庄的生产、生活条件是当前新农村建设的重要任务。

根据平顶山市的村镇体系结构,确定的实习地点是焦店村。

村庄建设规划的工作方法和步骤与镇区建设规划的大体一致,现仅将工作内容总结如下:

(1)村庄建设规划的内容

村庄建设规划的内容和深度,一定要从实际出发,不能搞"一刀切",而应当根据具体条件,有的粗、有的细,由粗到细、由浅入深,逐步实际,逐步完善。

①在分析土地资源状况、建设用地现状和经济社会发展需要的基础上,根据《镇规划标准》(GB 50188-2007)确定人均建设用地指标,计算用地总量,再确定各项用地的构成比例和具体数量;

②进行用地布局,确定居住、公共建筑、生产、公用工程、道路交通系统、仓储、绿地等建筑与设施建设用地的空间布局,做到联系方便、分工明确,划清各项不同使用性质用地的界限;

③根据村镇总体规划提出的原则要求,对规划范围的供水、排水、供热、供电等设施及其工程管线进行具体安排,按照各专业标准规定,确定空中线路、地下管线的走向与布置,并进行综合协调;

④确定旧村改造和用地调整的原则、方法和步骤;

⑤对主要公共建筑的体量、体型、色彩提出原则性要求,对住宅院落的布置与组合方式进行示范设计;

⑥确定道路红线宽度、断面形式和控制点坐标标高,进行竖向设计,保证地面排水顺利,尽量减少土石方量;

⑦综合安排环保和防灾等方面的设施。

村庄建设应遵循循序渐进的原则,切忌大拆大建,应体现地方特色,尊重民族习惯。妥善处理好发展与环境保护的关系,妥善解决村庄发展的主要矛盾是村庄规划的关键。总之,村庄规划应从实际出发,根据每个村庄的不同特点和需求,确定规划的主要内容和方法。

(2)旧村庄改造的内容

①旧村庄现状调查分析。

a. 土地使用现状调查分析。

主要对住宅建筑、公共建筑和生产建筑从分布、面积、数量、使用等方面进行调查,绘出土地利用现状图,分析旧村镇各类土地使用现状及存在的主要问题。

b. 建筑物现状调查分析。

建筑物质量调查分析:建筑物质量可按其结构、使用年限、破旧程度等划分等级。一般将建筑物质量划分为以下四个等级:

Ⅰ级建筑——内外结构完好无损,质量较高,多为近几年新建的建筑。

Ⅱ级建筑——内部结构完好,外部稍有损坏,稍经修整可使用 10 年以上的建筑。

Ⅲ级建筑——内外结构均受损,修理后尚可使用 5~10 年的建筑。

Ⅳ级建筑——危房。

通过对建筑物质量等级的调查、分析,根据村镇建设与发展的需要,提出改建的原则方法与拆建次序。

建筑密度、建筑容积率及人口密度调查:根据旧村镇内部各类建筑物的分布情况,对村镇建筑物进行分区、分段调查,对每一区段分别调查其建筑密度、建筑容积率和人口密度。建筑密度和人口密度大的区段,应提出适当拆迁建筑物的方法,以降低建筑和人口密度;反之,密度小的地段,应提出适当增建建筑物的方法,以提高其密度。

人口现状与人均用地面积和人均居住面积调查分析:调查村镇总人口数、总户数、人均各项建设用地面积和居住面积。

交通运输调查分析:调查村镇对外交通运输设施,分析对外交通运输能力能否满足村镇今后发展的要求;对村镇内部道路交通系统进行调查并分析其是否能满足村镇生产、生活的需要,在此基础上,分析村镇交通运输方面存在的主要问题,提出解决方法。

公用设施调查：主要是对村镇供水、排水、供电等设施现状进行调查，分析存在问题，提出改造的方法。

②制定改建规划。

根据旧村镇原来的功能分区情况和今后各方面发展的具体要求，制定旧村镇改建规划。包括用地布局的调整方案和建筑物及道路管线工程的改建计划。

对与用地布局的调整，应视具体情况而定。如果旧村镇原来的功能分区正确，生产与生活互不干扰，且今后的发展也有足够的合理用地，此时则不需对旧村镇用地布局进行调整。若旧村镇原来功能分区紊乱，则应结合今后村镇生产生活发展的需要，对村镇用地布局进行调整，重新确定村镇生产建筑用地、居住建筑用地、公共建筑用地的范围界限，改变原来各项建设相互干扰混杂的现象，修改道路系统等；根据需要与可能，把村镇各项不规则用地改变为规则用地，将村镇破碎、零乱的用地调整为紧凑、完整的用地。

建筑物和道路管线工程改建计划应根据近期建设和长远规划，确定需要拆迁建筑物的等级和数量，确定哪些建筑物因位置不当或因规划建设的需要而要拆除，哪些建筑物需要补充新建等，也可将某些建筑物的使用功能作适当调整。给水、排水、供电和通讯等管线工程的改建也要分近期和长远规划，有计划地分期分批进行。

改建规划拿出来后，要充分征求各方面的意见，反复论证，以期达到规划改建的目标。

③实施改建规划。

根据改建规划，进行施工。施工次序要先地下，后地上；先街道，后建筑；先中心，后外围；先破旧，后立新，有条不紊地进行。在施工过程中，对规划未预计到的问题要及时处理，规划不当的要及时调整。

（二）实习要求

（1）实习过程中以小组的形式进行，要求同学们掌握村庄建设规划和旧村庄改造的方法及技能。

（2）要求每组同学根据实习内容制定焦店镇中任意一个村庄的改造规划方案。

（3）要求每组学生做出一组村民住宅的设计方案。

第二节　村镇规划案例——濮阳马辛庄村落总体规划

在全国新农村建设如火如荼的进行中，为了使马辛庄经济的发展和其人民生活水平的提高，马辛庄也迎来了新农村建设的浪潮，但此次规划设计为了避免随新农村建设随波逐流，呈现千城一面，千篇一律的现象。马辛庄的新村规划建设运用了当前比较先进的规划理念，即先确定哪些是不建设区，对不建设区进行保护利用，与整体环境要素保持景观上的一致，而且注重生态环境的保护，以可持续发展为基础，提出了维持景观安全格局的战略。

马辛庄有着较长的村落历史，而且村落的自由发展形成良好的村落肌理，该方案是在提取原村落肌理的基础上,融合古村落的意象(风水林、护城河、祖祠、院落、胡同等)元素,建筑设计采用院落布置,前后院,建筑运用极具现代语言的材料表达古朴和自然的建筑意象,全部院落错落有致,同时恢复原来村落的湿地生态系统,使得整个画面很好地表现了一种自然和谐,环境优美的融古汇今的村落形态,形成了一种理想景观模式。

一、项目概况

项目位于河南省东北部濮阳地区,隶属于高新区黄埔街道处,东接濮阳市区的中原油田,西临安阳市滑县,是濮阳市区西扩和滑县向东拓展的重要地段,是未来两地区发展的核心,具有明显的区位优势。

马辛庄村位于濮阳市西郊,隶属于濮阳高新区农业园区,总占地7700亩,现有居住用地309亩。马辛店位置见图5.1。村庄现有人口1425人,共345户,其中老年人242人,占总人口的16.98%,中青年人922人,占总人口的64.7%,未成年人261人,占总人口的18.32%。马辛庄现有产业是传统农业、果园以及养殖业。

图5.1 马辛庄位置图

马辛庄居住区控制性详细规划是为村民在农业园区建成后居住,改善设施不配套、功能不齐全的住房问题,提高居民生活居住质量。按照村委有关会议要求,依据《马辛庄农业园区总体规划》,经广泛征求意见,并结合上级有关规定而制定实施的。

二、规划区现状分析

(一)基地现状分析

马辛庄园区主要有片林、田地、水体等组成,具体见图5.2。
(1)片林
园区北部,火车道以北原有大片槐树林,规模大概有500亩,已经形成比较葱郁的密林,但由于最近几年管理松散,砍伐严重,使得槐树林面积大幅减少。园区西部和南部及老村中有几片成规模的杨树林,应该做好保护措施,这些都是良好的自然资源。

图 5.2　马辛庄现状图

(2)田地

现在园区田地主要以花生、大豆、红薯、小麦、玉米等为主,同时在北部有大片的红星苹果园,沿着铁路两侧在 2008 年栽植了 1000 亩的红富士,还有一二百亩的桃和石榴。在田地里面还遗留有大片的枣树林。

(3)水体

20 世纪六七十年代,环老村周围是水体,后来由于地下水位的降低,水体干涸,留下沟洼地,局部地段会积蓄临时的雨水。在老村东部,有一块比较集中的小水面,长有大量蒲草。

(4)建筑

马辛庄老村占地约 311 亩,房屋布局整体来说基本规整,但是已经出现空心村现象,村庄中部房屋破旧程度较高,很多已经废弃不再使用。整个村庄住房以一层居多,为砖砌房屋,也有少量的二层住房,多为近年新盖房屋,而且有不少村民有新建房的打算。村庄整体的住房条件还是不错的,水电供应系统也是比较完善的,但是卫生条件较差,垃圾没有统一的堆放点,村庄整个居住环境不好。村庄有一条贯穿南北水泥路,路面宽 4 米,还有多条围绕村庄呈放射状的沥青路,这些道路使得村庄内外交通系统较为方便。

（5）产业

马辛庄现有产业是传统农业、果园及养殖业，当地村民有种植苹果树和养殖黄牛的传统，并且拥有 1000 余亩苹果园和一处正在建设当中的能够养殖 1800 头牛的养牛场。

（6）建设条件分析

①优势条件分析。

a. 区位优势。该项目的区域条件好，马辛庄位于濮阳市西郊，东接濮阳市市区和中原油田，西接安阳市滑县，是濮阳西扩和滑县向东发展的重要交接地，是未来两地区发展的重点，具有明显的区位优势。

b. 交通便利。马辛庄北临省道 303（黄河东路），向东直通市区，向西通安阳滑县，项目区内具有贯穿村庄的南北水泥路，不论内部交通还是外部交通，都十分便利，适于驾车游和自助游。

c. 土地资源丰富。马辛庄总占地 7000 余亩，人均耕地 2.5 亩，新村建设面积 270 亩，数土地资源富有村庄。并且大部分土地比较肥沃，利于种植农作物和果树。

d. 劳动力资源丰富。村子里的村民大都以务农为主，对土地依赖性较强，对外打工人员很少，劳动资源很丰富，这对于今后园区的经营、生产、管理都是一个积极的条件。

e. 健身环境好。在国家正在积极推进社会主义新农村建设的大环境下，许多出台的相关政策对于进行新农村建设非常有利。在这一契机下，马辛庄的整体规划建设符合时代发展要求，符合人民群众的利益要求，具有建设的必要性。

f. 农业资源优势。马辛庄是一个以传统农业为主导产业的村庄，当前以农业为主体的旅游项目发展前景较好，同时濮阳市现有旅游资源中以农业资源为主题，且有一定规模和特色的旅游项目不多，园区建成后必能以独特的旅游资源特色吸引游客，形成自身独有的风格。

②存在问题。

a. 降雨量较少，地下水资源相对匮乏。濮阳年降雨量为 502.3～601.3 毫米，地下水位 20 余米，水力资源的匮乏将制约园区建设和发展方向。同时由于该地区土壤为沙土，保水性差，进行水系建设比较困难，而且必须进行护底处理。

b. 局部土地较为贫瘠，生产力不高。整个项目取得土壤肥力还是比较好的，但是局部地区的土壤较贫瘠，肥力不足，生产力不高，将会降低经济效益，尤其将来园区内已种植业为主的产业经济结构体系，尤其会受到影响。但在新村建设区中土壤肥力和土壤贫瘠程度对于村庄建设规划影响倒不是很大。

c. 如不突出特色，将难以立足。整个园区所在地的濮阳高新农业园区已经建成多出一农业为主的特色园区，如以旅游为主的绿色庄园、濮上园、锦绣园等，王助乡设施园艺栽培基地、杂果生产基地、蔬菜生产基地等，这些均对该园的建设造成极大的市场挑战和竞争，园区建设如不突出特色、占据品牌优势，将很难在市场立足。

新村建设区也同样面临着诸多挑战和竞争，在它北部有像香格里拉等的高档别墅区，马辛庄新村规划要在诸多现代居住区中脱颖而出，就必须走出一条与众不同的规划道路，建立一种符合自己的特色景观道路。

d. 土地流转尚未实施，不利于统一规划。马辛庄目前实施的是分田到户的土地政策,尚未实施土地的流转功能,这对于将来土地的集约化使用造成一定程度的制约,不利于园区的整体建设和开发,难以将统一规划实施下去。

e.村庄投资能力有限,限制发展速度。村庄整体经济实力有限,高效农业项目属于高投入,高产出项目,如果没有足够的经济实力很难在近期内看到成效,必须分期投资,逐步发展,同时应积极引进龙头企业进驻以后,会带动项目较快的建设和发展。

(二)区位分析

规划区位于濮阳市西郊,东接濮阳市市区和中原油田,西接安阳市滑县,是濮阳西扩和滑县向东发展的重要交接地,是未来两地区发展的重点,具有明显的区位优势。规划居住区区位于马辛庄中部,现状村区北部,东临精品果园区,西依休闲采摘区。环境优美。

(三)道路分析

西侧道路连接小徐村。主干路穿区而过,南接潘庄村,北接303国道,联系濮阳市区。东依大广高速。交通便利,区位优势明显。

(四)现状概况及规划面积

整个规划区总面积273亩,用地大体平整,平均坡度为2%左右;区域内无台地。符合规划建设要求。

三、规划构思

(一)规划目标

重新塑造老村的村落形态。

图5.3 马辛庄规划鸟瞰图

马辛庄的新村规划要重新塑造老村的村落形态。即在满足提高居民生活水平的同时，配合农业园区的建设,利用古寨门、风水树、祠堂、错落有致的胡同等元素,与旅游规划相结合,创造良好宜居的旅游环境。村庄规划效果见图5.3,村庄规划总平面图见图5.4。

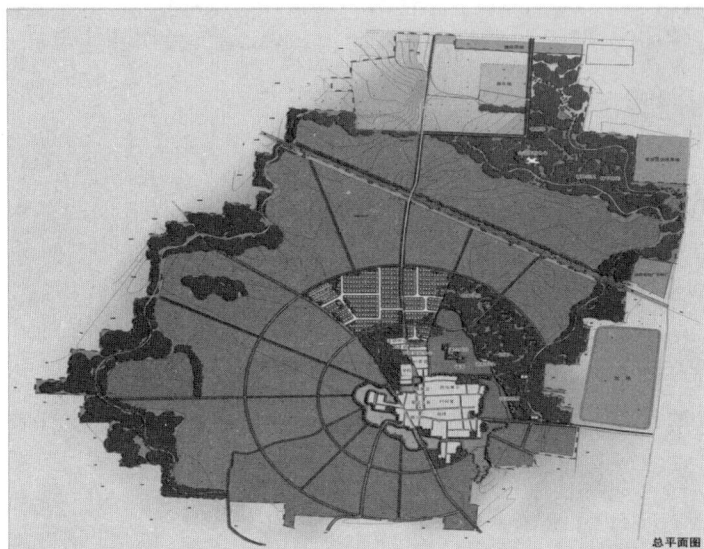

图5.4   马辛庄规划总平面图

(二)总体结构布局

"一心、两轴、四组团",见图5.5。

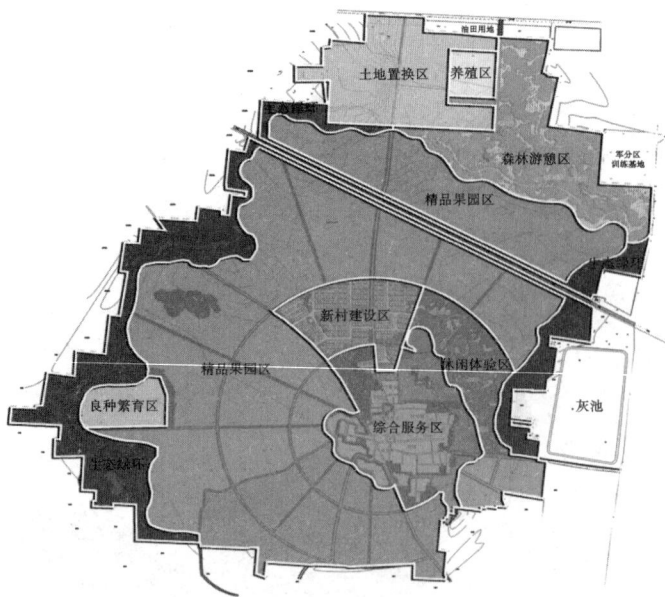

图5.5   功能分区图

"一心"为位于居住区中心广场周围的公共服务中心。村委会、祠堂、卫生所等均布置在此区域。此中心既是全区的公共服务中心,又为全村的行政中心,村中开会、集市等重大活动均在此中心进行。

"两轴"为贯穿全区南北、东西的两条主要交通轴线。道路联系北侧濮阳市,南侧小徐村,又将西部精品果园区与东部采摘区相连,两条轴线主路在方便村民使用的同时,又对全村的经济发展产生积极影响。

"四组团"为被二级道路所分割形成的各个居住组团,与公共组团。各组团内均有组团中心,方便村民们日常集会,婚丧嫁娶使用。

(三)道路交通系统

(1)路网结构

"一环、两轴、三横四纵、四级道路",见图5.6。

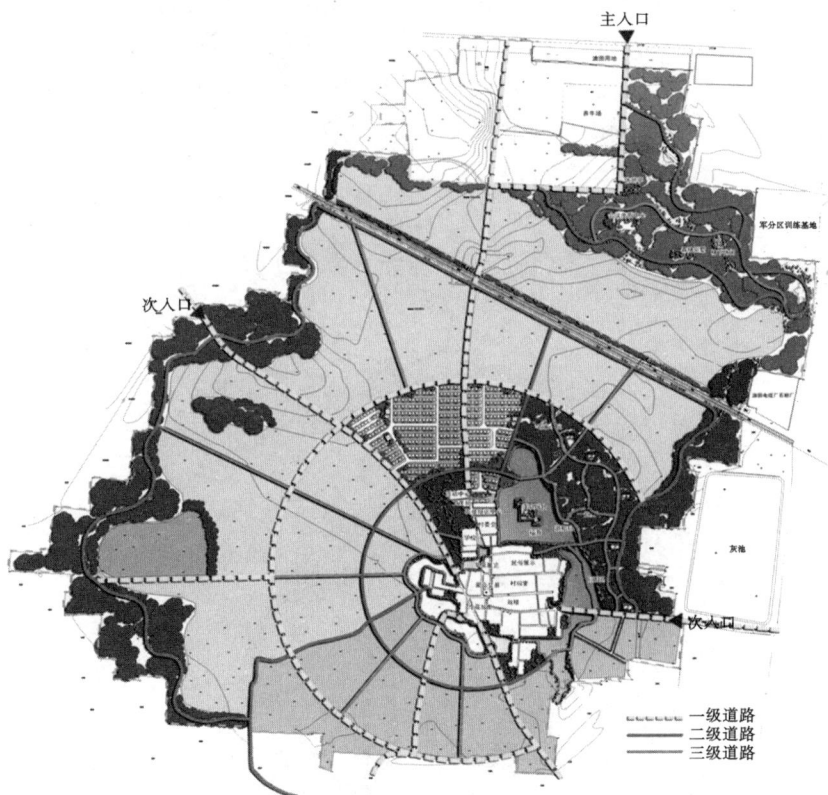

图5.6　道路分析图

"一环"为环绕居住区的对外交通干道。沿居住区设置环路,避免外部车流对居住区内部的干扰。"两轴"为贯穿全区南北、东西的两条主要道路。"三横四纵"为居住区内二级道路组成的东西、南北向的主要道路,以此构成全区的道路框架。"四级道路"构成居住区的各级道路,根据路面宽度及道路形式共分为四级。

（2）道路断面形式

居住区内部道路分为四级。一级道路为贯穿全村南北的主干路。路面宽度 6 米,两侧人行道宽度各 4 米;二级道路为区分各个组团的支路。路面宽度 4 米,两侧人行道宽度各 2 米;三级道路为各个组团内的道路。路面宽度 3 米,两侧人行道宽度各 1 米;四级道路为宅前路。路面宽度 1.5 米,两侧绿化带各 0.75 米。

（四）公共建筑、环卫规划

公共建筑根据功能需要,合理布局。村委会、卫生所、商业金融,祠堂根据需要布置在中心广场附近,方便村民使用;敬老院因老人需要安静休息环境,与绿地游园结合布置在环境优美,安逸宁静的南部;学校为避免学生上课对居住区的影响布置在相对独立的地带,既减少居住区内的噪声,同时也减免居住区内车流对学生带来的安全隐患。

环卫系统规划包括:垃圾箱点的布置和垃圾转运站点的选择。垃圾箱点的布置,按照环保要求,二级道路每隔 100 米设置一处;一级道路每隔 200 米设置一处,采用水泥仿木材料,造型与周围环境相协调;垃圾转运站根据相关要求布置在住户较少,方便清理的环形道路两侧。形式上与周围环境相结合,见图 5.7。

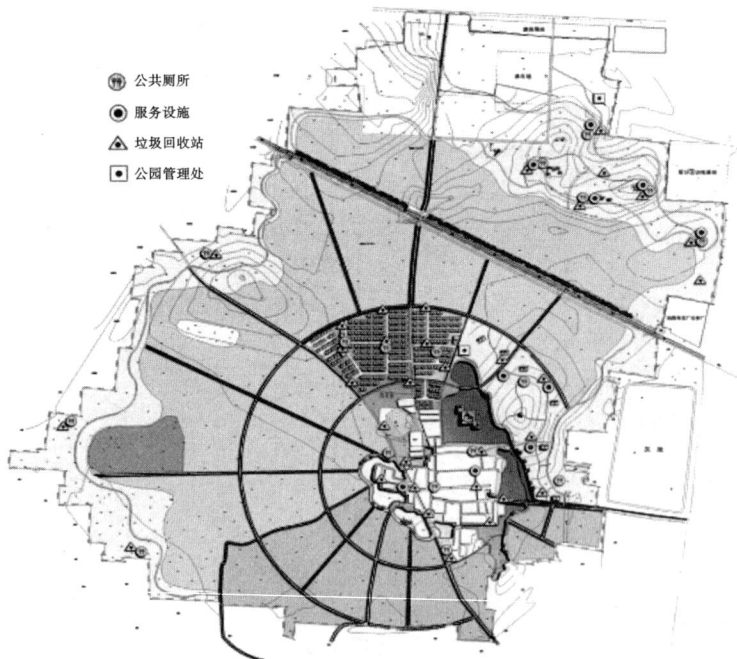

图 5.7　公共设施规划图

（五）绿地、景观系统规划

（1）绿地系统规划

"点、线、面"相结合。"点"为居住组团内的小广场绿地,街头绿地游园所组成。各个"点"由道路行道树景观相连形成"线"。各条"线"交错相织,形成"网"最终形成"面"状绿地系统,从而形成生态宜居环境。

(2)景观结构规划

"一心、两轴、四通廊",见图5.8。

"一心"为中心广场景观,为全村居民的主要活动场所。"两轴"为沿南北、东西向道路布置的主次要道路景观轴带。由沿街高大乔木行道树组成的林荫景观。"四通廊"由四个组团中心内的次要景观节点形成的视觉轴线。

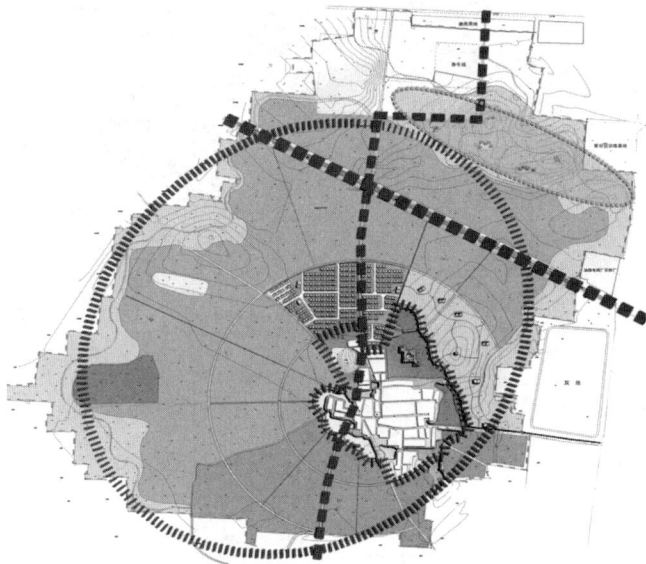

图5.8　景观分析图

(六)竖向设计规划

(1)规划区内建筑室内设计标高比室外地平标高高30~40厘米。

(2)室外地平设计纵坡不小于0.2%,并且不坡向建筑墙角。

(3)规划区内设计地形和坡度适合污水、雨水的排水组织和坡度要求,避免出现凹地,见图5.9。

(4)交通组织方面,汽车从前院进门后,直接入库。将车库与二层阳台结合布置,既节省空间,又产生局部错层,可充分利用阳光。

图 5.9　竖向规划图

四、规划用地平衡表

规划用地平衡表见表 5.1。

表 5.1　规划用地平衡表

项目	面积/平方米	比例/%
居住用地	93922	37
公建用地	14093	5.6
道路广场用地	67594	26.5
绿地	78243	30.9
总用地	253552	100

五、管线工程规划

(一)给水工程规划

(1)用水量预测

①居民生活用水量:按居住用地用水量定额 150～300 L·d/人,餐饮用水按 20 L/

人,用水量 530 m³/d。

②消防、绿化、未预见用水量和管网漏损量按上述各项之和的 20% 计。

③总用水量 636 m³/d。

最大用水量确定:区域时变化系数取 1.5,则最高峰用水量 39.8 m³/d。

根据本规划区的规模,确定区域内室外消防用水量按 5 L/S 计,室内 2.5 L/S 计,暗火在延续时间 1 h 计。

(2)水源及管网布置

水源可以是两种方式,一是打井取地下水,另一种是市政管线供水,由村里自行决定。

用水由水源处出一根 DN100 给水主干管。水经加压后向各用户供水。配水干管形成树枝状,同时保证消防用水,见图 5.10。

图 5.10　管网规划图

(二)排水工程规划

采用雨水、污水分流制:居住区内雨水由自然排法收集后就近排入中央水体;公路雨水由两侧雨水沟收集排放;污水量按生活用水的 80% 预测,本区污水根据设计高程地形就近收集排入污水井,管材采用钢筋圆管,排污管径 D200 ~ D300,排水管网见图 5.10。

(三)供电工程规划

(1)负荷预测

①居住用电负荷:标准 20 W/m²,用电负荷为 1056.04 kW。

②公建用电负荷:标准 25 W/m²,用电负荷为 210 kW。

③道路广场用电负荷:用电负荷为 134 kW。

以上各用电指标已考虑利用系数,利用系数为 0.7,同时使用系数为 0.5~0.8,用电负荷为 1480.032 kW。

(2)供电规划

马辛庄用电来自市政电网,村里用电来自外部村镇变电站引出 10 kV 的主线到马辛庄,再有马辛庄公用变配电所分出支线给村民和公共设施使用。

考虑到村内的发展和功能分区,规划在村内设置变电站 2 座,位于村的西南和东北侧。变压器总容量为 2000 KVA,变压器采用 S9 型干式变电器,变电器按户外式安装,中性点接地,接地电阻按远小于 4 欧姆设计。

考虑到为使架设的电线影响环境景观,有变电器引出的引线可考虑地下缆线,地下输电,低压线路采用 380/220 V 穿管埋地敷设方式。供电线路架应服从景观要素,尽量做到隐而不露,尽量避开景观透视线。

(四)电信工程规划

市话采用主线密度法预测,居住按 1.2 对线/户,公建按 1 对线/200m²(建筑面积),经测算马辛庄共需 490 对线。

根据市话预测容量,该区共设 10 个交接箱,平均分布在马辛庄新村建设区内。

线路敷设采用地埋管道电缆,管道材料采用 UPVC 管,电缆采用全塑电缆,从村外电信线路引入 1 条主干电缆到马辛庄新村建设区。

六、防灾工程规划

(一)抗震工程规划

统筹安排、分级安排,震平结合。

在地震预报发生后或地震后,通过有效的组织,按规定的路线将人员安排到指定的相对安全地段,以避免地震时出现的人员伤亡和恐慌心理或者余震对居民造成进一步伤害。遇到紧急情况,建立临时防震指挥部,指挥部和下设的疏散小组负责抗震指挥工作。执行任务时按规划的疏散路线,有效组织疏散,分配救灾物资,做好居民生活安排等各项工作。

(二)消防工程规划

预防为主,消防结合。健全防火体系,完善检测瞭望系统,通讯调度系统,林火阻隔系统,火源管理系统,林火扑救系统,组织指挥系统,达到防火队伍专业化,消防机具化,管理规范化,强化责任制与宣传教育。具体为:实行防火责任制,全员防火;加强居民防火意识。在公共建筑里设置一定数量的灭火器。在主要道路两侧按每120米的距离设置消防栓,消防栓采用地上式,宜靠近交叉路口。

(三)防病虫害规划

村内植物配置相对较好,在引用外来物种的时候考虑与原生态的融合生长,多做病虫害防治。在村庄建设中,对采购的原材料必须加强检测力度,防止引进新病虫害。在植物搭配时尽量利用乡土树种,形成良好的生态景观。

七、建筑院落设计

(一)院落设计

院落设计整体布局错落有致,形成良好的空间感和景观层次,单体建筑院落的布局方式采用前后院,兼有局部侧院形式,车库布局均采用侧院入口,院落入口含一个或两个,门楼设计成典雅开放的形式,院落院墙的形式是含有古朴风味的或隐或露的花墙,院内可以设置一些原生态的微型菜园、菜架、院落花架,使整个院落环境具有浓厚古朴的村落生态环境。

(二)户型设计

(1)四、五、六口户型设计说明

该三种方案适合四、五、六人家庭户型,宅基地面积为266平方米。建筑面积分别为167平方米、203平方米、240平方米。户型为两层,局部错层。设前后院。屋顶形式为局部坡屋顶。

①设计理念:节约能源,着重环保,方便农户使用。

②设计特色:功能分区明确,避免相互干扰。洁污分区合理,干净卫生。

③设计分析。

a.功能分区方面。

一层主要功能为起居、会客、就餐,是全家的主要活动场所。其中考虑到老人活动上楼不方便,及为了方便老人到院落活动锻炼,将老人卧室设在一楼。功能分区上为动区。

二层主要功能为休息及进行晾晒。家庭绝大多数成员的休息场所都在二楼。功能分区上此层为静区。

b.洁污分区方面。

总体来看,一楼为污区,二楼为洁净区。其中一楼厨房、卫生间、车库为污区。其他为洁净区。在洁污区处理上:厨房的带入有污染的食物、材料时从车库进入。避免影响起居室与卧室。

c.交通组织方面。

此户型采取人车分流,前院进人,侧院进车,避免相互之间干扰,既合理又安全。

(2)八口户型设计说明

该方案适合八人家庭户型,宅基地面积为 266 平方米。建筑面积 325 平方米。户型为三层,局部错层。设前后院。屋顶形式为局部坡屋顶。一层面积 141 平方米,二层面积 105 平方米。三层 79 平方米,共计 325 平方米。

①设计理念:节约能源,着重环保,方便农户使用。

③设计特色:功能分区明确,避免相互干扰。洁污分区合理,干净卫生。

④设计分析。

a. 功能分区方面。

一层主要功能为起居、会客、就餐,是全家的主要活动场所。其中考虑到老人活动上楼不方便,及为了方便老人到院落活动锻炼,将老人卧室设在一楼。功能分区上此层为动区。

二层主要功能为休息、进行晾晒。家庭绝大多数成员的休息场所都在二楼。功能分区上此层为静区。

三层主要功能为休息或储藏。既可利用此层安静的环境进行休息,也可利用高层干燥的空间进行储藏、晾晒。

b. 洁污分区方面。

总的来说,一楼为污区,二楼、三楼为洁净区。其中一楼厨房、卫生间、后院为污区。其他为洁净区。在洁污区处理上,厨房带入有污染的食物、材料时从后院进入。避免影响起居室。

(3)四层公寓户型设计说明

该方案适合 2 人或 3 人家庭户型,建筑面积 $80 \sim 120 \ \mathrm{m}^2$,户型为两室和三室两厅,四层公寓楼,屋顶形式:坡屋顶。

①设计理念:节约能源,着重环保,方便农户使用。

②设计特色:功能分区明确,避免相互干扰,空间布置合理。节约用地。

③设计分析。

a. 功能分区方面。

中部主要功能为起居就寝,是全家的主要活动场所。阳面设置主卧室及次卧室,充分利用阳光,既使用方便又节能。

两侧主要功能为厨房餐厅及卫生间。将一些辅助功能空间设置在阴面,合理利用空间。

b. 洁污分区方面。

将厨房设计在入口处,避免带入的物品对其他区域产生污染。

c. 立面设计方面。

采用坡屋顶形式,立面丰富,错落有致。

(4)村委会设计说明

马辛庄村委会大楼为一所综合性大楼,既满足村委会日常办公使用,又兼有接待、科普教育、技能培训等作用,是全村的窗口与亮点。在设计时注重以下理念与特色:

①设计理念:突出建筑在区域范围内的地位与作用;与周围环境相融合;满足各种功能需求。

②设计特色:形式上采用对称,突出该建筑中心地位,形成区域中心与亮点。建筑形式为单面楼,便于采光通风,节约用地,节能环保。

风格上采用局部错层,与周围环境相融合。

功能上,建筑进深15.3米,跨度44.5米。主要功能为:一层,行政办公、接待、图书室;二层,行政办公;三层,培训中心,会议室;四层,文体娱乐中心。

消防安全上,采用三部双跑楼梯,满足消防疏散需求。

第六章

生态环境规划实习与案例

第一节 生态环境规划实习内容及要求

生态环境规划是自然地理与资源环境专业、人文地理与城乡规划专业的专业必修课;是实践性和应用性非常强的一门学科。

生态环境规划(Ecological Environmental Planning)是人类为使生态环境与经济社会协调发展而对自身活动和生态环境所作的时间和空间的合理安排。它是以社会经济规律、生态规律、地学原理和数学模型方法为指导,研究与把握社会-经济-环境生态系统在一个较长时间内的发展变化趋势,提出协调社会经济与生态环境相互关系可行性措施的一种科学理论和方法。实质上是一种克服人类经济社会活动和生态环境保护活动盲目性和主观随意性的科学决策活动。生态环境规划是城市与区域规划中的一个专项规划。

生态环境规划按其内容可分为环境规划和生态规划。环境规划主要包括大气环境规划、水环境规划、噪声污染综合防治规划、固体废物管理规划等;生态规划主要包括空间生态规划、城市生态规划、景观生态规划、自然保护区规划等。

一、环境规划实习内容及要求

(一)实习内容

大气、水是人类生存和社会经济发展不可缺少的主要环境要素,平顶山市是一个煤炭资源型城市,煤化工、煤电力等工业发达,大气污染、水污染现象严重,因此,我们把大气环境规划和水环境规划作为环境规划的主要实习内容。

大气环境规划的主要内容包括弄清问题、确定大气环境目标、建立大气污染源与大气环境目前之间的关系、选择方法建立模型、确立优选方案、规划方案实施。大气环境规划按其内容分为大气环境质量规划和大气污染控制规划。大气环境质量规划主要是确定各大气环境功能区主要污染物的浓度限值,即确定大气环境规划目标。大气污染控制规划是为实现大气环境质量规划的技术和管理,即确定大气环境规划的措施和方案。大气环境质量规划和大气污染控制规划相互联系、相互影响,共同构成大气环境规划的全

过程。根据大气环境规划的内容和特点,主要实习内容如下:

(1)平顶山市大气环境质量现状调查、评价和预测,运用所学的标化评价法(等标污染负荷和等标污染负荷比)确定平顶山市主要大气污染源和主要大气污染物,运用指数评价法对平顶山市大气环境质量进行现状评价,运用灰色预测、回归分析、集对分析等方法对平顶山市大气环境质量进行预测评价。

(2)根据平顶山市大气环境质量现状调查、评价和预测,确定平顶山市大气环境规划目标,制定平顶山市大气环境规划。

水环境规划涉及水质、水量、水生态三方面的问题,是对某一时期内的水环境保护目标和措施所做出的统筹安排和设计。水环境规划的主要内容包括基础信息收集与问题诊断、确定水环境规划目标、选定规划方法、拟定规划措施、规划方案优选、规划实施与评估。水环境规划按其内容划分为水污染控制系统规划(也叫水质控制规划)和水资源系统规划(也叫水资源利用规划)。水污染控制系统规划以实现水体功能要求为目标,是水环境规划的基础;水资源系统规划强调水资源的合理开发利用和水环境保护,它以满足国民经济和社会发展的需要为宗旨,是水环境规划的落脚点。根据水环境规划的内容和特点,主要实习内容如下:

(1)根据平顶山市产业布局,调查平顶山市主要工业污染源及工业污水处理状况,提出平顶山市工业污水防治方案。

(2)对白龟山水库——平顶山市的饮用水源地进行现状调查和评价,制定饮用水源地保护规划方案。

(二)实习要求

(1)实习过程中以小组的形式进行,要求同学们通过实习能够灵活运用大气环境质量现状调查、评价和预测分析的主要方法。掌握大气环境功能区的划分、大气污染控制区的确定、规划方案的制定、规划文本的撰写、规划图件的绘制等技能。

(2)要求同学们通过实习能够灵活运用水环境质量现状调查、评价和预测分析的主要方法及区域水资源供需平衡的分析方法。掌握水环境功能区的划分、水环境规划方案的制定、规划文本的撰写、规划图件的绘制等技能。

(3)要求每组同学根据实习内容制定一个环境规划的方案。

二、生态规划实习内容及要求

(一)实习内容

根据生态规划的空间尺度不同、规划对象不同及学科方向不同,可划分出多种类型。按地理空间尺度划分:区域生态规划、景观生态规划、生物圈保护规划;按地理环境和生存环境划分:陆地生态系统、海洋生态系统、城市生态系统、农村生态系统等生态规划。按社会科学门类划分:经济生态规划、人类生态规划、民族文化生态规划等。

生态规划的主要内容包括:

（1）生态调查

生态调查的目的在于收集规划区域内的自然、社会、人口、经济等方面的资料和数据，为充分了解规划取样的生态过程、生态潜力与制约因素提供基础。调查手段主要有实地调查、历史调查、公众参与的社会调查、遥感调查等。在生态调查中，根据生态规划的要求，往往将规划区域划分为不同的单元，将调查资料和数据落实到每个单元上，并建立信息管理系统，通过数据库和图形显示的方式将区域社会、经济和生态环境各要素空间分布直观地表示出来，为下一步的生态分析奠定基础。

（2）生态分析与评价

生态分析与评价主要运用生态系统和景观生态学理论与方法，对规划区域系统的组成、结构、功能与过程进行分析评价，认识和了解规划区域发展的生态潜力和限制因素，主要包括生态过程分析、生态潜力分析、生态格局分析、生态敏感性分析、土地质量与区位评价等内容。

（3）决策分析

生态规划的最终目的是提出区域发展的方案与途径。生态决策分析就是在生态评价的基础上，根据规划对象的发展与要求以及资源环境及社会经济条件，分析与选择经济学与生态学合理的发展方案与措施。其内容包括：生态适宜性分析、生态功能区规划与土地利用布局、规划方案的制定评价与选择。

根据平顶山市的生态环境特点和产业结构特征，我们的实习内容主要是：生态工业园区规划、自然保护区规划。

平顶山市高新技术开发区现状调查、参观高新技术开发区的规划展览馆，分析高新技术开发区空间布局、产业、结构、产业链，分析其存在的主要问题，运用生态工业园区规划的理论、方法制定平顶山市高新技术开发区规划方案（生态工业园区建设总体框架、主导产业生态工业发展规划、生态工业园区污染控制规划）。

平顶山市白龟山水库湿地调查，调查其面积、形状、湿地生态系统的群落结构，运用生态损益分析方法分析白龟山水库湿地生态系统的生态价值，制定白龟山水库湿地保护区规划。

（二）实习要求

（1）要求同学们通过实习能够巩固生态规划的主要内容，能够灵活运用生态工业园区规划的理论、方法制定生态工业园区规划方案，编制规划文本，绘制规划图件，掌握生态工业园区规划技能。

（2）要求同学们通过实习能够熟悉自然保护区规划的主要内容，能够灵活运用自然保护区规划的理论、方法制定自然保护区规划方案，编制规划文本，绘制规划图件，掌握自然保护区规划技能。

（3）要求每组同学根据实习内容制定一个生态规划的方案。

第二节　生态环境规划案例

一、案例1——流域环境规划

流域水环境规划案例——邕江水环境综合整治规划

邕江是过境河流郁江在南宁市的一段,穿越南宁市城区中心,为南宁市最大河流。邕江河段全长134 km,流域面积6120 km²,是南宁市城市及工农业的主要水源,也是通向区内外的航运干线。

一、明确问题

邕江水域具有集中式生活饮用水水源、工业用水、农业灌溉、航运、渔业、娱乐和纳污等功能。随着南宁市实行沿海开放城市政策,经济发展比较快,工农业用水和生活用水也不断增加。除市区固定用水人口80万、非农业用水人口74万外,还有一定数量的流动人口。因此,集中式生活饮用水水源成为邕江南宁段的首要功能。此外,随着城市经济的发展,污水量会越来越多,纳污也成为邕江的重要功能。如何协调不同层次的用水需求,是规划面临的主要任务。

二、确定规划目标与水域功能区划分

规划的总体目标,是保证邕江的多种水体功能的达到。为此,首先需要进行水体功能的划分。根据水域功能区划的依据、原则、方法与步骤,以及邕江水质现状、社会经济发展对水资源的要求,将邕江水域的功能划分为五大类:心圩江以上流域为Ⅱ类,心圩江至二坑为Ⅱ-Ⅲ类,大坑至青秀山风景区为Ⅲ类,青秀山至莲花为Ⅱ-Ⅲ类,莲花至六景为Ⅲ类,邕江各支流、心圩江、竹排冲为Ⅲ-Ⅳ类,大坑、二坑、水塘江为Ⅳ-Ⅴ类,良凤江为Ⅲ类,八尺江为Ⅲ-Ⅳ类。控制各河段水质达到相应的水质标准,是规划的具体目标。

三、确定规划方法

1.混合区划分

规划中常用的混合区标准有两类,一类是面积控制标准,另一类是距离控制标准,后者应用较广泛。距离控制标准允许排污口下游若干距离内水质超标,允许距离的长短视河段的功能和所处位置的重要性而定。邕江混合区的划分采用距离控制标准。以竹排冲河段为例,由于数十公里范围内无集中供水水源吸水口,排污口下游2000米处的岸边污染物最大浓度达到功能区水质标准即可满足要求。

2.水质模型与水质指标的确定

南宁市污水是通过几条排污沟流入邕江的,因此,控制排污沟与邕江入口处的排放量是水污染控制的关键。污水排放有两种方式,一是通过工程措施使断面均匀混合排放,二是岸边直接排放。前者的控制排放量可通过全江段一维模型进行计算,后者的控制排放量可通过污染带模型进行计算。根据南宁市水系分布特点,确定可能纳污点为马巢河口、可利江口等(共10个)。根据邕江的污染特点,确定代表性水质指标为COD

和 BOD。

四、拟订规划措施

首先采取措施保护饮用水源。邕江上已有四座饮用水厂,其中,凌铁水厂处在水质较差的支流大坑入口下游、亭子冲入口对面,受污染威胁较大,水质较差。拟对排入大坑支流的污水采取截流措施,将污水引至下游,经处理后排入邕江;亭子冲入口的污染带,形成的原因,是南宁电厂的锅炉冲灰水、南宁制糖厂和造纸厂的工业污水,拟采取工程措施,要求其削减排污量。为满足水体其他功能要求,拟通过各个河段的水环境容量的计算,确定相应污染源的污染物削减量。

五、计算水环境容量与提出供选方案

1. 水文条件设计

江段水文条件是决定河道稀释自净能力的主要因素。根据国家标准规定,采用保证率为90%的最小月平均流量作为计算条件,同时选用保证率为50%的年均流量作为比较研究的计算条件。邕江南宁站90%保证率最小月平均流量为170 m³/s,50%保证率年均流量为1330 m³/s。

2. 允许排放量的计算

(1)断面均匀混合允许排放量的计算

a. BOD 允许排放量的确定   BOD 模型采用 S-P 模型:

$$L = L_0 e^{-K_d t} \tag{6.1}$$

要求距纳污断面最近的下游水质控制断面的 BOD 最大浓度(L)不能超过要求的水质标准值,可得 $L_{0,\max}$,并由式:$W + Q_s L_s = L_{0\max}(Q_s + Q_w)$,求得允许排放量 W(式中,Q_s 为上游来水量;L_s 为上游来水 BOD 浓度;Q_W 为污水量;W 为 BOD 允许排放量)。

b. DO 约束   根据 $L_{0,\max}$,由下式计算:

$$O = O_s - \frac{K_d L_0}{K_a - K_d}(e^{-K_d t} - e^{-K_a t}) - D_0 e^{-K_a t} \tag{6.2}$$

计算控制断面的 DO 值 O_L,若 $O_L < DO_0$(溶氧水质标准),则减小 $L_{0,\max}$ 的数值,直至 $O_L \geqslant DO_0$ 为止,再计算对应的 W 值。

c. 取 BOD 约束与 DO 约束下控制排放量的较小值,即为该纳污断面的 BOD 允许排放量。

根据测定的 BOD 与 COD 的关系,估计 BOD 允许排放量对应的 COD 值。

(2)岸边直接排放的允许排放量计算

邕江流量较大,稀释能力强,江段各断面平均水质均良好;但由于靠近岸边水流相对平缓,在排污口下游一定范围内形成污染带。尽管在全江段的宏观控制上采用一维模型已经足够,但为了确保局部江段的水源水质不受污染,以二维污染带模型来计算控制排放量。

根据上述原理,可以分别求得断面均匀混合排放和岸边排放的允许排放量。表 6.1 是典型支流(竹排冲)入口处的允许排放量。

表6.1　竹排冲口的允许排放量

g/s

排放方式	90%最枯月		50%平水年	
	BOD	COD	BOD	COD
断面均匀混合	74.1	107.5	220.0	296.0
岸边排放	62.1	90.6	172.0	238.4

3.提出允许排污量分配方案

南宁市的绝大部分工业废水和生活废水主要通过六条排污沟流入邕江。因此,控制六条排污沟的污染物总量,就能基本控制邕江水体的总纳污量。水污染控制单元的划分以各条排污沟为单位。

(1)允许排污量的分配方法

采用非数学优化分配的 VPDT 法来进行各控制单元的允许排放量在各用户之间的分配。VPDT 法的计算公式为:

$$W_{pij} = D_{ij} \times \left(1 + \frac{T_{ij}}{K_j}\right) \times \sqrt{V_{ij} \times P_{ij}} \tag{6.3}$$

式中:W_{pij}——i 单元 j 排污用户所分配的允许排放量系数;

D_{ij}——i 单元 j 排污用户的行业排污系数;

T_{ij}——i 单元 j 排污用户的单位污染治理投资,元/吨

$T_{ij} = M_{Rij}/W_{Rij}$,其中,M_{Rij} 为现状污染治理投入费用,W_{Rij} 为现状排污量;

K_j——j 排污用户所在行业单位污水平均治理投资,元/吨;

V_{ij}——i 单元 j 排污用户的利税值;

P_{ij}——i 单元 j 排污用户的就业人数。

则 i 单元 k 用户的允许排放量为:

$$W_{ik} = C_m \frac{W_{pij}}{\sum W_{pij}} \tag{6.4}$$

式中,C_m——分配系数。

(2)各控制单元排污用户允许排放量及削减量分配方案

以竹排冲单元为例,采用上述 VPDT 方法,计算出单元各用户的允许排放量见表6.2:

表6.2　竹排冲控制单元用户允许排污量与削减量

公斤/日

厂名	COD			
	现状排放量	允许排放量	削减量	削减率/%
茅桥造纸厂	19894.79	10089.59	3805.20	27.49
茅桥玻璃厂	9.59	9.59	0	0

续表6.2

厂名	COD			
	现状排放量	允许排放量	削减量	削减率/%
毛巾被单厂	22.12	22.12	0	0
市翻胎厂	28.78	28.78	0	0
针织厂	86.77	86.77	0	0
第二化工厂	1136.98	783.95	353.03	31.04

六、规划方案实施

根据规划提出的各污染源的污染物削减量,限定时间,要求工厂采取必要的工程措施,减少污染物排放,同时采取经济措施,通过征收排污费,推动污染治理。

二、案例2——自然保护区生态规划

天津七里海湿地保护与恢复规划(2012~2015年)

前言

天津古海岸与湿地国家级自然保护区是1992年经国务院批准建立的国家级海洋和海岸生态系统类型自然保护区。贝壳堤、牡蛎礁和湿地自然环境及其生态系统是保护区主要保护对象,见证了近一万年来渤海成陆的过程。其中,含有牡蛎礁的七里海湿地坐落在天津市宁河县西南部,是天津市生物多样性的特色地区,具有丰富的动植物资源,七里海湿地具有保持水源、净化水质、蓄洪防旱、调节气候、维持生物多样性等重要作用,在维持天津市的生态平衡,实现人与自然和谐,促进区域经济社会可持续发展等方面具有重要意义。因此,七里海湿地被国内外众多知名专家学者誉为"天然博物馆"。经过近20年的努力,七里海湿地的各项生态指标趋于稳定,其生态价值也被越来越多的人所重视。但由于七里海湿地土地归周边5个乡镇,25个行政村,8.7万人集体所有,多年来,其居民谋生手段仍停留在割苇造纸、高密度养殖等低产能、低附加值的不合理利用方式上,加之湿地降雨不稳定、补水不足、内部水系不畅等诸多天然因素,造成七里海湿地生物多样性水平呈不断下降的趋势,湿地生态功能得不到有效发挥,生态环境愈显脆弱。

为改善七里海湿地生境、增加物种多样性,使七里海湿地更加符合天然湿地属性,经市政府批准,天津市海洋局于2012年4月正式启动了七里海湿地修复与保护专项工作。现结合《国家级自然保护区总体规划大纲》《天津古海岸与湿地国家级自然保护区(2006~2015年)保护发展规划》《宁河县城乡总体规划》、国家环保局《生态功能保护区规划编制导则》等有关法律法规和规范性文件,制定《天津古海岸与湿地国家级自然保护区七里海湿地保护与恢复规划(2012~2015年)》。

第一章　总则

一、规划背景

(一)七里海湿地概况

1.地理位置和范围

七里海湿地位于宁河县西南部,东经 117°26′ 至 117°39′,北纬 39°16′ 至 39°20′,由东七里海和西七里海组成,范围界线为东西七里海围堤外侧堤角连线,其中东七里海面积约 17 km²,西七里海面积约 28 km²,总面积约 45 km²。

2.土地利用现状

按照国土资源部对土地利用类型的划分,七里海湿地属于生态功能用地中的湿地型生态用地。根据实地考察,并结合遥感影像解析,七里海湿地土地以芦苇(约 33 km²)和养殖水面(约 12 km²)为主,区内基本上是无人区,只有在芦苇收割时才有人进入。

3.自然环境

(1)气候。七里海湿地区域属暖温带半湿润季风型气候,主要特征是季风显著,气温温差较大。冬季多为偏北风,寒冷、干燥、降水少;夏季多为东南风、偏南风、降水相对集中。年平均气温 11.2 ℃;无霜期 196 d;极端最高气温 39.9 ℃,极端最低气温 -18.3 ℃;年平均降水量 620 mm;年平均相对湿度 66%;年平均蒸发量约 1926.6 mm;年平均日照 2898 h,太阳总辐射量约 130 kCal/cm²。

(2)水文。七里海湿地所在区域降水量年际变化较大,丰枯交替发生,亦有连续发生;年内分配不均;地区分布不均,自北部向南部减少,自东部向西部减少,高值区多年平均降水量在 600 mm 以上,低值区多年平均降水量在 550 mm 以下。

(3)地质。七里海湿地位于中朝地台华北断坳的 III 级构造单元黄骅凹陷区内,是厚覆盖沉积区,中、新生代地层极为发育,厚度达 6000 m 以上。进入距今约 260 万年的第四纪后,该地区仍保持下沉特征,沉积了厚达 300 ~ 500 m 的松散地层。距今约 1 万年以来的全新世时期约 20 m 的地层,记录了海陆交替的沧桑巨变。

(4)地貌。七里海湿地所属的牡蛎礁平原是华北东部海积冲积平原的重要组成部分,地势由北西向西南和缓倾斜,发育了滨海平原、古泻湖洼地等微地貌类型,平均海拔 +1 m 左右。距今 7500 年以来直至现代,发育了十余组厚层牡蛎礁群,因而被称为古蓟运河河口湾牡蛎礁平原。

(5)土壤。七里海湿地所在区域是 5000 年前渤海后退及古黄河与海河淤积成陆,土壤类型以盐化潮土、湿潮土、盐化湿潮土、沼泽土为主,土壤质地黏重,含盐量较多。地面高程 4 m 以下,地势低平,坡降小于 2/10000。

土壤表层(0 ~ 15 cm)为枯枝落叶形成的垫状腐殖质层,色黑灰棕,质地黏,块状结构,根系密集;新土层(15 ~ 55 cm),色灰棕,质地轻黏,碎屑结构,根系发达;底层土(55 ~ 85 cm),色浅灰棕,质地轻黏,棱块结构,有明显的蓝灰色潜育斑和潜育层。土壤养分较丰富,有机质含量高,表层超过 3.46%,呈碱性,pH 值为 8.6。

4.自然资源

(1)生物资源

a.植物资源。七里海湿地植物资源丰富,蕴藏量较大。根据 2007 年保护区综合科学考察资料,对照《中国湿地植物名录》,七里海湿地高等植物全部为被子植物,有水生、湿生、陆生植物三种类型,共44科144种;按植被生存环境划分,有水生植被、沼泽和沼泽化草甸植被、草甸草原植被等类型,形成芦苇沼泽群落、香蒲群落、扁杆藨草群落、角果藻群落、盐地碱蓬群落等多种植物群落。

这些植物中湿地植物14科40种,覆盖度达80%。湿地标志性植物芦苇为七里海湿地优势种植物,在东、西七里海水域中发育良好,覆盖度达60%~80%,株高一般在1.2~1.5 m,最高可达2 m左右,种类组成单纯,有时与狭叶香蒲、长芒野稗、酸模叶蓼、碱蓬、碱菀等植物混生,多用于造纸业,同时具有重要的生态功能。其他植物中具有重要经济价值植物12种,包括国家二级保护植物野大豆,其广泛分布于七里海湿地,但数量较少,是一种优良的改良土壤的绿肥植物,又具有保持水土,固岸护堤的作用。

b.动物资源。七里海湿地是典型的古泻湖湿地生态系统,其自然环境尤其适合鸟类与鱼类生存,其中以鸟类资源尤其珍贵,包括多种国家级重点保护鸟类,鱼类、哺乳动物、昆虫、两栖动物、爬行动物等则多为我国北方广布种。七里海湿地是许多珍稀和濒危鸟类迁徙、栖息繁殖的基地。根据2007年保护区综合科学考察资料,记录到栖息于此的鸟类16目39科184种,非雀形目种类占绝对优势。其中国家Ⅰ级重点保护鸟类3种,分别是东方白鹳、白尾海雕、遗鸥。国家Ⅱ级重点保护鸟类25种,包括角䴙䴘、黄嘴白鹭、白琵鹭、大天鹅、苍鹰、灰背隼、红脚隼等。世界濒危鸟类红皮书中的濒危、易危鸟类6种,亚太地区具有特殊意义迁徙水鸟名录的鸟类5种,列入中澳、中日候鸟保护协定的保护鸟类分别有43种和113种。鱼类共10科45种,其中鲤科占绝对优势,种类组成主要由典型的淡水种类组成,部分属于河口和半咸水种类,且人工养殖种类居多;另有哺乳动物6科13种;昆虫75科261种;两栖动物3科4种;爬行动物3科8种;;底栖动物14科29种;浮游动物11科15种。

(2)地下资源。七里海湿地蕴藏着典型的古海洋遗迹——牡蛎礁。现今发现的牡蛎礁分布广泛,礁体厚度达2~6 m,序列清晰,在西太平洋边缘发育牡蛎礁的十余处滨海平原中,规模最为宏大,是国际海洋学、第四纪地质学以及古海岸带生态环境的重要的地质信息载体。

根据《天津古海岸与湿地国家级自然保护区地勘二期项目综合研究报告》,七里海湿地处牡蛎礁体顶板埋深2.3~6.0 m,牡蛎礁体面积4.0 km²,牡蛎礁体厚度0.3~6.2 m,牡蛎礁储量629.2万 m³。

(3)湿地水资源。

a.地表水资源。穿越七里海湿地区域的一级河道有潮白新河、永定新河、蓟运河,二级河道有曾口河、津唐运河、青龙湾故道,还有多条引渠。根据有关资料统计,七里海地区地表径流年内分配不均,多集中在6~9月份的汛期,其流量占全年地表径流量的70%~80%,非汛期只有少量径流产生。

b.地下水资源。七里海湿地地下除浅层为潜水及微承压水外,其他含水层均为承压水。400 m深度内分为四个含水组。七里海湿地区域内的七里海镇、俵口乡、淮淀乡的地下第Ⅱ~Ⅳ含水组中地下水年可开采量为4.99×10⁶ m³。

c.地热资源。有关研究表明,七里海湿地有丰富地热资源,地热总面积612 km²,热厚贮存度 200 m,1000 m 以上水温达 50 ℃,1000 m 以下达 58~96 ℃。

(二)七里海湿地面临的威胁与保护管理工作的主要难点问题

(1)湿地土地权属归当地居民集体所有,其各自承包的经营方式导致湿地保护与恢复工作难以开展。七里海湿地 45 km² 土地由 5 个乡镇、近千户农民集体所有,各自承包经营。承包面积多则百亩,少则数十亩,严重制约了管理机构的统一管理,导致湿地保护与恢复工作难以开展,不利于维护湿地生态系统的完整性和稳定性。

(2)湿地输水设施老旧、水系严重不畅,导致湿地功能退化。七里海湿地现有的较大面积水域虽能起到一定的涵养湿地的作用,但如遇到枯水期时,由于周边河道向七里海湿地输水的涵洞与扬水站已多年失修,无法保证向湿地输水;其二,即使水源充足,因七里海湿地内部支渠和干渠几十年来由于人为生产活动干扰未予疏通,导致湿地内部水系严重堵塞,湿地功能退化。

(3)鸟类的栖息环境和湿地的水生、湿生植被大面积萎缩,特别是芦苇的大面积减产,自然生态属性、生态环境呈退化趋势。

20 世纪五十年代,七里海总面积达到 108 km²,水域广阔、动植物资源丰富,湿地原始特征显著,生态功能完善。但由于人为退湿还耕生产活动的干扰,七里海湿地水面面积减少,大面积的湿生水生植被、沼泽植被已荡然无存,仅余小片的香蒲群落、扁干藨草、盐地碱蓬、角果藻群落,特别是湿地标志性植物——芦苇大面积减产,同时也引起湿地的鸟类栖息环境受到影响,湿地自然生态环境呈退化趋势。

(4)湿地管护资金短缺,导致湿地保护与恢复工作进展缓慢。湿地管护是一项需要大量经费支持且见效期长的工作,同时,生态、社会与经济效益在短期内无法体现,保护管理的专项资金缺口较大,导致保护管理基础设施建设基本空白。

二、规划范围

规划范围为七里海湿地。

三、规划期

规划期为 2012~2015 年,共四年。

四、指导思想

以邓小平理论、"三个代表"重要思想和科学发展观为指导,以保障七里海湿地生态安全为出发点,以维护并改善湿地重要生态功能为目标,以统筹人与自然和谐发展为主线,把自然生态保护、地方经济社会发展和人民群众生活水平提高三者有机地结合起来,优先保护、科学恢复、严格监管,促进湿地生态环境、经济社会协调发展。

五、规划目标

以保护与恢复七里海湿地自然生态环境为宗旨,紧紧围绕保护与恢复两个方面,同时兼顾资源可持续利用和当地居民切身利益,力争用四年的时间,初步改善湿地缺水、水系不畅、植被退化、鸟类数量减少、人为干扰加剧的不利局面。到 2015 年,实现以下具体目标:

——湿地储水功能和输水能力得到提升,湿地地形地貌符合自然湿地的属性和特征。

——动植物生存、繁衍的环境退化趋势得到缓解,鸟类栖息地环境得到进一步改善。

——湿地水生、湿生及陆生植物分布更加合理,水生动物的种类数量不断增加,物种多样性水平得到较大提高。

——湿地重要保护对象牡蛎礁得到更加妥善的保护,科研、科普价值得到充分发挥。

——湿地管理保护设施得到完善,生态环境监视监测中心等管理设施初步建立,监视监控系统达到或超过国内同类保护区水平,湿地生态系统数据库基本建成,初步形成湿地信息化保护管理体系。

六、规划布局

根据 2012~2015 年规划目标,按照湿地的自然属性,有针对性地在七里海湿地开展保护与恢复工作,逐步形成东水西苇、二环四岛、支渠贯通、沼泽分布的自然生态布局以及二环多点一中心的远程视频监控系统管护布局。

(一)东水西苇、二环四岛、支渠贯通、沼泽分布的自然生态布局

(1)东水西苇。结合七里海湿地实际,东海以水面为主,苇地为辅;西海以苇地为主,水面为辅。

(2)二环四岛。环东、西七里海的蓝色环海干渠为一环,绿色林带为二环。形成以四座鸟岛为代表的适宜鸟类栖息的湿地自然环境,吸引更多鸟类在此驻足繁衍。

(3)支渠贯通。湿地内部水系蜿蜒曲折,交联互通,形成水陆交错的自然生态环境。

(4)沼泽分布。湿地内浅滩、沼泽合理分布,恢复湿地原有自然特征。

(二)二环多点一中心的远程视频监控系统管护布局

(1)二环。环东、西七里海边界的巡护道路为一环,灌木屏障为二环。

(2)多点。监控网络全面覆盖七里海湿地,实现全天候远程视频监控系统管护湿地,提高湿地保护能力。

(3)一中心。新建生态环境监视监测中心,配备相关监视、监测、监控设备、试验仪器以及档案管理设备,成为七里海全区域的综合管理中心。

第二章   规划主要内容

一、保护项目

(一)七里海湿地前期环境监测

在规划任务开始初期,将根据本次规划内容,对七里海湿地作一次有针对性的环境监测,主要包括湿地地下水分布状况、地表水水质、储水能力、湿地水域面积等;地质;植物区系分析、植被结构分析、植物物种多样性分析;鸟类监测;水生动物种类、数量、多样性分析等内容,全面分析规划前七里海湿地自然生态环境现状,掌握本底数据,为指导湿地保护与恢复工作提供第一手资料。

(二)七里海湿地修复后期环境监测

在规划结束后,将对照七里海湿地前期环境监测内容,再对七里海湿地进行一次环境监测,以检验本次规划实施的效果,总结经验,为今后七里海湿地恢复提供依据。

（三）七里海保护设施建设

在东、西七里海边界设置灌木、合理修建巡护道路和哨卡，形成屏障。

（四）七里海湿地生态环境监控系统建设

分别在东、西七里海、西海鸟岛和牡蛎礁富集区布设与湿地生态环境相协调的监控探头，采用无线传输方式，实现七里海湿地全域全天候、全覆盖远程监控和公众宣传功能。

（五）生态环境监视监测中心建设

在七里海适当区域选址，修建外观设计与湿地生态环境相协调的生态环境监视监测中心。将七里海湿地生态环境监控系统前端设备收集的信号汇集于此，配备监控系统、购置显示器、服务器、控制设备等，购置、安装大型电子显示屏，并连接控制室观察画面，实现对保护区七里海湿地的实时监控和展示。建立科研监测实验室，配备环境监测仪器设备、水生生物资源监测仪器设备、本底资源调查设备等。建立保护区监测档案管理设施设备，建立监测资料、科研资料档案室、电子档案管理系统，不断完善丰富保护区本底资料。同时配备相关办公设备。

（六）七里海湿地牡蛎礁保护

牡蛎礁作为保护区三大保护对象之一，需进行妥善保护，加大保护宣传力度。在七里海湿地牡蛎礁富集区域，建设展示牡蛎礁剖面的保护宣传设施，达到保护宣传目的。

（七）七里海湿地林带建设

在七里海湿地外围按照地形地貌种植疏密相结合的乔灌木，以北部为主，兼顾东、西部，南部适当控制，形成绿色天然屏障。

（八）湿地生态系统数据库建设

将七里海湿地保护与恢复整个规划期内获得大量数据整理、分析，建设湿地生态系统数据库，为科学、动态管理湿地提供依据。

二、恢复项目

（一）修复项目

1. 七里海湿地沼泽修复

在七里海湿地内部选取适当区域，适当调整原有的农田型平坦型地形地貌，修复七里海湿地沼泽，增加湿地内浅滩、沼泽分布，为动植物提供适宜的生存环境。

2. 七里海湿地植被修复

以七里海湿地约5000亩区域为主要修复试验区，适当在西海和东海部分区域引种本地湿地植被，开展沉水和挺水型水生植物修复工作，恢复湿地植物多样性及湿地植被原有芦苇为主的自然特征。

3. 七里海湿地水生生物修复

在东、西七里海实施水系治理、沼泽与植被修复的基础上，适时投放本地种鱼、虾、蟹苗，限制人工饵料投放，改善水质，实施生态养殖和天然养殖，丰富湿地水生生物资源。

4. 七里海鸟岛堆积与修复

对西七里海原有两座鸟岛进行修复；东七里海增设两座鸟岛，种植草、灌、乔类植被，形成低、中、高地植被群落，构造适宜水禽觅食的"岛中湖"、浅滩等，改善鸟类栖息环境；

5. 七里海湿地津唐运河芦苇浅滩修复

东、西七里海湿地津唐运河 16 千米的区域，构造芦苇浅滩，由陆向水种植湿生和水生植物。

（二）治理项目

七里海湿地水系治理，修复第一扬水站和第二扬水站及闸桥涵洞，在恢复其引水能力的同时，加强监测、控制污染，保证周边河道对七里海湿地的生态补水；视情打通俵口与兴坨水库之间水道；疏浚环海干渠及环海干渠包围的湿地中的支渠，并根据植被需求，适当增加支渠，恢复蜿蜒曲折、宽窄相间的天然芦苇湿地的水系特征，保证其涵养湿地植被的作用。

第三章　效益分析

通过在七里海湿地实施总体修复、治理与保护工作，将实现以生态效益为主，社会、经济效益为辅，综合效益最大化的目标。生态效益、社会效益和经济效益既相互关联，又互为条件；以保护环境、恢复资源为基础，充分发挥七里海湿地的区位优势，合理使用资源，可使其产生最佳的社会、经济效益；而良好的社会、经济效益又可促进生态效益的持续发挥，只有做到三个效益的协调统一，才能将保护工作真正落到实处。七里海保护与恢复工作实施后，湿地自然环境及其生态系统将得到更加有效的保护，潜在的各种科学价值得到充分体现，为研究津沽大地的地质、生态提供有力的证据；同时，还能为东北亚鸟类迁徙提供一个更加良好的栖息和觅食环境。

一、生态效益分析

七里海湿地是各种生物物种资源的天然贮存地，保护自然环境与生物资源是自然保护区的根本目的。实施保护与恢复工作后，七里海湿地的自然环境和生物资源将得到更好的保护，各种典型的生态系统和生物物种，在人工保护下，将正常地生存、繁衍与协调发展。

1. 保护对象将得到进一步保护

通过保护工作的实施，将为保护区的保护对象建立相对封闭、安静的生存环境，使牡蛎礁避免自然和人为的影响与破坏，使湿地生态系统健康、良性演化；同时，通过保护区的日常巡护和监控，将有效遏制各种不法的开采、偷捕行为。

2. 湿地环境得到改善

通过修复与治理工作的实施，七里海湿地水系贯通，储水量增大，输水能力提高，使湿地的水源得到充分保证，湿地生境全面恢复；沼泽修复与植被修复完成后，将优化湿地生境；通过鸟类保护工程，使鸟类栖息环境得以改善。湿地自然属性能够得到有效的恢复，环境得到全面改善。

3. 生物多样性得到恢复

七里海湿地水生植物主要以芦苇群落、香蒲群落和水葱群落为主。由于湿地内保持了一定的淡水水量，群落所在地土壤主要为沼泽土，含盐量低或基本脱盐，各类植被生长良好，这些植被特别是芦苇，已成为本地区农业宜耕地的指示群落。各种藻类在水体中分布繁多，有狐尾藻、金鱼藻、黑藻等群落，为水生动物提供了丰富的饵料。

通过保护与恢复工作的全面实施，将为湿地生态系统提供保障，为迁徙水鸟提供优良的"中转驿站"和越冬地,为保护区逐步开展各种类型生物多样性考察和研究、物种基因库的建立、珍稀物种的繁育以及天津市乃至全国生物多样性保护做出巨大贡献。

二、社会效益分析

1.为天津市创建生态文明城市贡献力量

通过实施保护与恢复工作,可以对七里海今后的生态恢复、规划、保护和发展奠定基础,有利于资源的合理利用;同时,使湿地净化大气、改善环境、调节气候、增加降雨、改良土壤、固结河堤、涵养水源、保持水土、丰富物种等多种生态效益得到显现,为天津市创建生态文明城市贡献力量。

2.促进七里海"周边乡镇"小康社会和谐发展

由于七里海湿地的土地权属归周边群众集体所有,因此湿地与周围环境是密不可分的整体,同时,也与周边地区有了密切的关系。因此通过实施保护与恢复工作,可大大改善周边乡村居民的生存环境和生活质量,促进七里海"周边乡镇"小康社会和谐发展。

3.增强国内外合作与交流

七里海湿地地处南北候鸟迁徙过程中多条迁徙路线的交汇区,具有生态交错带的典型特点,因其特殊的生态与区域地位在国内外享有很高的知名度,吸引了国内外知名专家、科研院所和高校来从事科研活动。通过监测监控系统及监视监测中心的建设,为七里海提供一个宣传与交流信息的平台,成为广大人民群众直接了解七里海湿地的窗口,促进湿地知名度的提升,实现保护区信息的共享。

三、经济效益分析

在七里海湿地实施的保护与恢复工作是一项社会公益事业。项目实施后并无直接经济效益的产生,但间接和潜在的经济效益是非常巨大的。通过该项工作的完成,将使七里海的生态环境得到改善,物种多样性水平明显提高,尤其是鸟类的种类和数量明显增加,湿地生态服务价值的提升也能从量化角度体现经济效益。

1.促进七里海及周边社区的经济发展

七里海优越的湿地资源和独特的动植物资源,为周边地区开展生态旅游和多种经营提供了有利条件。通过实施保护与恢复工作,可以为周边地区的群众提供大量的就业机会,优化就业结构,有利于社会安定和群众生活水平的提高。此外,在改善保护区生态环境的同时,也为投资经营者创造了良好的投资环境,对促进周边地区的经济腾飞具有重要意义。更为重要的是,周边群众将会认识到保护区建设的好坏与自身利益息息相关,使周边群众从过去的被动保护变为主动保护。

2.提升周边地区生态旅游价值

通过实施保护与恢复工作,七里海湿地生态环境将得到全面改善,其独特的湿地资源与景观将直接辐射至周边地区。可针对湿地环境和湿地资源在周边地区推出观鸟、垂钓、休闲等一系列高层次的专项旅游项目,并结合牡蛎礁宣传保护设施,使宁河成为天津、北京及其他周边地区游客乃至国外游客观光、旅游、考察的胜地。

3.加强湿地的生态服务功能,提升生态价值

湿地是水陆相互作用的特殊自然综合体,是世界上最具生产力和人类最重要的生存环境之一,与人类的生存、繁衍、发展息息相关。它不仅为人类的生产、生活提供多种资

源,而且具有巨大的环境功能和效益,在抵御洪水、调节径流、蓄洪防旱、降解污染、调节气候、控制土壤侵蚀、促淤造陆、美化环境等方面有其他系统不可替代的作用。湿地还具有广泛的食物网链和自然界丰富的生物多样性,也是各类水禽和鸟类的繁殖、越冬和栖息地,因此又被称为"生物超市"和"生命的摇篮"。七里海湿地由于其区域地理位置特殊,是东亚—澳大利亚候鸟迁徙路线上的重要停歇地和中转站以及众多珍稀水鸟的栖息繁殖地,面积巨大,达200多平方公里,占天津陆地总面积的1.8%,成为京津水源区的重要组成部分。七里海保护与恢复工作的完成,将对提升湿地的生态价值具有不可估量的作用。

第四章 规划实施保障措施

一、政策法规保证

严格执行《中华人民共和国环境保护法》《中华人民共和国野生动物保护法》《中华人民共和国自然保护区条例》《海洋自然保护区管理办法》《天津古海岸与湿地国家级自然保护区管理办法》等有关法律法规,进一步强化法律监督,科学确定规划内容和规划重点项目。

二、组织保证

由天津市七里海湿地资源保护和合理利用领导小组副组长成员单位,即市海洋局、市发展改革委、市财政局、宁河县政府,共同组建保护区管理委员会,负责组织协调规划实施相关工作。

三、土地权属保证

规划期内,宁河县财政每年统筹资源补偿资金,妥善解决七里海湿地土地权属问题,用以保障本规划按期顺利实施。

四、资金保证

市财政每年以海域使用金天津市留成部分作为天津市七里海湿地资源保护资金,按期拨付并用于七里海湿地生态修复、治理、保护等项目。同时,鼓励社会各界积极参与湿地保护工作,争取民间投资;积极争取国际组织,外国政府和国外民间团体对湿地保护与恢复工作的资助;通过试验基地建设和提供便利的设施、设备与服务,以合作或协助的方式吸引有关高校和科研院所开展科研项目,从而引进科研资金。

五、管理保证

(1)强调科学决策,对于总体目标与重点项目建设等重大事宜,要进行科学决策、确定目标后,制定行动方案,经集体研究并邀请相关领域的专家进行分析、论证、评审,通过后再行实施。构建年龄结构、专业结构、文化结构合理的领导班子,努力实现决策过程的民主化和科学化。建立决策失误责任追究制,对导致重大环境破坏或生命财产损失的当事者及负责人进行问责。

(2)引入先进管理措施,建立目标管理制度、质量管理制度和信息反馈制度,实现管理科学化、信息化和系统化,提高管理水平,改善服务质量;建立有效的信息管理系统;推行项目资本金制、项目法人责任制和工程建设招标制;实行规范化管理,严格按规划立项,按项目管理,按设计施工,按标准验收;在项目实施中,推行量化考核制度,同时开展同行业、同部门或与其他保护区的经验交流。

（3）天津古海岸与湿地国家级自然保护区管理处（以下简称"保护区管理处"）应严格按照《天津古海岸与湿地国家级自然保护区七里海湿地资源保护和补偿资金管理办法》对资金进行使用和管理。

（4）保护区管理处要严格按照国家级自然保护区相关规定和《天津古海岸与湿地国家级自然保护区管理办法》的要求，做好规划项目的实施工作，并按原有七里海湿地管理体制做好项目后期管理工作。

六、规划保证

（1）将此规划列入《天津古海岸与湿地国家级自然保护区"十二五"发展规划》，站在保护区全局考虑规划目标和规划内容，同时，将相关重点项目内容与我市水务、农业、林业、环保、城市管理等方面的规划相对接，确保规划内容不重复、不矛盾、不越位。

（2）生态保护与资源利用相协调，根据保护与恢复的实际情况，制订七里海湿地资源利用规划，为科学、合理利用资源提供规划保证。

第七章

景观规划实习与案例

第一节　景观规划内容及要求

景观艺术,是在历史的长河中由城镇建筑文化积累而逐渐形成并不断发展的一种艺术。景观规划阐述的是如何运用植物、建筑、山石、水体等园林物质要素,以一定的科学、技术和艺术规律为指导,充分发挥其综合功能,因地、因时制宜地选择各类城市园林绿地、进行合理规划布局,形成有机的城市园林绿地系统,以便创造卫生、舒适、优美的生产、生活环境。因此,既需要学习城市园林绿地的功能作用、构成要素、风景构图等基本原理和基础知识,又需要学习城市园林绿地系统及各类绿地和风景区规划的专业知识。

一、城市公园景观规划

(一)实习内容

城市公园是城市景观的重要构成部分,为城市居民提供必要的户外活动空间,并对维护城市生态平衡方面作用巨大。城市公园有不同的类型,根据"城市园林绿地分类标准",城市公园分为 5 个中类和 13 个小类。不同城市在公园绿地的建设和管理上存在较大的差异。

通过对平顶山市综合公园白鹭洲湿地公园的现场认识,以点代面,了解城市综合公园的设置、布局与使用情况,为景观规划中公园景观规划奠定基础。

(1)入园游人统计

组长负责分配任务,务必每个出入口都有两人以上负责,在休息日(周六或周日)和工作日(抽时间进行观察)从早上 7:00 开始观察统计。

观察时段为 7:00—8:00,9:00—10:00,12:00—13:00,14:00—15:00,17:00—18:00,观察记录内容为各时段各出入口入园游人的数量、性别构成、年龄构成(老、中、青、少)。

(2)公园体育、游乐、休息、引导标识和卫生设施情况调查

各小组单独对公园的相关设施进行调查,包括设施名称、数量、可利用程度、游人使用情况及游人评价(询问游园者)。

（3）游人活动情况

各小组单独对公园内各种群体性活动进行调查,包括活动人群的年龄、群体的性别构成及活动方式(内容)、活动时间段等。

（4）人流集中区域统计(场地设置和使用情况)

通过调查,在公园平面图中标明人流和活动人群集中的区域。

（二）实习要求

（1）实习过程中以小组的形式进行,要求同学们掌握城市公园规划各种资料搜集的主要方法。掌握资料分析的方法,掌握城市公园规划设计的方法及技能。

（2）每小组任选公园内一处不合理之处进行实测,绘出其平面图;并对此处进行改造规划设计,绘出规划设计平面图(标明尺寸)。

二、城市广场景观规划

城市广场是城市景观的重要构成部分,为城市居民提供必要的户外活动、集会等空间,功能多样,并对维护城市生态平衡方面作用巨大。城市广场有不同的类型,按照广场的主要功能、用途及在城市交通系统中所处的位置分类可分为:集会游行广场(其中包括市政广场、纪念性广场、生活广场、文化广场、游憩广场)、交通广场、商业广场等。不同城市在广场的建设和管理上存在较大的差异。

通过对平顶山市鹰城广场、平安广场的现场认识,使学生开阔视野,积累资料和感悟实地空间;进一步理解城市广场景观设计原理,理解不同性质空间在设计时应满足的条件和注意的事项,进一步理解行为心理学在设计中的应用。

（一）实习内容

（1）广场尺度规模及空间形态

组长负责分配任务,对所选定的广场进行实测,包括广场整体尺度及内部细节尺度,并绘出其平面图(标明尺寸)。

（2）广场绿化设计

组长负责分配任务,对所选定的广场上种植的植物进行勘察,在平面图上大致标明各处种植植物的类型(乔、灌、草)。

（3）硬件设施情况调查

各小组单独对公园内各类设施进行调查(包括座椅、引导标示、卫生设施等),包括设施名称、数量、可利用程度、设置位置、游人使用情况及游人评价(询问游园者)。

（4）游人活动情况

各小组单独对广场内各种群体性活动进行调查,包括活动人群的年龄、群体的性别构成及活动方式(内容)、活动时间段。

（5）人流集中区域统计(场地设置和使用情况)

通过调查,在广场平面图中标明人流和活动人群集中的区域。

（二）实习要求

（1）实习过程中以小组的形式进行,要求同学们掌握城市广场规划各种资料搜集的主要方法。掌握资料分析的方法,掌握城市广场规划设计的方法及技能。

（2）每小组实测并绘出其平面图;对此广场的景观规划设计进行分析,总结其中的优缺点,并提出改造方案。

三、小游园景观规划

小游园是供城市行人或居民作休闲、游憩、健身、纳凉及进行一些小型文娱活动的场所,是城市公共绿地的一种形式,又称小绿地、小广场、绿化广场等。我国的小游园规模较小,面积一般在 1 万平方米左右,在建设时和其他景观有一定区别,需要同学们格外注意。

通过对舞钢市奋飞广场的现场踏勘,使学生积累资料和感悟实地空间,进一步理解小游园景观设计原理,理解小游园的空间尺度及所能承载的市民活动。

（一）实习内容

（1）小游园尺度规模及空间形态

组长负责分配任务,对奋飞广场进行实测,包括其整体尺度及内部细节尺度,并绘出其平面图(标明尺寸)。

（2）绿化设计

组长负责分配任务,对所选定的广场上种植的植物进行勘察,在平面图上大致标明各处种植植物的类型(乔、灌、草)。

（3）建筑小品及细部设计

各小组单独对游园内的游乐设施、附属设施、建筑小品等进行调查,包括设施名称、数量、可利用程度、设置位置、游人使用情况及游人评价(询问游园者)。

（4）游人活动情况

各小组单独对广场内各种群体性活动进行调查,包括活动人群的年龄、群体的性别构成及活动方式(内容)、活动时间段。

（二）实习要求

（1）实习过程中以小组的形式进行,要求同学们掌握小游园规划各种资料搜集的主要方法。掌握资料分析的方法,掌握城市小游园规划设计的方法及技能。

（2）每小组实测并绘出其平面图;对此游园的景观规划设计进行分析,总结其中的优缺点,并提出改造方案。

四、校园景观规划

校园景观环境的构成要素是一个复杂的体系,是由建筑、道路、广场、树木、草坪、花坛、水体、雕塑小品、铺地、休息设施、围墙、指示牌、宣传栏等基本物质构成要素所构成的一个有机、统一的整体。其规划在校园区域内,依据其空间形态、植物配置、园林小品、环境品格、人文景观等内在特质与诉求,运用传统园林学、生态学、环境行为心理学、行为科学等综合知识,营造符合并引导师生行为与精神需求的环境艺术,其包括校园总体布局、道路交通、绿化系统、校园建筑和空间组织等内容。

通过对平顶山学院景观环境的实地调查和分析,结合理论知识,进一步理解校园景观设计的原理和总体布局特征,理解"以人为本"在景观设计中的运用,构建对校园规划设计的整体框架,初步形成自己的设计体系。

(一)实习内容

(1)校园主题建筑体系

组长负责分配任务,对平顶山学院的主体建筑进行勘测,包括校前区、校园中心区、开敞空间体系等,并绘制出校园总平面图。

(2)校园交通系统

组长负责分配任务,对平顶山学院的校园交通系统进行勘察,分别对步行、自行车和机动车及其停放系统进行调查,并分析是否合理。

(3)校园植物景观系统

各小组单独对校园内的植物景观系统进行勘察,并在总平面图上做上标记,指出相应的植物主要承担的功能。

(4)校园文脉系统

各小组单独对校园内能够体现学院文化的景观系统进行统计,并分析此系统是否必要,是否合理。

(二)实习要求

(1)实习过程中以小组的形式进行,要求同学们掌握校园景观规划各种资料搜集的主要方法。掌握资料分析的方法,掌握校园规划设计的方法及技能。

(2)每小组实测并绘出其平面图;对平顶山学院的校园景观规划设计进行分析,总结其中的优缺点,并提出局部改造方案。

第二节 景观规划案例——许昌生态湿地公园规划

一、规划背景

湿地是地球上水陆相互作用而形成的独特生态系统,是人类重要的生存环境,也是自然界最富生物多样性的生态景观之一。许昌市东城区邓庄组团,拥有城市建设优越的原生环境,也延续着城市悠久灿烂历史文脉,另一方面,许昌人民对新生与重塑的美好憧憬日益强烈,对原生态的大自然环境日益向往。

(一)区位

东城新区位于许昌市主城区东部,是许昌市今后发展的重点地段,它是衔接老城和东城心脏的战略支点,在城市的发展过程中起到了承西启东作用。本次规划位于许昌东城新区的东南角,其南侧为城市发展备用地,是衔接当今与未来城市发展的过渡区域,见图7.1。

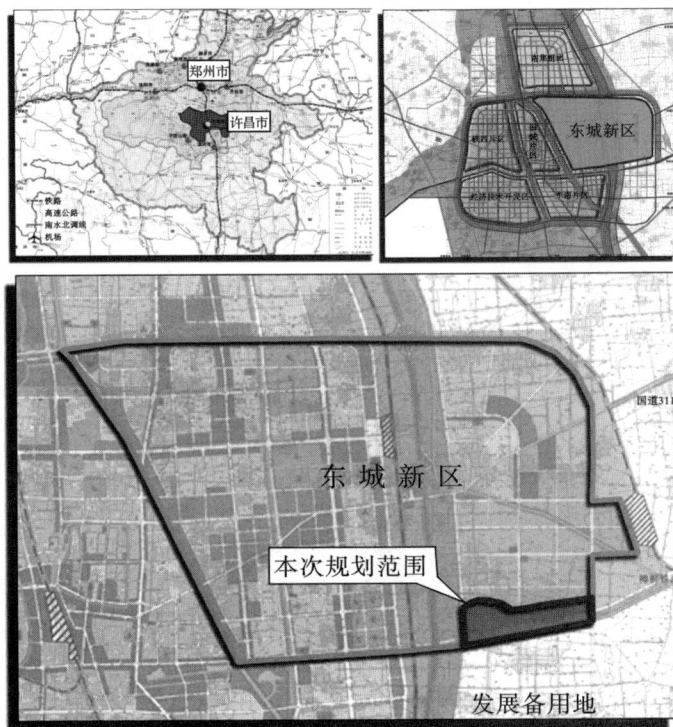

图7.1　湿地公园区位分析图

(二)用地现状概况

此地块现状整体环境破坏严重,局部地区生态植被良好,部分区域被占用为农田。

规划用地属于公园绿地范围,北部区域为大量高档社区、居住用地、少量商业用地及公共绿地,规划范围以南为城市发展用地,见图7.2。

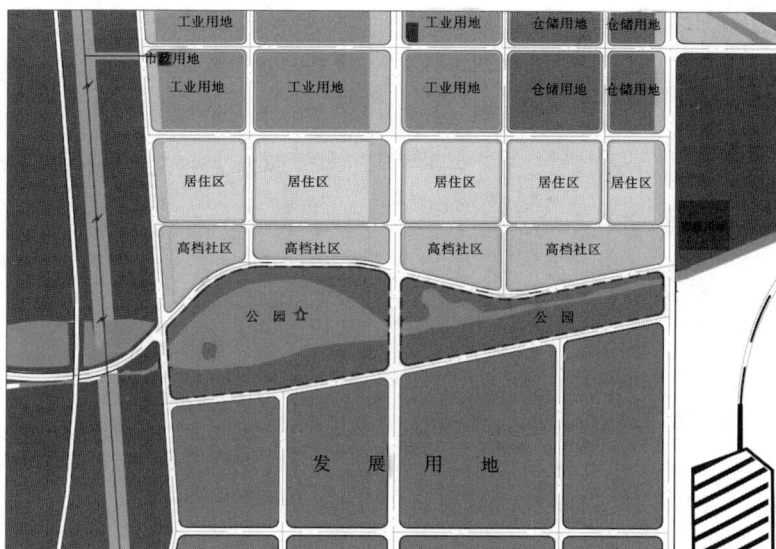

图7.2 湿地公园周边环境分析图

整个规划用地面积约106.8公顷,整体呈带状分布,被城市主要交通干道分隔为两个部分,东面有城市铁路交通,西侧有城市高速公路。有两条城市主干道、五条城市次干道接到本规划地块,周边交通四通八达,见图7.3。

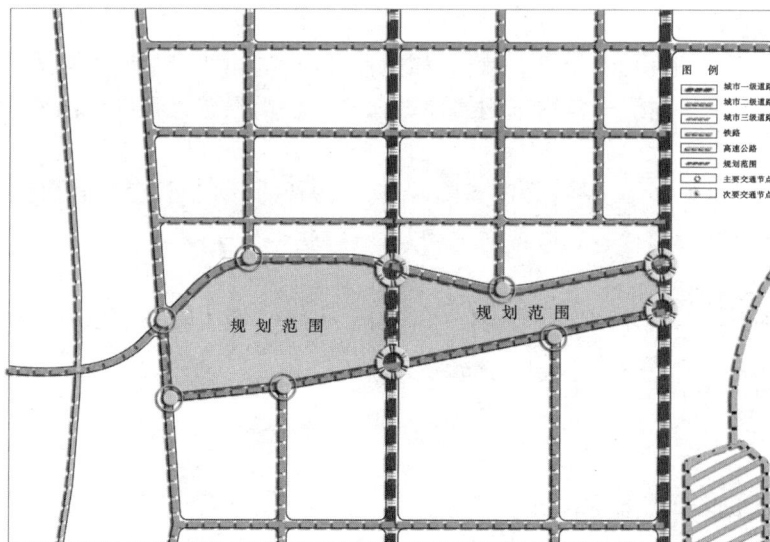

图7.3 湿地公园周边交通分析图

(三)历史文化

河南省许昌市位于河南省中部,历来是群雄逐鹿之地,河南省经济和社会发展最为活跃的省辖市之一,中原粮仓,有"河南的温州"之美誉。

许昌文化历史悠久,是中国"三国文化之乡、中国陶瓷文化之乡、中国蜡梅文化之乡、中国大禹文化之乡和中国烟草文化之乡"。

二、国内湿地成功案例总结

对绍兴镜湖新区国家湿地公园、上海东滩国际湿地园二期、杭州西溪湿地三个国内知名湿地公园进行调研分析,并将其成功经验总结如下:

(1)生态保护

通过合理的植物配置,使湿地形成稳定的生态循环系统,具备自我净污能力;对原有植被进行合理保护,适当引种,保护本土植被生长;制定湿地保护法律法规、加强湿地保护宣传,增强公众保护意识、加强社会参与性。

(2)文化传承

体现当地地域文化、风情,展现地域文化特点及风貌。

(3)科普教育

在湿地的游览、观景、休闲、娱乐之中,将湿地保护、湿地动植物生存情况、湿地形成的过程等有科普教育意义的知识传达给社会大众,使湿地相关知识普及。

(4)自然野趣

采用乡土、野趣植物,引种湿生植物,招引涉禽类、游禽类、陆禽类、攀禽类鸟,形成自然野趣的生态景观。建筑材料均选用当地石材、木材、增强游人在其中的原生态体验。

(5)和谐共存

为动植物提供良好的生境;为游人提供产生各种活动空间场地与设施;减小人类活动对动植物生境的影响,使人、湿地动植物和谐共存。

(6)功能复合

集休闲、娱乐、观景、游览、科普、体验等功能为一体,激发城市、湿地的活力。

三、总体规划

(一)规划原则及目的

(1)规划依据:《中华人民共和国城市规划法》《城市规划编制办法》《城市规划编制办法实施细则》《许昌市城市总体规划》,许昌东城新区及其周边现状的基础资料和相关技术资料,许昌市规划局、市政府、绿化办及相关部门的意见和建议。

(2)规划原则:遵循"生态优先、地域特色、自然野趣、和谐共享"四项原则。

(3)规划目标:将许昌生态湿地公园打造成为一个生态循环、功能复合、景观多元、寓教于游的许昌城市新名片,规划效果见图7.4。

(二)规划理念

规划以"绿野寻幽"为规划概念,贯穿"绿"和"野"的理念,规划总平面图见图7.5。"绿野"是契合本规划范围所在许昌东城区邓庄组团重点地段"绿野星城"城市设计规划理念;"绿"体现于设计延续整个城市的绿色机理,在城市绿色廊道、绿色斑块的构建上起着必不可少的作用。它是城市工业区与城市之间的绿色屏障,是城市现今的重要绿色节点,同时也是未来该组团的绿核,是整个许昌市的绿色标志。"野"体现于设计遵循生态优先的原则,打造自然、野趣、富有地域文化特色的山野生态湿地。"寻幽"体现于设计打造城市的一片净土,区别与任何城市的景观,让人们在忙碌的生活中找到另一个幽静、自然、放松的世外桃源。

图7.4 湿地公园鸟瞰图

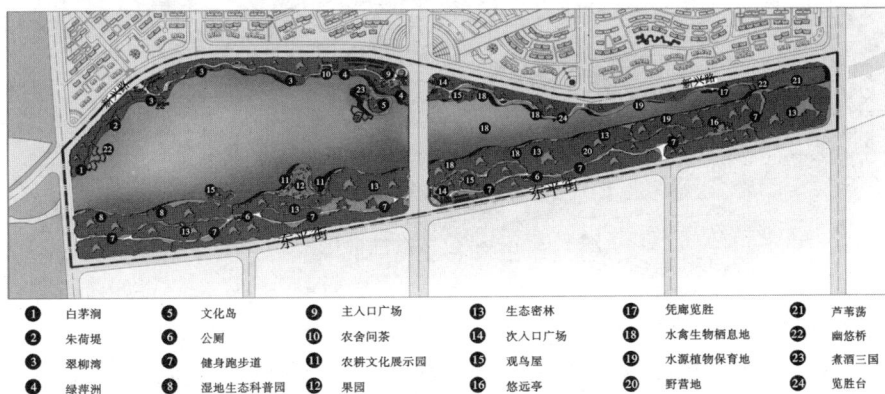

❶ 白茅涧	❺ 文化岛	❾ 主入口广场	⓭ 生态密林	⓱ 凭廊览胜	㉑ 芦苇荡	
❷ 朱荷堤	❻ 公厕	❿ 农舍问茶	⓮ 次入口广场	⓲ 水禽生物栖息地	㉒ 幽悠桥	
❸ 翠柳湾	❼ 健身跑步道	⓫ 农耕文化展示园	⓯ 观鸟屋	⓳ 水源植物保育地	㉓ 煮酒三国	
❹ 绿萍洲	❽ 湿地生态科普园	⓬ 果园	⓰ 悠远亭	⓴ 野营地	㉔ 览胜台	

图7.5 湿地公园总平面图

(三)规划构思

规划整体呈一轴两带的景观格局,即一条主要景观轴线和两条滨水蓝带贯穿整个湿地公园规划结构图见图7.6。通过公园主要景观游步道、次要景观游步道以及一些林间小道将整个公园的主要、次要以及一些小的景观休闲点有机联系在一起,形成一个生态有机体。整个公园在布景的时候双向考虑景观及观景的问题,布设制高点观景亭、观鸟屋等竖向变化较大的景点,丰富景观空间及景观形式,打造疏密有致、开合有序的林间空间。

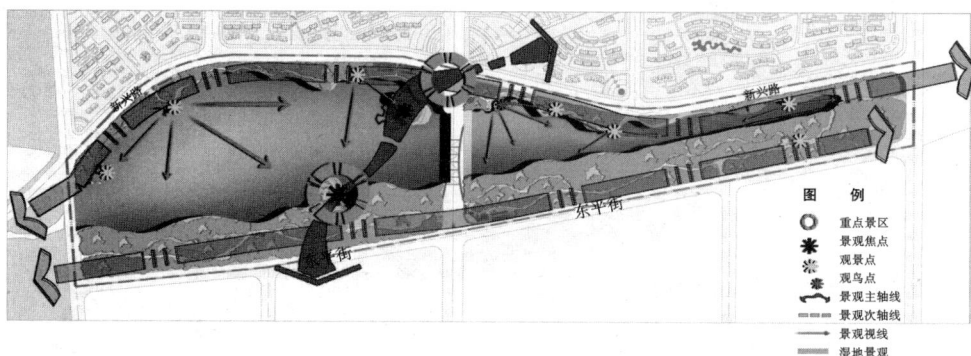

图7.6 湿地公园景观格局分析图

在对基地及周边环境理解的基础上,结合设计理念及规划目标,本次规划将基地分为休闲观景蓝带、森林健康绿带、水源生态保育区、野营区、水禽招引区、农田展示区、净污植物区、入口区八个区块进行专项规划,见图7.7。

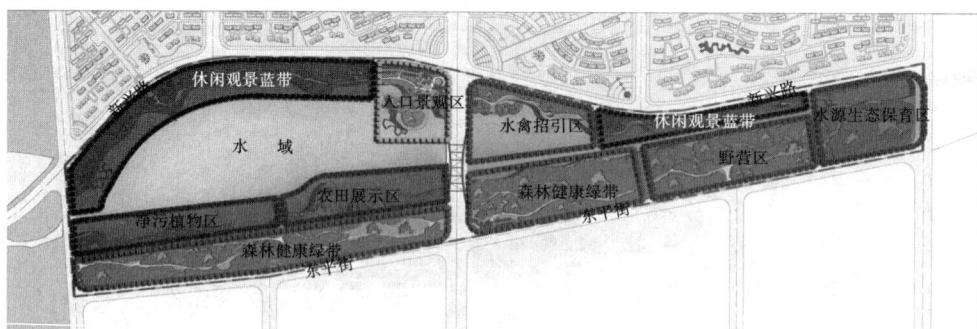

图7.7 湿地公园功能分区图

(1)休闲观景蓝带

此类区块的主要功能是景观和观景。它为游人提供了较多的亲水空间,通过特色植物打造特色景观,重点处理沿河景观,设置沿河游步道,使沿河一带成为观景和景观的统一生态景观系统。

(2)森林健康绿带

严格遵循自然生态原则,以人为本原则,种植高大竖线条乔木,加大种植厚度及密度,设置适当的休息运动健康场地,开辟一条宽敞而安静的林中休闲跑步道,以服务周边居民日常健身需求。

(3)水源生态保育区

此地块主要功能是水源生态的保护,保护现有动植物资源,对本地稀有或者濒临灭绝的生物加以培育,以维持生物多样性,并达到生态平衡,同时为人类留下极重要的遗传物种,这是提供未来人类永续的宝贵资源。

(4)野营区

此区块主要功能是游憩。规划中通过水杉等高大乔木的适距种植,野菊、千屈菜等野生植物的适当点缀,形成半开敞空间感的缀花疏林草地,为游人提供一个野外烧烤、扎营的理想去处。

(5)水禽招引区

其主要功能是水禽的引进与保护。在保护现有动植物资源的基础上,积极研究各种水禽和涉禽的行为生态学和自然保育方法,通过一些模拟自然生态环境的措施,招引水禽及涉禽越冬,让游客一年四季在观鸟屋就能观察到大量城市中看不到的水鸟。

(6)农田展示区

其主要功能是农业景观展示。在现有自然条件的基础上,进行一定微地形的处理,种植一些农作物,构造梯田、果园、花谷、水田湿地等特色农田景观,不仅给游人强有力的视觉冲击力,同时为游人提供一些农业体验活动。

(7)净污植物区

其主要功能是污水净化。通过种植水葫芦、大漂、浮萍、风车草、香蒲及茭白等净污能力较强的水生植物,达到净化现有被污染水体的目的。

(8)入口景观区

其主要功能是入口集散、休息、游览。主要通过形式、功能、生态等方面展示生态湿地公园的入口景观形象;采用现代简约格,结合生态景观做法,体现现代自然生态景观的新趋势。

(四)绿化规划

本次规划总体以乡土植物为主,打造生态自然林带。整个公园以刚竹、淡竹、国槐、槲栎、栓皮栎、构树、青铜、臭椿等混植,形成一个生态基调林。以刺槐、槲栎、杏树、白榆、毛泡桐、麻栗等混植形成阔叶混交林,作为各个景区的生态隔离带,湿地公园植物配置图见图7.8。

(1)入口区

与城市相接较为紧密,植物配置主要以近城市化的方式为主,以和城市更好地衔接。植物种类主要以金丝桃、紫薇、丁香等观赏性植物为主,以打造入口景观形象。

(2)休闲景观蓝带区

本地段游览性较强,通过打造白茅涧、朱荷堤、翠柳湾、绿萍洲四大特色沿河景观,提高整个沿河地带的景观效益。

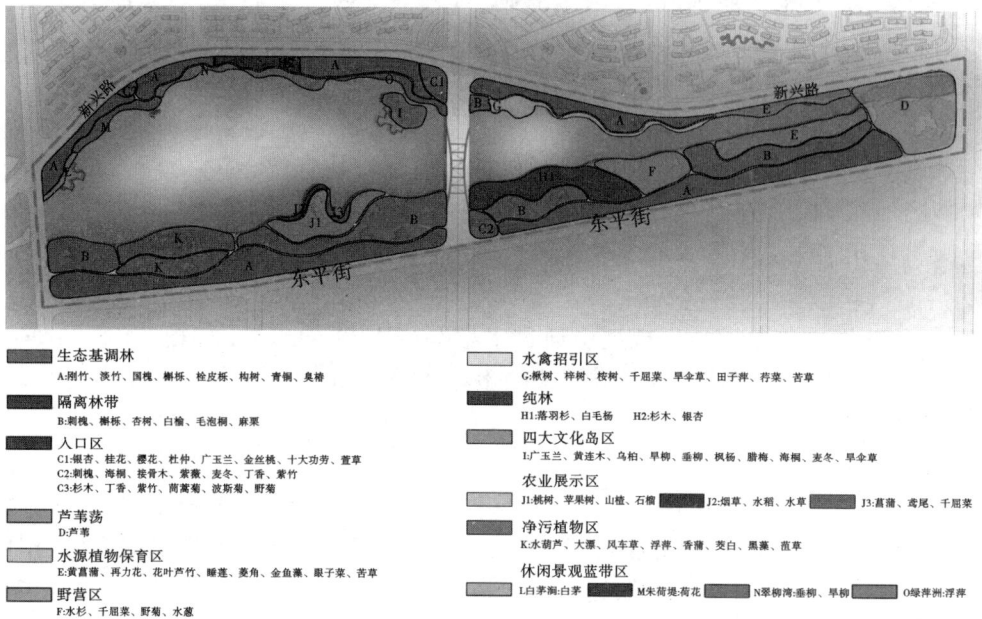

图例：

生态基调林
A:荆竹、淡竹、国槐、榔榆、栓皮栎、枸树、青桐、臭椿

隔离林带
B:刺槐、榔榆、杏树、白榆、毛泡桐、麻栎

入口区
C1:银杏、桂花、樱花、杜仲、广玉兰、金丝桃、十大功劳、萱草
C2:刺槐、海桐、接骨木、紫薇、麦冬、丁香、紫竹
C3:杉木、丁香、紫竹、茼蒿菊、波斯菊、野菊

芦苇荡
D:芦苇

水源植物保育区
E:黄菖蒲、再力花、花叶芦竹、睡莲、菱角、金鱼藻、眼子菜、苦草

野营区
F:水杉、千屈菜、野菊、水葱

水禽招引区
G:楸树、梓树、桉树、千屈菜、旱伞草、田子萍、荇菜、苦草

纯林
H1:落羽杉、白毛杨 H2:杉木、银杏

四大文化岛区
I:广玉兰、黄连木、乌柏、旱柳、垂柳、枫杨、腊梅、海桐、麦冬、旱伞草

农业展示区
J1:桃树、苹果树、山楂、石榴 J2:烟草、水稻、水草 J3:菖蒲、鸢尾、千屈菜

净污植物区
K:水葫芦、大薸、风车草、浮萍、香蒲、茭白、黑藻、菹草

休闲景观蓝带区
L白茅洲:白茅 M朱荷堤:荷花 N翠柳湾:垂柳、旱柳 O绿萍洲:浮萍

图 7.8　湿地公园植物配置图

（3）芦苇荡

通过郁郁葱葱的芦苇成片种植,形成滨河岸上一道亮丽风景线。

（4）野营区

主要以高大的水杉疏植,点缀千屈菜、野菊,水葱等耐水湿植物,形成视线开敞的树林草地。

（5）水源植物保育区

主要种植黄菖蒲、再力花、花叶芦竹、睡莲、菱角、金鱼藻、眼子菜、苦草等植物,达到水源保育的作用。

（6）水禽招引区

主要种植楸树、梓树、桉树、千屈菜、旱伞草、田子萍、苦草等乡土气息交往浓厚的植物,以达到招引水禽的目的。

（7）纯林

种植落羽杉、白毛杨、杉木、银杏,打造特色纯林景观。

（8）文化岛区

除种植具有文化意义的蜡梅成蜡梅园外,另外配置广玉兰、黄连木、乌柏、旱柳、垂柳、枫杨、蜡梅、海桐、麦冬、旱伞草等形成景观层次丰富的植物群落。

（9）农业展示区

主要种植桃树、苹果树、山楂、石榴、烟草、水稻、水草、菖蒲、鸢尾、千屈菜等农业氛围较强的农作物,以取得特色景观效果。

（10）净污植物区

主要种植水葫芦、大漂、风车草、浮萍、香蒲、茭白、黑藻、蓖草等净化污水能力较强的植物,以达到预期的目标。

(五)设施规划

公园是人们日常生活游览活动的地方,它承担着展示、教育、集会、休憩、观赏等方面的功能。

公园两处设有特色茶社,有三处公共卫生间,这些建筑用材均以原始木质材质为主,以强化原生态的景观氛围。

公园每个特定区域都有一定的信息说明牌,讲述一些科普教育知识以及湿地生态知识,材质都用圆木,以和整体环境取得统一。

公园主要游步道上每隔50米一个垃圾桶,每隔20米一个灯具,垃圾桶和灯具材质同样用防腐木。

公园游步道上每隔10米一棵大树,树下三两休息座椅,形式或自然石材或防腐木材质。

四、主要节点设计

(1)主要入口广场

此广场是整个湿地公园的主要入口处,是人们踏入公园的起点,它应该具有展示、集散、休息、服务等多种功能。因此此节点需要大面积的场地来满足以上功能。广场通过零公里标识、文化展示墙、古黄葛树,起到文化展示、标示的作用,并以此丰富广场空间及景观感受。

(2)次要入口广场1

此广场面积大小仅次于主要入口广场,广场除了没有主入口广场展示性强外,同样具有入口广场的展示、集散、休憩等功能。本设计通过一个廊架、一个木制栈桥,加以一些自然生态植物,将入口广场与整个公园环境有机地融合在一起。

(3)次要入口广场2

此入口是为满足其周边居民设置的另外一个公园入口,其同样具有入口广场的展示、集散、休憩等功能。设计通过一组立体错落的花台,形成入口对景,再通过方形、弧形等现代简约元素的应用,使得铺地形式有一定的趣味性。

(4)农田景观节点

此节点重在打造不同特点的农田景观。通过微地形处理的梯田形式,打造特色果园、特色湿地、特色花谷,使得整个区域成为公园景观的亮点,不论是从哪个方向的入口来说,都是一个亮丽的对景,也是整个公园主要景观轴线上的一个主要景观节点。

(5)栈道景观节点

栈道景观节点重在打造林中或水边休闲趣味景观,用圆木形式的陆地栈道、水边栈道,为平日里繁忙的人们提供一方休闲净土。重在体验、休闲。

第八章

旅游规划实习与案例

第一节 旅游规划实习内容及要求

旅游规划实习是旅游资源开发与规划课程教学的重要实践环节,是培养学生综合实践能力的必要过程。通过实习教学环节,巩固学生所掌握的旅游资源开发与规划的基本理论和专业知识,并学习旅游规划与管理的基本工作程序与操作规程,吸收和借鉴发达国家的现代旅游规划发展趋势与管理方法,将理论与实践结合起来①,使学生具备从事旅游资源开发与规划调查、分析、规划的基本能力。

一、旅游规划通则要求

从旅游规划分类看,旅游规划分为旅游发展规划和旅游区规划,其中旅游发展规划分为全国旅游业发展规划、区域旅游业发展规划和地方旅游业发展规划,而旅游区规划分为总体规划、控制性详细规划、修建性详细规划。依据《旅游规划通则》(GB/T 18971—2003),不同的规划类型,对规划内容要求有所不同。这里列举地方旅游发展规划和旅游区总体规划的内容要求。

(一)旅游发展规划的主要内容

(1)全面分析规划区旅游业发展历史与现状、优势与制约因素以及与相关规划的衔接。

(2)分析规划区的客源市场需求总量、地域结构、消费结构及其他结构,预测规划期内客源市场需求总量、地域结构、消费结构及其他结构。

(3)提出规划区的旅游主题形象和发展战略。

(4)提出旅游业发展目标及其依据。

(5)明确旅游产品开发的方向、特色与主要内容。

(6)提出旅游发展重点项目,对其空间及时序做出安排。

---

① 马勇主持的国家级精品课程《旅游规划与开发》:http://jwc.hubu.edu.cn/jpkc/lygl/lyxy.html.

（7）提出要素结构、空间布局及供给要素的原则和办法。

（8）按照可持续发展原则，注重保护开发利用的关系，提出合理的措施。

（9）提出规划实施的保障措施。

（10）对规划实施的总体投资分析，主要包括旅游设施建设、配套基础设施建设、旅游市场开发、人力资源开发等方面的投入与产出方面的分析。

（二）旅游区总体规划的主要内容

（1）对旅游区的客源市场的需求总量、地域结构、消费结构等进行全面分析与预测。

（2）界定旅游区范围，进行现状调查和分析，对旅游资源进行科学评价。

（3）确定旅游区的性质和主题形象。

（4）确定规划旅游区的功能分区和土地利用，提出规划期内的旅游容量。

（5）规划旅游区的对外交通系统的布局和主要交通设施的规模、位置；规划旅游区内部的其他道路系统的走向、断面和交叉形式。

（6）规划旅游区的景观系统和绿地系统的总体布局。

（7）规划旅游区其他基础设施、服务设施和附属设施的总体布局。

（8）规划旅游区的防灾系统和安全系统的总体布局。

（9）研究并确定旅游区资源的保护范围和保护措施。

（10）规划旅游区的环境卫生系统布局，提出防止和治理污染的措施。提出旅游区近期建设规划，进行重点项目策划。

（11）提出总体规划的实施步骤、措施和方法以及规划、建设、运营中的管理意见。

（12）对旅游区开发建设进行总体投资分析。

二、旅游规划实习内容与要求

旅游规划实习的内容设计应是多方面的，既有参观性的认知实习，亦有参与性的调研实践。旅游规划实习内容应突出重点，亦有小组任务分工。根据旅游规划的内容，同时考虑到野外实习的可操作性，将旅游规划实习主要内容归纳如下：

（1）当地旅游业发展背景调查

通过参观、访谈、问卷等调研形式，对当地自然、经济、社会、环境等进行调查，掌握当地旅游业发展背景情况，分析旅游业发展优势、劣势、机遇与挑战，对当地旅游业发展进行全面诊断。

（2）旅游资源调查与评价

旅游资源是旅游业发展的基础，旅游资源调查与评价是旅游规划的一项基础性工作，同时也是一项技术工作。为了规范旅游资源分类、调查与评价，我国于 2003 年颁布了《旅游资源分类、调查与评价》（GB/T 18972-2003）。

旅游资源调查分为旅游资源详查和旅游资源概查，其中旅游资源详查适用于了解和掌握整个区域旅游资源全面情况的旅游资源调查，而旅游资源概查适用于了解和掌握特定区域或专门类型的旅游资源调查。以旅游资源详查为例，简单介绍一下实地调查的程序和方法：

①分小组确定调查线路。调查线路按实际要求设置，一般要求贯穿调查区内所有调查小区和主要旅游资源所在的地点。

②选定调查对象。具有旅游开发前景，有明显经济、社会、文化价值的旅游资源单体；集合型旅游资源单体中具有代表性的部分；代表调查区形象的旅游资源单体。

③填写《旅游资源单体调查表》，如河南省许昌市紫云书院调查表(表8.1)。

表8.1　旅游资源单体调查表①

基本类型：FDE 书院

代号	XCS—XAC—ZYS—FDE—01；其他代号：①　　②
行政位置	许昌市襄城县紫云镇马涧沟村
地理位置	东经 113°24′11″；北纬 33°46′50″

性质与特征(单体性质、形态、结构、组成成分的外在表面和内在因素，以及单体生成过程、演化历史、人事影响等主要环境因素)

紫云书院是明清时期读书与讲学的地方，创建于公元 1468 年，由明代中叶名臣太子少保、户部尚书李敏(襄城人)所建。书院现占地 6825 平方米，呈长方形，三进庭院，南北长 105 米，东西宽 65 米，墙高 3 米。自南向北存有二柏(百)三石(十)一孔桥、正门遗迹、钟鼓二楼遗迹、文昌阁遗址。保存较为完好的有棂星门、大成殿，左侧的宣圣堂、崇德殿，右侧的诸贤堂、广业殿以及青石碑刻 7 通、青石匾额 4 块。棂星门为阁楼式建筑、大成殿为硬山出前檐式建筑，面阔 10.5 米，进深 5.6 米，二梁起架，明柱六根，高 3.9 米，柱础为红石鼓型，其他均为硬山式建筑。碑刻分别为明代李敏、钦差太监戴仪等人所题，其中"紫云书院"由明成化皇帝敕赐。紫云书院为市级文物保护单位，1981 年被列入国家文物局主编的《中国名胜词典》一书。

紫云书院久负盛名，为明清八大书院之一，曾为中原程朱理学的弘扬地。明成化四年，时行浙江按察史的李敏，母丧回乡守制期间，创建书院，传授理学，一时成为中州学子争相求学的理学中心，太子朱佑樘(后为弘治帝)、书画家沈周、清代文学家李来章、耿介、武状元李春奇等人曾在此读书或讲学。书院原规模宏大，殿堂设置合理，除上述殿堂设施外，还有藏经阁、墨香泉、竹林、莲沼、辞君亭、望月亭、药圃、水帘洞等。书院坐落于群山环绕和万亩槲林之中，风景秀丽，三面环山，丹霞峰、紫云峰、书院山环抱书院，万亩槲林郁郁葱葱，春夏绿海荡漾，百鸟和鸣，秋日红叶满山，蔚为壮观。

---

① 资料来源：许昌市襄城县旅游局提供。

旅游区域及进出条件(单体所在地区的具体部位、进出交通与周边旅游集散地和主要旅游区(点)之间关系)

紫云书院位于襄城县西南部,距县城15公里的紫云山风景区内,是紫云山风景区的核心景区,距山门600米,自山门有旅游步道通往书院,书院背依丹霞峰、书院山,面对紫云峰,现有乡级公路七紫路直达景区,省道S329线(正在建设)距山门300米,并与仅距2.5公里的国道G311线相连接,距许昌市区45公里,平顶山市区10公里,漯河市区50公里,现已开通许昌至紫云山的东方旅游专线,县城至紫云山109路旅游专线。平顶山、漯河至紫云书院旅游专线即将开通。其周边景观有丹霞峰、仙翁湖、大槐洞天、天池、明镜湖、卧龙湖、竹林、望月亭、辞君亭等。

保护与开发现状(单体保存现状、保护措施、开发情况)

紫云书院作为紫云山风景区的重要人文景观,自1995年开始对其实施保护性开发,先后修缮了大成殿、棂星门、左右两庑两堂,恢复建设了辞君亭、望月亭,补植了竹林、花木,对书院古柏进行了围栏保护,铺设了书院广场等。近期计划恢复建设山门、钟、鼓二楼、文昌阁、藏经阁、水帘洞等,对书院进行绿化,新建书画碑林等。目前紫云山已于2000年被评定为省级森林公园,紫云山风景区已于2002年被批准为国家AA级景区,年接待游客18万人次,客源以平顶山、许昌、漯河及郑州为主。

共有因子评价问答(你认为本单体属于下列评价项目中的哪个档次,应该得多少分数,在最后的一列内写上分数)

评价项目	档次	本档次规定得分	你认为应得的分数
单体为游客提供的观赏价值、游憩价值,或使用价值如何?	全部或其中一项具有极高的观赏价值、游憩价值、使用价值。	30~22	
	全部或其中一项具有很高的观赏价值、游憩价值、使用价值。	21~13	15
	全部或其中一项具有较高的观赏价值、游憩价值、使用价值。	12~6	
	全部或其中一项具有一般观赏价值、游憩价值、使用价值。	5~1	
单体蕴含的历史价值、文化价值或科学价值,或艺术价值如何?	同时或其中一项具有世界意义的历史价值、文化价值、科学价值、艺术价值	25~20	
	同时或其中一项具有全国意义的历史价值、文化价值、科学价值、艺术价值	19~13	18
	同时或其中一项具有省级意义的历史价值、文化价值、科学价值、艺术价值	12~6	
	历史价值、文化价值、科学价值或艺术价值具有意义	5~1	

物种是否珍稀，景观是否奇特，此现象在各地是否常见？	有大量珍稀特种，或景观异常奇特，或此类现象在其他地区罕见	15～13	
	有较多珍稀特种，或景观奇特，或此类现象在其他地区很少见	12～9	10
	有少量珍稀特种，或景观突出，或此类现象在其他地区少见	8～4	
	有个别珍稀特种，或景观比较突出，或此类现象在其他地区较少见	3～1	
如果是个体，有多大规模？如果是群体，其结构是否丰满？疏密度怎样？各类现象是否经常发生？	独立型单体规模、体量巨大；组合型旅游资源单体结构完美、疏密度优良级；自然景象和人文活动周期性发生或频率极高	10～8	
	独立型单体规模、体量较大；组合型旅游资源单体结构很和谐、疏密度良好；自然景象和人文活动周期性发生或频率很高	7～5	5
	独立型单体规模、体量中等；组合型旅游资源单体结构和谐、疏密度较好；自然景象和人文活动周期性发生或频率较高	4～3	
	独立型单体规模、体量较小；组合型旅游资源单体结构较和谐、疏密度一般；自然景象和人文活动周期性发生或频率较小	2～1	
是否受到自然或人为干扰和破坏，保存是否完整？	保持原来形态与结构	5～4	
	形态与结构有少量变化，但不明显	3	
	形态与结构有明显变化	2	2
	形态与结构有重大变化	1	
在什么范围内有知名度？在什么范围内构成名牌？	在世界范围内知名，或构成世界承认的名牌	10～8	
	在全国范围内知名，或构成全国性的名牌	7～5	5
	在本省范围内知名，或构成省内的名牌	4～3	
	在本地区范围内知名，或构成本地区名牌	2～1	

开发旅游后,多少时间可以开发旅游?或可以服务于多少游客?	适宜游览的日期每年超过300天,或适宜于所有游客使用和参与	5~4	4
	适宜游览的日期每年超过250天,或适宜于80%左右游客使用和参与	3	
	适宜游览的日期每年超过150天,或适宜于60%左右游客使用和参与	2	
	适宜游览的日期每年超过100天,或适宜于40%左右游客使用和参与	1	
本单体是否受到污染,环境是否安全?有没有采取保护措施使环境安全得到保证?	已受到严重污染,或存在严重安全隐患	−20	
	已受到中度污染,或存在明显安全隐患	−10	
	已受到轻度污染,或存在一定安全隐患	−5	
	已有工程保护措施,环境安全得到保证	5	5

本单体得分	64	本单体可能的等级	三级	填表人	×××	调查日期	2003年7月9日

旅游资源评价分定性的评价和定量的评价,所谓定性评价是指依据旅游资源的单一要素或综合要素条件,给出旅游资源优劣的描述性评价,定性评价由于个人认识的局限,具有一定的主观性。所谓定量评价依据旅游资源评价指标体系,采用某一定量方法给出评价,评价结果具有一定客观性,但因选择方法不同,其客观性亦有所差别,如层次分析法,虽然采用定量分析方法,但方法本身具有主观性,因此评价结果也具有一定的主观性。

(3)旅游发展定位与发展战略

依据上一层次规划定位,结合当地旅游业发展背景、旅游资源、客源市场等调查情况,并通过与周边区域对比分析,确定旅游发展定位和发展战略。

(4)旅游空间布局规划

依据旅游定位、旅游资源分布、区位、基础设施等现状条件,对旅游区进行功能分区和空间布局规划。

(5)旅游产品开发和营销

依据主体定位,以及旅游资源条件和市场产品需求趋势,开发不同层次的系列旅游产品。同时,并进行旅游营销策划。

(6)旅游线路设计与基础设施规划

依据旅游市场需求特点,确定旅游线路设计原则,对旅游区旅游线路进行设计。同时,围绕旅游设施需求,进行旅游设施规划。

第二节　旅游发展基础条件分析案例

旅游发展基础条件分析是旅游规划的基础和前提。可以从旅游规划对象的地理位置、历史沿革、自然概况(包括地质地貌、气候水文、动植物等)、国民经济结构特征、市域城镇体系、旅游业发展现实特征等方面,全面调查和分析旅游业发展背景情况。这里引用笔者参与的、王庆生教授主持的《三门峡市旅游发展总体规划(2006~2015年)》的规划案例,择其重点内容予以介绍。

一、旅游发展的优势

(一)旅游资源组合优势突出

2003年,在全市范围的旅游资源调查中,共发现旅游资源单体2072个,其中上等级的1327个,等外级745个。旅游资源单体有8个主类、29个亚类、116个基本类型,分别占分类总数的100%、93.55%和74.84%,除去沙漠地、冰川、高原地等少数类型外,该市旅游资源几乎一应俱全。无论是开发生态旅游、文化旅游产品,还是培育度假休闲、养生保健产品,可以选择的资源都十分富足。

(二)旅游区位优越

三门峡市位于黄河中游豫、陕、晋三省交界处,北隔黄河与山西相望,是陕、晋两省进出中原的咽喉要道。从旅游区位来看,它位于西安、洛阳两个旅游热点城市之间,国家旅游局将"黄河游"列为国家级重点旅游线路,而三门峡市是"黄河之旅——中华民族之魂"的中心环节之一,也是河南省骨干旅游线"大黄河游"的重要组成部分,又是河南省重点开发的"大黄河旅游带"的最西端,是"大黄河游"的起点和前沿,旅游区位十分优越。位居三省交界和大黄河旅游的起点的地理位置,决定了三门峡开发旅游资源要围绕两个核心,一是黄河风情游,二是省际周末度假观光游。

(三)旅游需求旺盛

在市场经济条件下,需求是最大的资源,需求旺盛是最大的优势。从国际旅游市场来看,该市一直是"大黄河中原古都游"的主要目的地。自2004年,河南省加大了这条黄金旅游线路的推销力度,入境游客数量大幅度攀升。从国内旅游市场来看,居民消费结构中旅游支出比重逐年上升,而以西安、郑州、北京、武汉等旅游热点城市的客源市场,完全可能为该市旅游提供源源不断的市场需求。

(四)旅游交通便利

三门峡市古代就驿道贯通,现代交通更加便利,陇海铁路和209、310国道及连霍高速公路公路在境内交错贯通,黄河航运沟通秦、晋,黄河公路大桥为中原与华北打开了一座新的大门,加上纵横交织的县、乡级公路,形成了四通八达的交通运输网络。周围有郑州、洛阳、西安三个航空港,优越的区位及交通条件,为旅游业的开发奠定了良好的基础。除陇海铁路外,以三门峡市为中心的高速公路"四小时交通圈",拥有近一亿人口,并且有着良好的旅游意识,特别在国内旅游市场带有一定的导向作用。

(五)生态环境良好

三门峡市地处豫西山区,滨临文明之水黄河,山水相依,生态环境洁净,空气清新,辖区大部分属豫西山地,植被覆盖率高、水系发达。由于人口稀少和过去长期的交通闭塞,造成这里工农业经济发展落后,因而环境污染小。尤其是许多深山区,人迹罕至,植被茂密,山峰怪石险峻奇特,溪泉潭瀑遍布山间,生态环境几乎无任何污染。

(六)古文化资源特色明显

三门峡市位于黄河中游,是中华民族的发祥地之一,历史悠久,旅游资源十分丰富,区域周围名人、名关、名水、名山相映生辉。这里有黄帝铸鼎原、千古雄关——函谷关、文明圣地仰韶村遗址、佛教圣地空相寺、特别是周代虢国时期的墓葬和车马坑群,尤为国内外所瞩目。古文化旅游资源十分丰富。

二、旅游开发的劣势

(一)旅游资源开发矛盾突出

三门峡市旅游资源开发存在三大突出矛盾,首先,有吸引力的旅游项目却呈现反季节特点,如白天鹅栖息地资源;其次,有传奇色彩的资源却无法商业化,如卢氏汤河裸浴民俗;其次,有历史底蕴的资源却难以形成规模,如仰韶村文化遗址等。

(二)龙头吸引物尚未形成

目前,三门峡市旅游业还处在初步开发阶段,成型的高品位旅游景区还没有形成,特别是龙头吸引物尚未形成。虽然函谷关景区、虢国博物馆等具有一批高品位的旅游资源,但市场影响力依然较弱。

(三)景观季节差异大

部分旅游景观有时间性,并且与旅游旺季不同步。黄河三门峡水库是三门峡市旅游的一大依托,但由于每年水位变化较大,并且蓄水多在每年的冬季,夏季则看不到大的水面。景观的季节变化,使旅游开发难度加大。如白天鹅观赏旅游,吸引力大,知名度高,但白天鹅属于冬候鸟,每年冬季来临,而此时是旅游的淡季,每年的春夏旅游旺季,却看不到白天鹅。

（四）经济发展滞后，人力资源相对薄弱

部分景区经济相对落后、交通不便的地区意象（指人们长期以来形成的对某一地区的整体感觉和印象）造成三门峡市与省内游客的空间距离、心理距离相对偏远，直接影响省内游客出游目的地选择，也制约着三门峡市的旅游发展。

（五）规划滞后，开发无序

规划落后于开发，大面积的总体规划落后于小景区的建设规划，从而影响到三门峡市的旅游合理布局、统筹开发；自然生态、休闲度假型旅游产品的开发滞后于观光型景点的开发，从而导致资源开发跟不上客源市场形势的变化。

（六）军事区制约

多处自然景观优美的地区，地处军事区内，为旅游开发增加了一定的难度。

三、旅游发展的机遇

（一）旅游产业正在步入理性发展阶段

当今世界，旅游发展已经成为社会文明进步的主要标志。据世界旅游组织预测，未来国际旅游收入的增长速度将远高于世界经济的增长速度，而到 2020 年，中国将成为世界上最大的旅游目的地国家。随着中国经济的高速发展，我国国内旅游已呈爆发式的增长势头。国家旅游局预测，21 世纪前 20 年，中国国内旅游收入将以每年 8%～13% 的速度增长。可以预见，随着我国建设全面小康社会进程的推进，我国居民消费结构将发生根本性变化，即从物质消费为主转变为非物质消费为主，生存资料消费比重进一步降低，享受和发展资料消费比重不断上升，消费结构的变化越来越体现在生活质量上。旅游消费必将成为我国居民主要休闲消费方式。

就河南省而言，河南旅游大发展已具备良好的市场动力。河南省先后完成了《河南省旅游发展总体规划》《河南省"十二五"旅游产业发展规划纲要》的编制。河南省提出把旅游业培育成为本省的重要支柱产业，实现河南由旅游资源大省向旅游经济强省的跨越，已形成"大抓旅游、抓大旅游"的良好发展氛围。

（二）河南省重视开发文化旅游发展的机遇

《河南省旅游发展总体规划》提出了全省"一心两带五区六板块"的旅游发展总体布局。其中的两带是以郑、汴、洛为主的沿黄河旅游发展带和京广、京珠沿线旅游发展带。规划强调把沿黄旅游带打造成沿黄文化长廊，形成河南旅游发展的脊柱。三门峡市文化旅游资源得天独厚，将在该"脊柱"中发挥重要作用。同时，河南省文化旅游产业发展规划已经出台，这些都为三门峡旅游开发提供了一个难得的机遇。

（三）"大黄河旅游"及国家重视发展生态旅游的机遇

国家旅游局将"黄河游"列为国家级重点旅游线路,而三门峡市位于"黄河之旅——中华民族之魂"的起点;河南省也把"大黄河游"作为省内的骨干线来进行开发,向国际旅游市场推出,在国内外影响极大,对世界旅游者有着特殊的吸引力。

回归自然、生态旅游是目前国内外旅游的一大趋势,保护自然、利用自然,走可持续发展之路,已成为全球的共识。国家已把保护"母亲河"生态环境,作为一项长远利益来考虑,而三门峡市位于黄河岸边,它的环境保护不仅关系到黄河的生态环境,同时保护环境、开发旅游与国家保护"母亲河"目标相一致,可以争取更多的政策和资金的支持。

四、旅游发展的威胁与挑战

在未来旅游开发中三门峡面对的最大挑战来自于如何超越周边及更广范围内同质旅游资源产品的影响。如何突出与建设该市龙头旅游产品及其主打旅游产品系统,如何深刻挖掘其黄河文化背景之下的旅游潜力,并强化与彰显其天鹅之城、文化山水城的独特魅力,将是今后三门峡旅游发展所必须解决的问题。

五、旅游业发展的应对措施

基于三门峡市旅游业发展基础及存在的主要问题,可采取以下应对措施:

(1)树立区域大旅游发展观念,全面落实旅游科学发展观。

(2)重视全市旅游增长极的培育,重点打造三门峡市龙头景区,树立全市旅游龙头品牌。

(3)引入旅游发展创新机制,强化旅游管理,重视旅游高级管理人才的培养;树立旅游发展的服务意识,高度重视旅游形象的塑造。

(4)统筹区域旅游发展,抓住河南省发展旅游的大好机遇,大力发展三门峡市特色旅游,提升三门峡市旅游对外形象。

(5)强化政府主导作用,全面落实旅游发展的科学规划,引入旅游发展的市场意识,加大旅游市场营销投入,提升三门峡市旅游市场影响力。

(6)加强旅游人才培养。加快人事管理体制改革,建立符合市场机制、灵活的用人制度。加强旅游局、旅游景区、旅游企业与高等科研院校的密切合作,充分利用高等院校的智力资源和科研成果,培训旅游企业管理干部,推进人才开发与经济、教育、科研一体化。

第三节　旅游资源调查与评价案例

一、旅游资源及其分类

(一)旅游资源的概念

旅游资源是指自然界和人类社会凡能对旅游者产生吸引力,可以为旅游业开发利用,并可产生经济效益、社会效益和环境效益的各种事物和因素。旅游资源存在的形式是多样的,既有物质的,也有非物质的,亦有物质和非物质的组合。

旅游资源的内涵主要表现在以下方面:①旅游资源最核心的功能是吸引功能,它是区别一切其他旅游最重要的特征,但需要指出的不是所有具有吸引功能的都是旅游资源,如博彩业、色情业虽然具有一定的吸引力,但在我国大陆不能被看作旅游资源。②旅游资源可以为旅游业开发利用的,具有一定的公共性。旅游资源的公共性主要表现旅游资源面向旅游者开放或部分旅游者开放的。③旅游资源的概念是不断发展的。随着社会经济技术的发展,人们对世界认识的拓展和深化,原来不被认为是旅游资源的,可能在未来是重要的旅游资源。

(二)旅游资源的分类

1. 按旅游资源属性划分

依据旅游资源本身的基本属性,可以将旅游资源分为自然旅游资源和人文旅游资源两大类。有一些学者认为旅游资源可划分为自然旅游资源、人文旅游资源和社会旅游资源三种。也有的将旅游资源按科学属性划分为自然景观旅游资源、人文景观旅游资源和服务性旅游资源三个景系。

我国 2003 年出台的《旅游资源分类、调查与评价》(GB/T 18972-2003)中,将旅游资源分"8 主类""37 亚类""155 基本类型"三个层次(表 8.2),其中 8 主类中的地文景观、水域景观、生物景观、天象气候景观类属于自然旅游资源,遗址遗迹、建筑与设施、旅游商品、人文活动类属于人文旅游资源。

表8.2　旅游资源分类

主类	亚类	基本类型
A 地文景观	AA 综合自然旅游地	AAA 山丘型旅游地 AAB 谷地型旅游地 AAC 沙砾石地型旅游地 AAD 滩地型旅游地 AAE 奇异自然现象 AAF 自然标志地 AAG 垂直自然地带
	AB 沉积与构造	ABA 断层景观 ABB 褶曲景观 ABC 节理景观 ABD 地层剖面 ABE 钙华与泉华 ABF 矿点矿脉与矿石积聚地 ABG 生物化石点
	AC 地质地貌过程形迹	ACA 凸峰 ACB 独峰 ACC 峰丛 ACD 石(土)林 ACE 奇特与象形山石 ACF 岩壁与岩缝 ACG 峡谷段落 ACH 沟壑地 ACI 丹霞 ACJ 雅丹 ACK 堆石洞 ACL 岩石洞与岩穴 ACM 沙丘地 ACN 岸滩
	AD 自然变动遗迹	ADA 重力堆积体 ADB 泥石流堆积 ADC 地震遗迹 ADD 陷落地 ADE 火山与熔岩 ADF 冰川堆积体 ADG 冰川侵蚀遗迹
	AE 岛礁	AEA 岛区 AEB 岩礁
B 水域风光	BA 河段	BAA 观光游憩河段 BAB 暗河河段 BAC 古河道段落
	BB 天然湖泊与池沼	BBA 观光游憩湖区 BBB 沼泽与湿地 BBC 潭池
	BC 瀑布	BCA 悬瀑 BCB 跌水
	BD 泉	BDA 冷泉 BDB 地热与温泉
	BE 河口与海面	BEA 观光游憩海域 BEB 涌潮现象 BEC 击浪现象
	BF 冰雪地	BFA 冰川观光地 BFB 常年积雪地
C 生物景观	CA 树木	CAA 林地 CAB 丛树 CAC 独树
	CB 草原与草地	CBA 草地 CBB 疏林草地
	CC 花卉地	CCA 草场花卉地 CCB 林间花卉地
	CD 野生动物栖息地	CDA 水生动物栖息地 CDB 陆地动物栖息地 CDC 鸟类栖息地 CDE 蝶类栖息地
D 天象与气候景观	DA 光现象	DAA 日月星辰观察地 DAB 光环现象观察地 DAC 海市蜃楼现象多发地
	DB 天气与气候现象	DBA 云雾多发区 DBB 避暑气候地 DBC 避寒气候地 DBD 极端与特殊气候显示地 DBE 物候景观

续表 8.2

主类	亚类	基本类型
E 遗址遗迹	EA 史前人类活动场所	EAA 人类活动遗址 EAB 文化层 EAC 文物散落地 EAD 原始聚落
	EB 社会经济文化活动遗址遗迹	EBA 历史事件发生地 EBB 军事遗址与古战场 EBC 废弃寺庙 EBD 废弃生产地 EBE 交通遗迹 EBF 废城与聚落遗迹 EBG 长城遗迹 EBH 烽燧
F 建筑与设施	FA 综合人文旅游地	FAA 教学科研实验场所 FAB 康体游乐休闲度假地 FAC 宗教与祭祀活动场所 FAD 园林游憩区域 FAE 文化活动场所 FAF 建设工程与生产地 FAG 社会与商贸活动场所 FAH 动物与植物展示地 FAI 军事观光地 FAJ 边境口岸 FAK 景物观赏点
	FB 单体活动场馆	FBA 聚会接待厅堂(室) FBB 祭拜场馆 FBC 展示演示场馆 FBD 体育健身馆场 FBE 歌舞游乐场馆
	FC 景观建筑与附属型建筑	FCA 佛塔 FCB 塔形建筑物 FCC 楼阁 FCD 石窟 FCE 长城段落 FCF 城(堡) FCG 摩崖字画 FCH 碑碣(林) FCI 广场 FCJ 人工洞穴 FCK 建筑小品
	FD 居住地与社区	FDA 传统与乡土建筑 FDB 特色街巷 FDC 特色社区 FDD 名人故居与历史纪念建筑 FDE 书院 FDF 会馆 FDG 特色店铺 FDH 特色市场
	FE 归葬地	FEA 陵区陵园 FEB 墓(群) FEC 悬棺
	FF 交通建筑	FFA 桥 FFB 车站 FFC 港口渡口与码头 FFD 航空港 FFE 栈道
	FG 水工建筑	FGA 水库观光游憩区段 FGB 水井 FGC 运河与渠道段落 FGD 堤坝段落 FGE 灌区 FGF 提水设施
G 旅游商品	GA 地方旅游商品	GAA 菜品饮食 GAB 农林畜产品与制品 GAC 水产品与制品 GAD 中草药材及制品 GAE 传统手工产品与工艺品 GAF 日用工业品 GAG 其他物品

续表8.2

主类	亚类	基本类型
H 人文活动	HA 人事记录	HAA 人物 HAB 事件
	HB 艺术	HBA 文艺团体 HBB 文学艺术作品
	HC 民间习俗	HCA 地方风俗与民间礼仪 HCB 民间节庆 HCC 民间演艺 HCD 民间健身活动与赛事 HCE 宗教活动 HCF 庙会与民间集会 HCG 饮食习俗 HGH 特色服饰
	HD 现代节庆	HDA 旅游节 HDB 文化节 HDC 商贸农事节 HDD 体育节
数量统计		
8 主类	31 亚类	155 基本类型

[注]如果发现本分类没有包括的基本类型时,使用者可自行增加。增加的基本类型可归入相应亚类,置于最后,最多可增加2个。编号方式为:增加第1个基本类型时,该亚类2位汉语拼音字母+Z,增加第2个基本类型时,该亚类2位汉语拼音字母+Y。

2. 按旅游资源的吸引力级别分类

按旅游资源的吸引力级别分类,可将旅游资源划分为四个层次,即世界级旅游资源、国家级旅游资源、区域级旅游资源和地方级旅游资源。

（1）世界级旅游资源

主要包括被联合国科教文组织批准列入《世界遗产名录》的名胜古迹、世界级地质公园和列入联合国"人与生物圈"计划的自然保护区等旅游资源。

（2）国家级旅游资源

主要包括由国务院审定公布的国家风景名胜区、国家历史文化名城和国家重点文物保护单位,以及国家级自然保护区和国家森林公园。

（3）省级旅游资源

主要包括省级风景名胜区、省级历史文化名城、省级文物保护单位以及省级自然保护区、省级森林公园和省级历史文化名镇。

（4）地方级旅游资源

主要包括市（县）级风景名胜区和市（县）级文物保护单位。

3. 其他分类

旅游资源分类方法很多,如按旅游资源的功能分类,可分为观赏型旅游资源、康乐型旅游资源、科考型旅游资源、体验型旅游资源、度假型旅游资源、购物型旅游资源等;按利用性质分类,可分为再生旅游资源、不可再生旅游资源;按开发现状分类,可分为已开发旅游资源、潜在旅游资源;按资源地域分类,可分为都市旅游型、森林旅游型、乡村旅游型等。

二、旅游资源调查与评价案例

(一)龙门石窟概况

龙门石窟为世界文化遗产,国家级重点文物保护单位,在中国石窟群中处于中心地位,同时又是中原石窟的母窟。龙门位于河南省西部,素有"十三朝古都"之称的洛阳市南郊,处于洛阳市旅游景区的核心位置,是"黄河之旅"旅游路线以及河南省"三点一线"旅游发展战略上的重要风景名胜区。东有嵩山风景名胜区,西有宜阳灵山寺、新安千唐志斋,南有范仲淹墓、陆浑水库、二程墓、白云山、天池山、老君山和龙峪湾景区,北有关林、汉光武陵、白马寺等,这些景点如众星捧月,使龙门更加夺目。

(二)主要旅游资源单体评价

龙门石窟旅游资源丰富,旅游资源特色明显,其中主要旅游资源单体品位较高,其特色可总结如下:

(1)龙门,伊阙形胜,风景天成;
(2)魏窟,佛像始造,神色俨然;
(3)唐窟,卢舍那佛,举世闻名;
(4)二十品,魏碑典范,书法精品;
(5)宾阳洞,北魏杰作,帝后礼佛;
(6)万佛洞,万尊坐佛,救世观音;
(7)奉先寺,大佛安详,唐代典范;
(8)古阳洞,魏碑书法,世所传颂;
(9)药方洞,中医良方,古刻传承。

(三)旅游资源单体等级评价

在旅游资源概查过程中,按着一定的评价标准,对旅游资源进行等级评价,评价结果见表8.3:

表8.3 旅游资源等级评价表

等级类型	数量/个	名称
五级	2	西山石窟群、东山石窟群
四级	4	魏唐碑刻、伊阙、白居易墓园、香山寺
三级	5	唐奉先寺遗址、龙门大桥、禹王池、广化寺

(四)旅游资源综合评价

旅游资源综合评价,通常是定性的评价,可用精练的语言对其进行评价:

(1)石刻艺术,独具特色:皇家石窟,气势非凡;造像精巧,技法高超;中外合璧,宗派汇集;布局装饰,浑然天成。

(2)人文自然,完美融合:佛教文化、石窟艺术,完美融合;本土文化、佛教文化,有机融汇;中华哲学,三教并立,吸收融通;皇家文化、民间艺术,交汇流传;智者乐水、仁者乐山,山水之融;魏唐五代、宋元至明,共存融合。

（3）碑刻题记,史学宝库。

（4）卢舍那大佛,天下第一美佛。

（5）帝后礼佛图,美国博物馆陈列的龙门艺术精品。

（6）香山白园——诗歌园林。

（五）旅游资源对比分析

1. 评价标准的制定

根据吴必虎《区域旅游规划原理》修改,现采用表8.4进行旅游资源对比分析:

表8.4 旅游特色资源评价指标界值

综合值	规模度(7)	世界之最(7)
		中国之最(5)
		省内之最(3)
		地区之最(1)
	时序度(10)	非常悠久(唐及以前)(10)
		很悠久(唐以后至宋)(7)
		较悠久(元、明)(5)
		悠久(清)(2)
	珍稀度(15)	世界罕见或独有(15)
		中国罕见或独有(10)
		省内罕见或独有(5)
		地区罕见或独有(3)
	奇特度(10)	非常奇特(10)
		很奇特(7)
		较奇特(5)
		奇特(2)
	保存度(5)	非常完好(5)
		很完好(4)
		较完好(3)
		完好(2)
	审美度(8)	非常美(8)
		很美(6)
		较美(4)
		美(2)

续表8.4

综合值	组合度(10)	非常好($r*<1$)(10)
		很好($1<r<5$)(8)
		较好($5<r<20$)(6)
		好($20<r<30$)(4)
	知名度(18)	国际知名(18)
		中国知名(13)
		省内知名(8)
		地区知名(3)
	满意度(7)	非常满意(7)
		很满意(5)
		较满意(3)
		满意(1)
	魅力度(10)	非常完美(10)
		很完美(7)
		较完美(5)
		完美(2)

注: *r 指至少包含两个其他景点的半径(单位:公里)。

2. 不同层次类别对比实例

依据表8.4中的标准,设计调查问卷,通过专家打分,形成以下对比评价结果(表8.5~表8.8):

表8.5　龙门石窟与国外部分世界文化遗产对比一览表

	规模度(7)	时序度(10)	珍稀度(15)	奇特度(10)	保存度(5)	审美度(8)	组合度(10)	知名度(18)	满意度(7)	魅力度(10)	总分(100)
龙门石窟	7	10	15	10	3	6	10	18	5	7	91
巴米扬大佛	7	10	15	10	0	6	8	18	3	0	77
佛国寺和石窟庵	6	10	15	10	3	6	10	18	5	7	90
纳赛河沿岸	7	10	15	10	5	6	10	18	5	7	93
埃及金字塔	7	10	15	10	5	8	6	18	7	10	96
巴特农神庙	7	10	15	10	3	6	8	18	7	10	94

表8.6　龙门石窟与国内一些世界文化遗产对比一览表

	规模度 (7)	时序度 (10)	珍稀度 (15)	奇特度 (10)	保存度 (5)	审美度 (8)	组合度 (10)	知名度 (18)	满意度 (7)	魅力度 (10)	总分 (100)
龙门石窟	7	10	15	10	3	6	10	18	5	7	91
泰山	7	10	15	10	5	6	7	18	7	8	93
黄山	7	10	15	10	5	6	6	18	7	8	92
庐山	7	10	15	10	5	6	6	18	6	8	91
长城	7	10	15	10	5	8	6	18	7	10	96

表8.7　龙门石窟与云冈石窟、敦煌莫高窟、麦积山石窟、大足石刻类比一览表

	规模度 (7)	时序度 (10)	珍稀度 (15)	奇特度 (10)	保存度 (5)	审美度 (8)	组合度 (10)	知名度 (18)	满意度 (7)	魅力度 (10)	总分 (100)
龙门石窟	7	10	15	10	3	6	10	18	5	7	91
云冈石窟	7	10	15	10	3	6	8	18	5	6	88
敦煌莫高窟	8	10	15	10	4	7	9	18	5	8	94
大足石刻	7	10	15	10	3	7	8	16	5	7	88
麦积山石窟	7	10	15	10	3	6	8	16	5	6	86

表8.8　龙门石窟与省内其他主要旅游景区对比一览表

	规模度 (7)	时序度 (10)	珍稀度 (15)	奇特度 (10)	保存度 (5)	审美度 (8)	组合度 (10)	知名度 (18)	满意度 (7)	魅力度 (10)	总分 (100)
龙门石窟	7	10	15	10	3	6	10	18	5	7	91
安阳殷墟	5	10	14	10	2	5	7	8	4	5	70
少林寺	6	10	14	9	4	6	9	18	5	6	87
白云山	6	9	13	9	3	6	8	8	5	6	73
清明上河园	6	8	10	8	2	6	9	13	5	6	73

对比结果分析：首先，从与国外对比看，龙门石窟以其悠久的历史、丰富的文化底蕴、

精湛的雕刻艺术,屹立于世界文化遗产之林,在国际上有相当大的吸引力,可作为世界旅游的一个地标;其次,从国内对比看,五大石窟,各有所长,但由于龙门石窟独特的皇家气魄,有望在石窟联合旅游中处于领袖地位,从而发挥出更加积极的作用;最后,省内对比分析:龙门石窟与周围景点互不冲突,相互协作,有利于区域的整体发展,在这个过程中,龙门石窟可以更好地发挥自己的比较优势,争创河南旅游第一品牌。

第四节　旅游发展定位与规划案例

一、旅游发展定位案例

旅游发展定位是旅游规划的关键,直接关系着旅游发展方向的选择。这里引用笔者参与的、梁留科教授主持的《洛阳市龙门石窟旅游发展总体规划(2006~2025年)》规划案例,予以介绍。龙门景区旅游发展定位见图8.1。

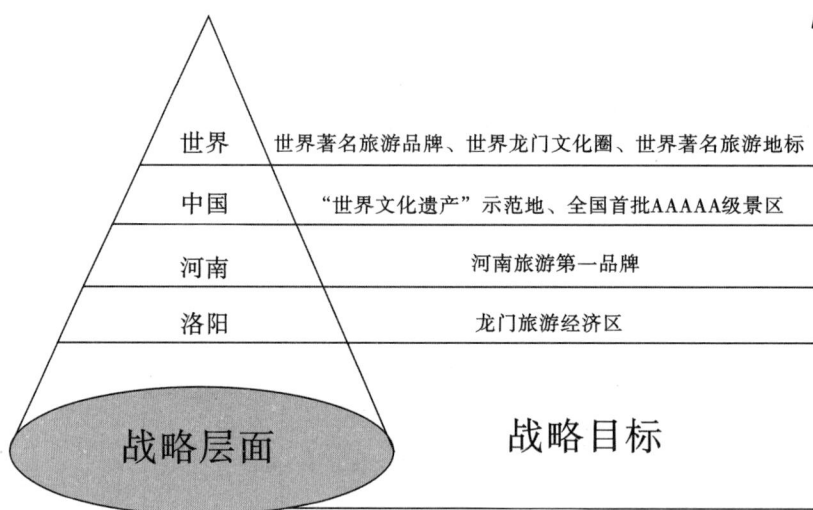

图8.1　龙门景区旅游发展定位

(一)从世界层面定位

(1)世界著名旅游品牌

通过对龙门景区全面系统规划和精致化基础服务设施建设,全面营造龙门石窟独特的文化环境大背景和实施"六根"系统体验,进一步完善产品结构和丰富产品内容,提高景区品位,并建立起与客源市场灵敏互动的反馈机制,通过区域联盟和强力营销,最终将龙门景区打造成为世界著名旅游品牌。

（2）世界龙门文化圈

龙门文化圈是对龙门地区文化与环境关系的很好反映，因为在这一圈中有着孕育中原文化的山、水、土、生（物）、气（候）、位（置）古环境"六要素"的最佳组合。河洛地区是中原文化的重心，中国传统文化的核心，东亚文化的中心，这"三心"源于这里的"四力"，即强大活力、辐射力、吸纳力和凝聚力，而这四力源于一个圈中，那就是龙门文化圈。龙门文化圈概念的提出，是对已有文化区域的重新发现和挖掘，充分发挥原有的文化圈功能，整合文化资源，发展文化事业和文化产业，倡导"龙门文化圈"就是要打造一个文化与旅游结合，文化与现代传播手段结合，文化事业与文化产业结合的强势文化区域。未来要将文化优势转化为旅游产业优势，最终将龙门石窟打造成为在世界范围有较大知名度的龙门文化圈，从而在世界范围形成独树一帜的著名文化品牌。

龙门地区以极其厚重的历史文化内涵孕育了一个极具生命力和深远影响力的文化圈，即龙门文化圈。自东汉以来洛阳就是丝绸之路东端的起点，对外进行经济、文化交流，成为为数不多的文明渊源。从北魏孝文帝493年迁都洛阳始，100多万包括鲜卑族和北方各族的移民融入了中原。从此，洛阳成为北方乃至亚洲的文化中心，其后经过不断发展，鲜卑族文化逐渐与汉文化融合，也为以后形成和发展的盛唐文化奠定了良好的基础。及至唐朝，由于武则天的支持，使这一时期的龙门集佛教文化、山水文化、石窟文化、诗歌文化于一体，成为政治、文化、经济中心。在此基础上整合的龙门文化圈，具有极强的生命力和深远的影响力，相信可以在世界范围内极大地提高龙门的知名度。

（3）世界著名旅游地标

旅游地标是人类对景区的历史、人文、价值的认同。从某种程度上说，地标是时代的积淀、文化的洗礼，同时通过人们传播而得到内心确认，如纽约自由神像代表美式自由价值，巴黎铁塔代表一个钢铁时代的来临。龙门石窟或者卢舍那大佛就是旅游地标，代表着佛教与雕刻艺术融合的典范。龙门景区未来要打造成为世界著名旅游地标。

（二）从全国层面定位

（1）中国"世界文化遗产"示范地

洛阳龙门石窟作为世界文化遗产，在河南、全国甚至在世界上都具有重要影响，对于继承和发扬中华文明、丰富世界文化内容等方面具有重要作用。根据中国世界遗产旅游热的大趋势，要通过对龙门景区的深层次文化内涵的挖掘和全面系统规划建设，在全国文化遗产旅游中，龙门景区要在遗产保护、开发、经营管理等方面起引领作用和示范作用，在全国范围内乃至世界范围内将龙门景区打造成为"世界文化遗产"示范地。

（2）全国首批AAAAA级风景区

目前，龙门景区已经成为国家AAAA级风景区，在此基础上，在景区建设管理和市场开拓方面已经有了长足的发展。根据龙门景区发展基础和发展潜力预期，通过全面科学的系统规划建设，实施景区精致化战略，严格按着国家AAAAA级风景区建设标准要求，重点突出龙门石窟文化和特色主题，创建全国首批AAAAA级风景区。

（三）从河南省层面定位

从河南省层面定位，龙门景区的发展目标是打造河南省旅游第一品牌。河南省旅游资源特别是历史文化资源十分丰富,在全国具有十分重要的地位。龙门景区要进一步深入挖掘文化内涵,提高品位,积极有效利用好特色的资源优势和"世界文化遗产"的品牌优势,通过全面精致科学系统的规划建设,最终将龙门景区打造成为河南省旅游第一品牌。

(四)从洛阳市层面定位

从洛阳市层面定位,龙门景区的发展目标是培育龙门旅游经济区。龙门景区在未来发展面临中部崛起和中原城市群建设机遇,作为中原城市群中重要的支撑点洛阳市,应成为推动中原城市群经济发展的一个主要的推动力量。龙门景区应成为洛阳第三产业的领头羊,但目前龙门景区管理局从管理职能、管理权限等方面,不能满足这样的要求,景区的经济拉动能力小,对于第三产业的带动能力弱。因此规划组认为,洛阳市委市政府要从管理体制入手,借鉴国内外旅游最新管理理念,拓展景区管理范围、拉大景区框架,将龙门景区调整为一个以旅游为龙头,集文化交流、休闲娱乐、观光游览、文艺演出、产品销售等于一体的龙门经济区,逐步带动地区发展,推动本地区全方位开放,从而成为洛阳市一个新的重要的经济增长点。

二、旅游空间布局规划案例

旅游开发空间布局规划就是在综合评价旅游发展潜能的基础上,通过对旅游优先开发的地域确定,旅游生产要素的配置和旅游接待网络的策划,实现旅游空间结构合理及空间布局优化。旅游空间布局规划是旅游规划的重点,主要包括旅游功能区划、重点结构规划和旅游城镇体系(或旅游集散点规划)。这里引用笔者参与的《三门峡市旅游发展总体规划》案例,予以介绍。

(一)旅游功能区划与旅游城镇

根据三门峡市旅游资源特点及旅游业发展现状,统筹考虑区域旅游资源类型、行政区划的地理结构及区域内部协作关系,确定了三门峡市未来产业布局的"一核四区"总体架构:一核即三门峡旅游极核;四区指西部函谷关文化旅游区、西南部原始生态旅游区、东部仰韶文化旅游区、中部城郊休闲旅游区。

(1)一核。范围包括三门峡市区,是三门峡旅游发展极核。发展定位为辐射全市的旅游发展极核城市、构成河南省旅游发展脊柱的重要节点城市之一和国内重要的"金三角"黄河生态旅游目的地城市。

功能定位:城市文化休闲中心和旅游综合服务中心。

(2)东部仰韶文化旅游区(简称"东部旅游区")。东部旅游区指渑池县、义马市所在行政区域以及陕县东部的部分乡镇区域(包括西李村乡、观音堂镇、王家后乡、硖石乡)。该旅游区将依托仰韶文化发祥地的主体文化背景,把以禅宗初祖菩提达摩的葬地闻名世界的空相寺旅游区的开发作为开拓入境旅游市场的重点,以仰韶大峡谷和韶山风景区开发作为带动区域旅游产业发展的引爆点,并梯次开发石峰峪、叠翠谷、清风山等其他相关景点,同时,重视义马市工业城市的生态环保煤城风貌的旅游形象培育,逐步将该区建设成为高品位的复合型旅游产品区域。

功能定位:具有国际影响的仰韶文化圣城、佛教旅游胜地、河南省峡谷山水之旅的亮点和生态环保型煤炭工业城市典范。

区域性旅游中心城市:渑池县城、义马市区。

区域旅游重要节点城镇:南村镇。

(3)中部城郊休闲旅游区(简称"中部旅游区")。中部旅游区指陕县大部分区域(不包括列入东部旅游区的乡镇),主要包括甘山国家森林公园、天井窑院民居建筑群、回春河景区、温泉保健度假区等景区(点)。发展思路为:以甘山国家森林公园档次的提升及其拓展训练基地、冬季滑雪场项目建设为基础,把打造以天井窑院为主要载体的天井窑院民俗文化旅游区为战略重点,把发展入境游作为该区开发的动力和目标,逐步将其建设成为河南省重要的冬季滑雪旅游区、河南省著名的温泉保健度假地和民俗旅游观光的重点景区之一。

功能定位:集豫西民俗观光、温泉保健度假与冬季滑雪专项旅游于一体的城郊休闲旅游目的地。

区域旅游中心城市:陕县县城。

区域旅游重要节点城镇:西张村镇、温塘。

(4)西部函谷关文化旅游区(简称"西部旅游区")。西部旅游区指灵宝市区域。该区资源丰富,以黄帝文化和道家之源为代表的古文化资源优势明显,生态景观优美,资源相对集中,品位较高。由于临近地区同类旅游景区强有力的竞争、地处全省最西部和区位偏离全省客源集中地等缘故,致使游客以近距离为主,中远距离游客较少,总体游客量不高。在未来发展中,关键是重构区域旅游开发理念,即形成三个层面的旅游产品体系:把黄帝文化和道家文化圣地作为本区旅游形象确定的基本标识符号(背景符号);深度打造函谷关旅游区,并适度扩张规模和提升品位,把其建设成三门峡市的王牌旅游产品和河南省文化旅游的骨干景区之一;从促进区域内部协作和实现跨区域旅游联动发展入手,形成以文化旅游、农业旅游和工业旅游为主的具有区际影响的旅游产品体系。

功能定位:中国有影响的寻根拜祖圣地之一、国内著名的名关要塞和道家文化旅游地、具有区际影响的鼎湖湾芦苇荡黄河湿地和亚武山自然观光旅游目的地。

区域旅游中心城市:灵宝市区。

区域旅游中心城镇:豫灵镇、函谷关镇、阳平镇。

(5)西南部原始生态旅游区(简称"西南部旅游区")。西南旅游区指卢氏县区域。卢氏县是河南省面积最大的县,也是河南省植被覆盖率最高的县。该区最大的资源优势就是自然生态景观的原始性。目前,该区域已经被纳入河南省伏牛山旅游开发的大格局之中,区位优势明显,开发潜力巨大。

功能定位:三门峡市后花园;原始生态旅游区、漂流体验、溶洞(群)探险和温泉疗养度假旅游目的地。

区域旅游中心城市:卢氏县城。

区域旅游中心城镇:双槐树(建议撤乡变镇,更名为九龙镇)和汤河。

（二）旅游空间开发重点

在三门峡旅游产业"一核四区"总体布局的基础上，根据三门峡旅游业发展现状以及各旅游区的发展潜能，充分考虑旅游市场培育和营销效果，统筹区域旅游产业的发展和形成具有不同层面影响力与竞争力的旅游产品体系，未来一段时期三门峡市旅游产业空间开发应按照点线面梯次推进方针，实施"点轴驱动、集群开发、重点突破"的发展思路，重点打造三大旅游产业集群，形成两条旅游发展轴线，建设一个旅游特区，即"三二一重点产品布局"，为三门峡逐步发展成为河南省重要的旅游目的地城市提供核心产品地域支撑。

1.打造三大旅游产业集群

（1）三门峡市区旅游核心产业集群。三门峡市区是市域旅游交通枢纽、游客集散中心和服务中心，是三门峡市城市旅游功能的主要载体和实现产业集聚效应的重要支撑。三门峡市区附近旅游资源独特，地域比较集中，可以采取集群式发展战略。首先，积极培育天井窑院民俗文化旅游、天鹅湖生态旅游、温泉保健度假旅游和虢国博物馆文化旅游四大旅游产业增长极，形成产业集聚的生长点；其次，重点发展旅游服务机构和相关行业配套建设，全面整合区域旅游资源，把旅游资源开发、旅游基础设施建设、旅游人才培养、旅游促销、旅游销售、旅游纪念品生产等方面进行合理的组织，形成具有产业分工协作关系，充分发挥三门峡市地方文化优势，把产业发展与地方文化紧密联系在一起，实现旅游产业集群式发展。

（2）函谷关古文化旅游产业集群。该旅游产业集群将以函谷关古文化旅游区为依托和产业增长极，并逐步与周边景区，如黄帝铸鼎原、鼎湖湾万亩芦苇荡等景区进行资源与产品整合，深度挖掘区域文化内涵，完善旅游支撑体系建设和提高旅游服务质量，重视旅游商品生产和销售，形成集群内部联系紧密，分工协作的产业链条。最终发展成为三门峡市具有深度文化内涵的古文化产业集群区域和河南省文化产业集群发展的典范。

（3）仰韶文化山水旅游产业集群。该旅游产业集群依托仰韶文化最早发现地的主体文化背景，重点培育仰韶大峡谷风景区，使其成为东部旅游区的增长极，充分发挥区域增长极对周围景区如韶山风景区、仰韶村文化遗址、空相寺等及相关产业的带动作用，进一步吸引旅游相关要素的聚集或扎堆，实现区域旅游集群式发展。由于东部旅游资源互补性强，区域联合开发和营销前景预期较好，通过进一步完善区域基础设施建设和旅游服务设施建设，营造旅游景区联合和相关要素的聚集环境，使旅游景区间信息通达度进一步提高，相关行业关联度进一步加强，最终形成旅游区及相关要素间内在联系紧密，专业化分工协作网络互动局面。整个集群根植于地方特色的仰韶文化，集群发展要重视整个地方文化氛围的营造，对外形成具有地方特色的旅游产业形象。

2.形成两条旅游发展轴线

从旅游吸引物景观要素构成的角度看，三门峡市域客观存在两条旅游发展轴线，这就是北部的黄河三门峡、小浪底生态观光轴线和中部沿陇海铁路、连霍高速公路文化旅游轴线。与省内外类似发展条件的地区相比，三门峡市域的上述这两条轴线在旅游开发上具有以下特点：

第一,北部黄河沿岸水线由三门峡水库和小浪底水库的部分水域所覆盖,使得该水线成为黄河流域唯一的介于两大水利枢纽工程之间的黄河生态观光轴线。

第二,中部沿陇海铁路、连霍高速公路文化旅游轴线集中了三门峡市域的全部国家级文物保护单位(仰韶村文化遗址、虢国墓地、宝轮寺塔、北阳平遗址、鸿庆寺石窟、庙底沟遗址)和近80%的河南省文物保护单位,[①]旅游资源级别高影响力强,具有开展文化旅游的雄厚资源基础。

第三,该两条轴线位于河南省沿黄河文化长廊之上,河南省旅游发展脊柱的西端,是河南省发展文化旅游的重要组成分。

第四,该两条轴线是有机贯穿三门峡市三大旅游产业集群区,形成区域旅游有机整合,旅游网络互动发展的基础。

3. 建设一个旅游特区

(1)建立旅游规划特区的背景。首先,地理特征上的特殊性。卢氏县位于河南省西部边陲豫陕两省八县结合部,地跨黄河、长江两大流域,东连洛宁、栾川,西与陕西省洛南、丹凤、商南三县接壤,南接西峡,北邻灵宝,地处伏牛山腹地。卢氏县地势西高东低,地貌特征是"三山三河两流域,八山一水一分田"。境内有秦岭余脉分成的崤山、熊耳、伏牛三大山系,崤山和熊耳山之间为洛河川——卢氏盆地,熊耳山和伏牛山之间为五里川——朱阳关盆地。境内大小山峰4037座。最高海拔玉皇尖2057.9米,最低海拔山河口475米,是河南省平均海拔最高的县,堪称河南省西部屋脊。主要河流有洛河、淇河、灌河三大水系,2400多条河流涧溪。其次,旅游资源基础。总体上讲,卢氏县旅游资源种类较为齐全,自然、人文旅游资源兼备,山水景观特别突出。其山水资源主要体现在豫西大峡谷的山水形胜、玉皇山自然生态环境的原始、九龙洞(群)区域的资源组合优越、熊耳山的自然、秀美、汤河温泉的垄断性魅力以及高河的大片原始次生林,还有方兴未艾的洛河和淇河漂流资源等。从旅游资源整体上突出体现了具有良好区域组合关系的自然旅游特色。再次,旅游发展要求。鉴于卢氏县的资源特点,其国民经济发展将以自然生态旅游产业为重要依托,卢氏旅游特区功能定位为休闲度假旅游特区。位居河南省第一面积大县的特点,使该特殊自然旅游单元具有无形的重大号召力;另外,地处军事禁区的特点,使其旅游发展具有一定的特殊性,使其有条件成为专门发展国内旅游的品牌景区。通过有序建设,完全有条件把该区打造成国内一流的原始生态自然旅游特色旅游区。值得强调的是,该自然旅游特区的发展也将提升三门峡文化山水生态城市的形象定位,使三门峡对外的旅游认知中有关自然旅游的形象更加具体和鲜活,是三门峡发展山水生态旅游产业的最有力补充,也是从区域总体上构筑三门峡自然旅游的必然举措,能够赢得更广泛的旅游产品关注。而且,该自然旅游特区也将丰富河南省旅游总体规划中关于"建立伏牛山旅游特区"的规划思路。

(2)建立旅游特区的思路。以卢氏"三山、三河、两盆地"为骨架,以优美的自然风光为基础,以观光休闲、避暑养生为主题,以玉皇山开发为龙头,以豫西大峡谷景区开发为

①　见《三门峡市重点文物保护单位名录》,三门峡市文物局,二〇〇三年六月。

突破,以淇、灌河漂流、汤河温泉开发为热点,以九龙洞、熊耳山开发为烘托,以高河探险及西虎岭开发为后备,以文化景点开发为衬映,以发展国内旅游为目标,强力开发生态观光游、休闲度假游、科考探险游、保健养生游,积极拓宽引资渠道,构建各具特色、分工明确,具有互补效应的旅游地域网络系统。将卢氏县建设成为以旅游为产业特征的国家级生态示范县,并最终成为中原闻名的原始生态旅游特区。

三、旅游产品规划案例

(一)旅游产品系列开发

就资源基础和未来发展潜力,三门峡主要应建设与发展以下旅游产品系列:

(1)文化旅游产品Ⅰ。主要包括函谷关古文化旅游区、仰韶村文化遗址、陕县天井窑院民俗文化旅游、空相寺、黄帝铸鼎原等具有发展入境游潜力的产品群,处于旅游产品开发的最高层面。

(2)博物馆旅游产品Ⅱ。主要包括虢国博物馆、渑池仰韶文化博物馆等具有体现区域文化品位功能的专门旅游产品组合,目前具有国家级影响力。随着旅游产品品级的不断提高,这里有望成为具有国际级影响的旅游产品。

(3)以自然观光为主的生态旅游产品Ⅲ。主要包括天鹅湖、仰韶大峡谷、鼎湖湾芦苇荡旅游区、豫西大峡谷、九龙洞(群)风景区、韶山风景区等具有区际影响力的产品群。通过规范经营和强力营销,有望提升为国家影响级。

(4)温泉疗养度假旅游产品Ⅳ:主要包括温塘温泉度假区、卢氏汤河温泉疗养地等。通过规范经营和强力营销,有望提升为国家影响级。

(5)红色旅游产品Ⅴ。主要包括刘少奇旧居、八路军渑池兵站、中共豫西特委扩大干部会议旧址等具有区际级影响的红色旅游产品。通过品位提升和强力营销,有望提升为国家影响级。

(6)工、农业观光旅游产品Ⅵ。主要包括河南中原黄金冶炼厂、义马煤业(集团)有限责任公司、湖滨果汁有限责任公司、河南仰韶酒业集团、灵宝桐沟金矿等工业观光游和灵宝大王镇明清古枣园、灵宝寺河山高山果园,陕县店子乡回春河景区、菜园乡陕州桃王观光园、张村镇天井窑院等具有地方意义的农业旅游产品群。通过品位提升和强力营销,有望提升为区际影响级。

(7)山地休闲度假旅游产品Ⅶ。主要有玉皇山国家森林公园、甘山国家森林公园等。前者将成为三门峡最重要高山度假旅游目的地,后者将成为理想的城郊休闲旅游目的地。

(二)升级传统的文化、观光、度假等旅游产品

随着经济社会的迅速发展,因旅游需求的变动和牵引,旅游市场的需求发生了很大的变化,DIY时代的到来使得每个游客都希望成为"特殊的旅游者",追求独特的感受和经历。这就要求使游客大饱"眼"福的传统旅游产品,必须顺应旅游需求的变化,不断升

级换代、推陈出新,否则就会逐渐丧失旅游吸引力和市场竞争力。针对三门峡市的实际情况,应进一步开发文化观光、生态观光休闲、都市旅游等系列旅游产品。

(三)新型旅游产品开发

鼓励合理的新兴旅游产品和替代型旅游产品的开发。例如,漂流等有惊无险、游客体验型强、客源区域性强、启动资金少而见效快的新兴旅游产品;另外,三门峡市地处北秦岭,地质地貌突出,可以适度开发修学、教育旅游、探险旅游等旅游产品;还可以利用废弃的矿井开展工业旅游、参与性强的采摘农业旅游,也可适时开展红色旅游等替代性旅游产品。对于众多不同类型的新兴旅游产品都可以因地制宜的开发,此类旅游产品可以与传统的旅游产品结合起来,达到扬长避短的多赢效果。

第九章

快题设计在城乡规划中的应用

　　快题设计是遴选设计人才的重要考察手段,能够快速检验设计者的分析、归纳和表达能力。快题设计同时也是设计者推敲、比选和深化设计构思的有力工具。此外,简明而直观的构思图解和快速表现还是设计者与业主或其他合作伙伴之间进行沟通的有效手段。

　　作为沟通手段的规划设计快速表达,强调简单易懂、突出重点,与设计阶段或某个具体问题直接相关。无论出于哪种需要,快题设计都要求设计者具备系统的规划设计常识和敏锐的图解思考能力。快题设计的表达方式以徒手为主,允许使用尺、规等工具,应根据时间和个人擅长的方式决定。适用的笔通常不受限制,铅笔、绘图笔、美工笔、马克笔、彩色铅笔等绘图工具均可选用。

第一节　规划快题方案设计

一、审题分析

　　在实际工作中规划设计任务书的内容包括项目立项的缘由、项目的重要性、基地所在区位的优势和劣势、基地概况描述、上位规划对本项目的限制与要求、委托方对项目的初步设想、规划设计应遵循的设计指标、必须完成的图纸内容与文件、设计周期、评审方式、工作报酬等内容。快题考查中,任务书的形式与内容大为简化,一般只涉及重要的技术信息和主要设计要求,值得同学们字斟句酌、细细推敲。

　　审题阶段,同学们应关注以下三方面内容:基地条件、成果要求和设计深度。

(一)基地条件

　　认真阅读题目对基地概况和规划条件的描述。同学们应注意将文字信息与相关图纸结合起来一并解读,从而迅速领会设计的关键所在。需要注意的是,在进入图形思维之前,不要忽略题目隐含的其他限制(或引导)条件,比如项目所在地的特殊地理与气候条件、区位特点、项目周边用地的功能与特点等。

(二)成果要求

仔细阅读题目所设定的成果要求。同学们应合理安排时间,保证按照题目要求的内容、比例和类型完成全部设计成果。在时间和能力允许的情况下,可考虑增加题目要求以外、有助于深化或完善设计成果的内容。

如果题目没有明确规定要求完成的图纸内容和技术指标,同学们应结合常规规划设计成果要求自行拟订成果内容清单。通常情况下,规划设计平面图、空间效果表现图、规划结构分析图是规划快题不可或缺的成果内容。根据具体情况,同学们可在以上图纸基础上酌情增加节点示意图、场地剖面图、沿街立面图等有助于说明设计特点的图纸内容。

常规的快题设计,除图纸成果以外,还需要提供必要的设计说明和技术经济指标。

(三)设计深度

判断设计深度。规划设计快题的用地规模多在 10 ~ 100 公顷。在规定的时间内,一般可理解为用地规模越小,设计深度要求越高。例如,基地规模在 10 公顷左右的设计方案,图纸成果除明确建筑、道路布局等主要内容外,还应对通道、小品、庭院布局等内容进行较为详细的表达。如果用地面积超过 50 公顷,应着重解决基地的分类交通、建筑群体关系、开放空间体系以及技术经济指标的合理性等问题,不必过分追求细节。

二、方案构思

城市规划设计方案的形式不是单一的线性选择,即便是在非常严格的限制条件之下,也具有多种可能。这一现象的存在源于规划设计工作的双重特性——技术性和创作性并存。

(一)方案构思的技术性

技术性的要素是支撑规划设计构思的骨架。存在明显技术错误或漏洞的设计成果会立即失去竞争优势;倘若漏洞频繁或基本技术理念存在错误,则无论其创意如何精妙、表达如何生动都将彻底失去竞争的机会,成为被淘汰的对象。

从事专业工作的人员首先应该充分了解相关技术知识结构,进而通过不断学习和反复实践做到熟练掌握和灵活应用。其次,正确运用城市规划的技术体系还是一个需要不断更新的过程。基于社会、经济、技术、文化等综合因素的不断发展,城市规划领域的技术与要求也不断经历着适应性的调整,城市规划行业的从业人员需要随时关注政策性指导意见和市政新闻。

(1)规划设计要符合国家和地方的相关技术规定

掌握和熟悉城市规划行业领域内的法规、规范和技术标准是开展规划设计的基本条件。进行城市规划快题设计,同学们必须在不能查阅任何参考资料的情况下完成规定的设计成果,因此具有较高的工作难度。

以下法规、规范和技术标准是根据全国注册规划师资格考试大纲要求提出的,初涉专业设计领域的同学们可在普遍了解的基础上,有重点地掌握其中的常用内容。

①《中华人民共和国城乡规划法》及其配套法规、规章。

了解《中华人民共和国城乡规划法》;熟悉《历史文化名城保护规划编制要求》《城市绿化建设指标规定》《城市绿线管理办法》《城市紫线管理办法》《城市蓝线管理办法》《城市黄线管理办法》《停车场建设和管理暂行规定》;掌握《城市规划编制办法》及其实施细则、《城市规划强制性内容暂行规定》。

②城市规划技术标准和技术规范。

了解《城市规划工程地质勘查规范》《城市用地竖向规划规范》《城市道路交通规划设计规范》《城市道路绿化规划与设计规范》《城市工程管线综合规划规范》;熟悉《城市用地分类与规划建设用地标准》《城市规划基本术语标准》;掌握《城市规划制图标准》《城市居住区规划设计规范》。

③与场地设计相关的技术规范。

熟悉《城市道路和建筑物无障碍设计规范》《高层民用建筑设计防火规范》《建筑设计防火规范》。

(2)规划设计要符合国家和地方倡导的政策方针

①改善生态环境质量,提倡可持续发展。

中国城市建设已逐步将关注的重点转向城市生态环境质量和生态安全。在规划设计中结合生态环境保护和可持续发展的理念,可以体现出设计者良好的职业素质和社会责任感。

②节约使用各种能源,节省土地资源。

在可持续发展的理念框架下,近年来城市规划工作越来越强调节约使用各种能源,特别是节省土地。住房和城乡建设部先后发出了若干通知,要求清理整顿现有各类开发区、控制建设低密度高级住宅、限建宽马路与大广场以及有关建筑节能的规定等。

③保护城市历史文化风貌,突出地方特色。

保护城市的历史文化风貌和地方特色也是近年来城市规划的工作重点之一,应熟悉历史文化保护区和历史建筑保护的相关内容,掌握紫线的含义和划定方法。

(3)规划设计要符合地方风俗习惯

不同地区的城市存在社会经济发展水平、历史、地理、文化与风俗习惯的差异,规划设计应予以充分的尊重,采取适当的措施。通常,规划快题都以所在地区作为默认的基地所在地,同学们应注意掌握当地的风俗习惯和设计要点;如果考题明确指出基地所在的城市名称,同学们则需要运用自身积累的经验判断其中是否隐含了历史文化名城、特殊的历史、地理及风俗习惯等设计条件。

(4)规划设计要符合题目要求的设计目标和技术深度

题目要求的设计目标和技术深度是进行成果评析的直接依据,要避免先入为主、仓促动手的主观盲目,按照要求完成设计成果。

(二)方案构思的创作性

创作性的要素是支撑规划设计构思的灵魂。创作性的内容则很难像对待技术问题

一样用"对"与"错"来评判,但恰到好处的构思往往来源于对专业技术的巧妙运用和深刻理解。良好的创意常常具有以下特点:

(1)立意贴切

设计工作需要一定的灵感,但追求方案的新意并不意味着思路的信马由缰。规划设计与纯粹艺术创作之间最本质的差别,在于前者的创作性不能脱离特定需求以及专业技术语境。

规划设计的对象是特定的城市土地和空间,设计的核心目标是改善生活环境质量、促进社会经济发展。不同的地区有不同的气候、地理环境条件、不同的经济发展水平;不同的城市功能区需要营造不同的氛围、提供不同的设施。规划设计首先要考虑的问题就是立意要切题,要符合具体情况,解决实际问题。

(2)构思巧妙

构思新颖巧妙的方案总会令人精神振奋。一个技术上无懈可击的设计方案并不一定是最好的设计方案,可是创意独特的设计方案却不允许存在技术漏洞。良好的创意往往具有以下两个特点:①丰富的启发性,提供多种选择的可能;②技术的合理性,具有深化和优化的可能。

(3)提高效益

规划设计工作与人们的生产生活密切相关,讲求社会、经济与环境的综合效益最大化。能否经济、有效地解决实际问题、提高综合效益,是设计成果评析过程中一项重要的内容。富有新意的设计成果应能够体现创造性构思的实用价值。

(4)形式美观

赏心悦目的成果是设计工作本身具有的基本要求。必须设法将构思进行充分的表达,运用恰当的方式、尽可能美观地表达设计意图。

如前所述,出色的城市规划设计工作需要兼具合理性和思路的创新性。无论是从哲学和美学的角度,还是从技术与可行性的角度,规划设计方案都呈现出"多解"的特点。从这个意义上说,规划设计是一个不断优化的过程。

三、空间释义

在设计过程中,随着设计工作的深入,设计师用于阐述空间的透视图、节点详图越详尽——从抽象迈向具体、从犹豫转为肯定,这是设计工作接近尾声的标志。

(一)总平面图

总平面图用于反映设计的整体构思,总平面图应清晰、准确地反映用地的边界,道路的等级和其他与外围道路的衔接,道路红线和车行道宽度,河流水系的边界及两侧开放空间的控制范围,绿地与公共空间的形式,与重要市政设施的位置,建筑物的轮廓和群体关系,建筑物的主要出入口位置,特殊地形的场地竖向处理方案等。二维的平面图设计对应着可能的三维城市空间,有经验的设计师通过研读一张总平面图,可以在脑海中迅速形成建成空间的轮廓与特征。

总平面图除了反映整体构思之外,还具有一定的工程特征,尽管并不强调技术细节,但仍要求同学们熟练掌握常用的住宅进深和面宽、典型公共建筑的轮廓特征、建筑间距要求、城市干道和支路的通用红线与路面宽度、乔木的常见树冠直径等内容,否则难以动笔。

作为规划设计最重要的设计成果,总平面图应该做到详细、准确和清晰。务必做到图纸内容科学、合理,符合题目要求深度,图纸绘制规范,各项技术参数准确,必要的细节有恰当的交代。总平面图构思和绘制的过程主要包括以下步骤:

(1)结构设计

根据题意和基地特点设计整体规划结构,为进一步的深化设计打下科学合理的基础。规划结构设计的主要任务包括在规划用地内进行功能分区,大致确定道路系统、绿地和开放空间体系的布局,以及初步确定景观轴线和重要节点等。

(2)组群设计

根据任务书提供的基础技术数据,分类计算建筑规模、建筑密度和容积率等重要指标,并进一步将这些指标分解到第一个步骤设定的规划用地片区中,根据各地块大致分得的建筑规模与开发强度进行组群平面布局。

(3)建筑设计

在组群布局的基础上进行调整、完善和深化,包括核算技术经济指标、细化建筑单体轮廓和必要的修饰与美化。不同功能与类型的建筑在空间布局上存在明显的差异,因而,掌握几种典型功能建筑的单体建筑形式和组合模式是非常必要的。如多层、中高层、高层住宅的标准单元尺寸和常见组合形式,多层、高层办公建筑、商业、旅馆建筑,学校、幼托建筑以及附带大空间的文体建筑形式等,都是规划设计总平面设计中常遇到的内容。

(4)环境设计

通过环境设计对规划设计总平面进行调整和完善是形成最终成果的最后步骤,也是提升画面质量、表现设计综合素养的关键环节。通常,重要的开放空间体系在"结构设计"环节已基本确定,本步骤的主要任务是根据建筑布局特色进行必要的深化和功能性的细节完善,包括对通道、停车等功能设施的交代,以及绿地、水系、院落等的形式布局。环境设计步骤应注意突出重点,强化整体平面布局的秩序感和韵律感,着重反映设计特色。

上述设计环节应遵循由浅至深、由粗到细、从模糊到明晰的思维过程。后一步骤是在前一步的基础上展开,但不应局限于前一步,应随着设计思路的逐步深入而不断检视、修正此前完成的工作,举一反三,逐渐趋向成熟与完善。

(二)表现图

表现图是用于表达设计概念和设计成果的重要图纸。需要明确的是,规划设计方案过程中绘制表现图不同于艺术创作,应以解释设计构思、模拟建成环境为目的,不宜随意发挥。动笔之前首先要理清思路,在选择透视图角度、构图形式、内容主次和着色方式等环节均应有所计划。

透视,简单的概括就是"近大远小"的制图规律。透视图是用来表达空间效果的主要手段,常见的有以下几种类型:

(1)平行透视,也称一点透视,即画面只有一个灭点,常用于小场景透视或者线性空间透视。此技法比较容易掌握,成图迅速,有较强的空间感。

(2)成角透视,根据灭点的数量可分为"两点透视"和"三点透视"两种。其中,两点透视应用比较广泛。相对于平行透视,两点透视的尺度感比较优越,而空间感稍显不足。三点透视主要应用于鸟瞰图,适合表达广阔的空间场景和总体布局,空间视觉冲击力强,气势磅礴,但绘制难度较大。

(3)轴测,又称无灭点透视,是依据平面图平移成角的原理所形成的特殊透视关系,一般采用30°、45°、60°三种角度。轴测图的优点是:绘制简便,适用于精确、全面展示设计的细节。缺点是描绘较大场景时感觉失真,不易突出空间的层次感。轴侧透视多用于建筑立面和街道界面的表达。

四、设计说明

编写设计说明,一般包括:规划设计依据、规划设计原则、规划设计目标、空间结构特色、技术问题解决方案等。恰当的设计说明可以帮助评阅人迅速了解设计的主旨和特色,从而让更容易发现设计者的独特匠心。设计说明力求简练,避免套话、空话,切忌长篇大论。

第二节　城市规划快题的表现

一、构图技法

(一)卷面构图

卷面的构图要点在于内容的均衡和比例关系。良好的构图形式具有主次关系明确的特点,有助于设计构思的充分表达、便于解读;反之,失衡的构图往往折射出设计者构思潦草、下笔犹豫的状态,成果表达含糊其辞。

针对规划设计命题,同学们在正式落笔之前应对图纸内容和图面分配进行一次总体安排。这个过程要充分结合题目要求的设计深度、自身特长和方案设计的主要特色,做到清晰、合理、主次分明。

(1)事先安排图纸的量和位置

图纸的内容应根据题目要求确定,额外增加的图纸不宜过多。同学们应尽量在规定图纸的范围内充分表达设计意图。对于没有明确规定图纸内容的命题,应在充分理解题意的基础上安排适当的图纸内容。

图纸目录确定以后,可根据试卷的纸张大致确定各图纸在卷面上的分配。图纸排列应遵照逻辑顺序,从整体到节点、从平面到立面、从二维到三维。总平面图和表现图是快题设计的重点,也是显示同学们设计能力的关键。这两张图纸通常分别位于答卷的第一页和最后一页,前者着重表现设计者的专业技术水平和空间组织能力,后者则主要反映设计者的表现力和空间设计能力。

（2）统一体例

在同一份快题答卷上应使用同一字体和图例。此外,是否使用尺子,选用何种绘图工具均应根据题目特点以及设计师自身特点预先确定,但务必要前后统一。

（二）表现图构图

透视图用以表达设计的空间和形体效果,要求绘图者具备较强的空间构思能力和表达能力。透视图讲究布局均衡,重点突出,层次分明,场景生动,构图时应注意以下几个问题：

（1）画面比例与均衡

①确定画面的长宽比例应从表现对象的特点出发。如表现高耸感,宜采用竖幅;表现开阔感,宜采用横幅。

②画面应稳定均衡。采用对称构图,其均衡中心在对称轴上。采用不对称构图,其"支点"即均衡中心,也是画面重点表达的焦点。形体、明暗、色彩、虚实都是构成均衡的要素。

③由于某种考虑选择"偏心"画面构图时,通常可在"轻"的一侧增加配景,使画面恢复平衡。

（2）对象大小及位置

①主要表现对象应居于画面显著位置,通常处于纵横黄金分割线交点。

②为表现城市空间场景,规划设计常使用鸟瞰手法,不仅表现设计的重点局部,还应兼顾整体效果,以及与周围环境的关系。构图时应注意重点表现的对象在画面中不宜过小或过大,避免主次不清或画面失衡。

③主体对象周边要适当留空,建筑的主要线条不要紧贴画面边缘,以免造成压迫感。

（3）层次与空间

场景一般分为近景、中景、远景三个层次。通过遮挡、留白、衬托、浓淡等不同处理,可使画面场景重点突出,层次丰富。近处的物体可刻画细部,着重表达;远处的物体则粗略表现,点到为止。适当留白不仅节约时间,也有助于画面的疏密有致。

二、表现技法

（一）平面图

（1）内容整洁、清晰

绘制时应避免手肘大面积摩擦画面。为保持图面整洁,可以在画面与手之间垫上拷贝纸。此外,绘制平面图应注意利用线条的粗细变化和阴影的刻画,使画面富有层次感。

（2）恰当的图面着色

平面图的着色多采用常规色彩,为达到更好的图面效果,同学们应该选用自己习惯的绘图工具以及配色方案。着色关键是:尽量使用固有色。如水——深蓝色、草地——黄绿色、树木——深绿色等。

（二）表现图

（1）透视角度

通常情况下,可以根据设计的重点来选择透视角度。无论是透视还是轴测,主要的表达内容应安排在黄金分割点的延长线左右。其中:

①小场景表现以一点透视和两点透视的正常视高(约1.7m左右)为宜。

②场面较大的街景或者城市界面的表现,以三点透视和轴测图为宜,视点的高低选择根据场景的大小而定。

（2）实践技巧

①平涂着色,这是着色步骤中最稳妥的方式。使用接近物体自然色彩的颜色进行平涂,彩色铅笔是最可靠的工具。

②突出重点,绘制表现图的过程中时常会出现"思维短路"的现象,为保证图面的完整性,应在任何情况下都以重点为先。

（三）结构分析图

城市规划设计图纸中的结构分析图可以分为构思与图解两种类型:前者是设计者在方案构思过程中的思路再现;后者则是方案形成以后帮助读者读图的图示手段。

（1）构思类型分析图

构思类型的分析图画法不拘一格,以汇集设计要素、推敲功能与空间关系为主要目的。这类分析图往往并不因循某种比例,线条自由多样,工具信手拈来;设计者需要从纷繁复杂的已知信息中整理头绪,因此可以说是设计师思维活动的图形再现。构思类分析图通常涉及的要素包括地形、日照、风向、周边交通和设施条件、基地中重要的自然和人文遗迹等内容。通过对基地内、外既定影响因素的解读和判断,形成设计的主题和出发点。这类分析图只有能够令其他人理解的、有助于说明方案结构的情况下才可以呈现在快题设计方案中。

（2）图解类型分析图

图解类分析图一般可分解为功能结构图、道路与交通系统结构图、组群结构关系图、绿地和景观系统图等。绘制系统结构分析图的目的是进一步说明设计方案的结构特征、突出设计特色,因而要力求简洁明了。

图解类分析图通常需要遵循一些约定俗成的规则。例如,住宅区规划设计的结构分析图一般以"住宅组团与公共建筑""道路与步行系统""绿地与开放空间系统"等为主要表达对象;而综合型城市中心规划设计的结构分析图常常以"轴线与分区""功能结构""交通系统""绿地和开放空间"等内容为主;城市设计类结构分析图解,以表达"功能关系""空间关系""交通组织""景观特色"为核心,可根据具体情况进行适当的组合或拆解。此外,图解类型的分析图是重点表达设计方案构思特色的最佳时机,设计者应利用这个机会强调设计方案的重点和特色。

图解类分析图在画法上多采用点、线、圈、箭头等图形要素。为突出设计的层次感和空间要素的主次关系,在运用上述要素时常用一些必要的特殊处理:实与虚、粗与细、大与小、重叠与交叉,乃至不同的色彩都是常见的绘图手段。

(四)附件

根据设计任务书的要求和专业绘图常规要求检查是否缺项,如图题、指北针、比例尺、图例以及必要的标注等。

(1)图题

快题设计中的任何一个图都需要表明图题,如总平面图、鸟瞰图、透视图、结构分析图等。一般来说,一套图纸中图题的位置应该保持一致,比如皆标注在图纸的正上方或正下方,以免同一卷面中多个图纸内容相互混杂,影响整体图面的逻辑关系和表达效果。

徒手表达的快题设计中的图题需要设计者亲笔书写,所以需要同学们课下有意识训练提高自己的美工字水平。

(2)指北针

指北针是任何城市规划设计方案不可或缺的工具。需要同学们熟练掌握指北针的画法。

(3)比例尺

比例尺标注可以用数字标注,也可以用比例尺标注。需要注意的是,比例和比例尺是图面必不可少的技术标注,不应过分强调标新立异以致难以判读。

(4)图例

图例是设计图纸中用于表示特定设计对象的图形符号。图例常设计成与实地景物轮廓相似的几何图形。当然,最好的方法是参考建设部颁发的《城市规划制图标准》中所列出的图例,这样便于图纸的理解和交流。

第三节 学生快题设计成果实例

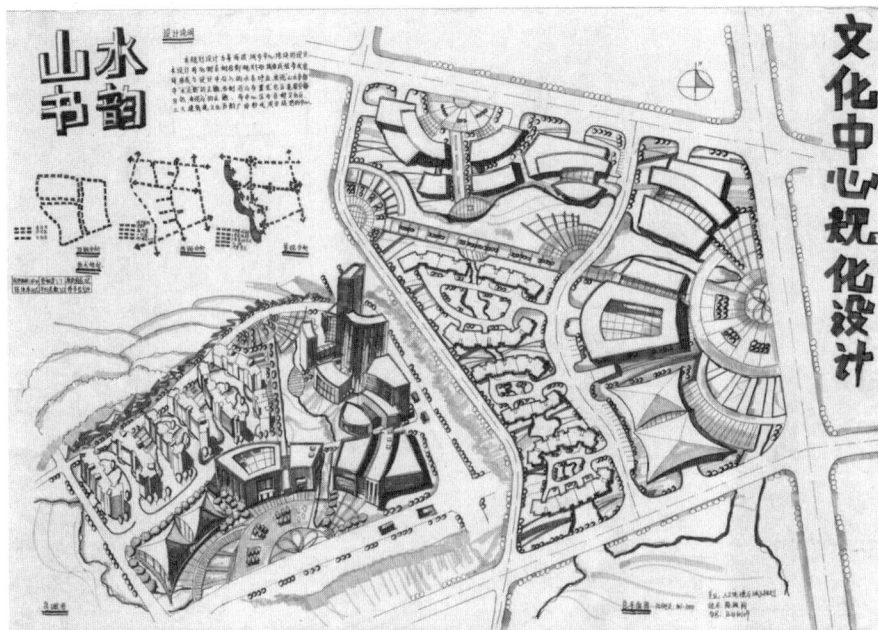

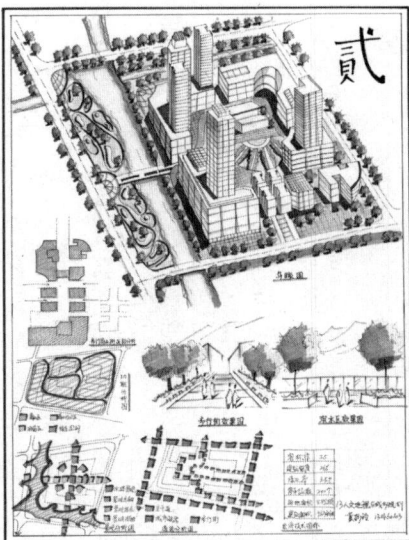

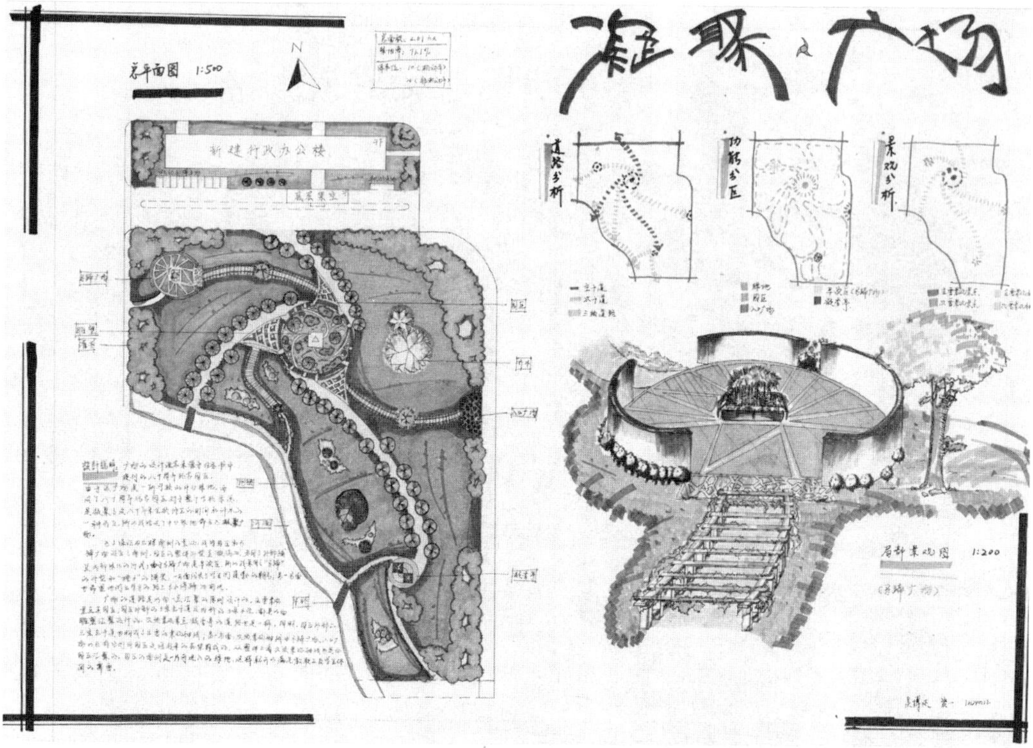
总平面图 1:500
新建行政办公楼
道路分析
功能分区
景观分析
局部景观图 1:200

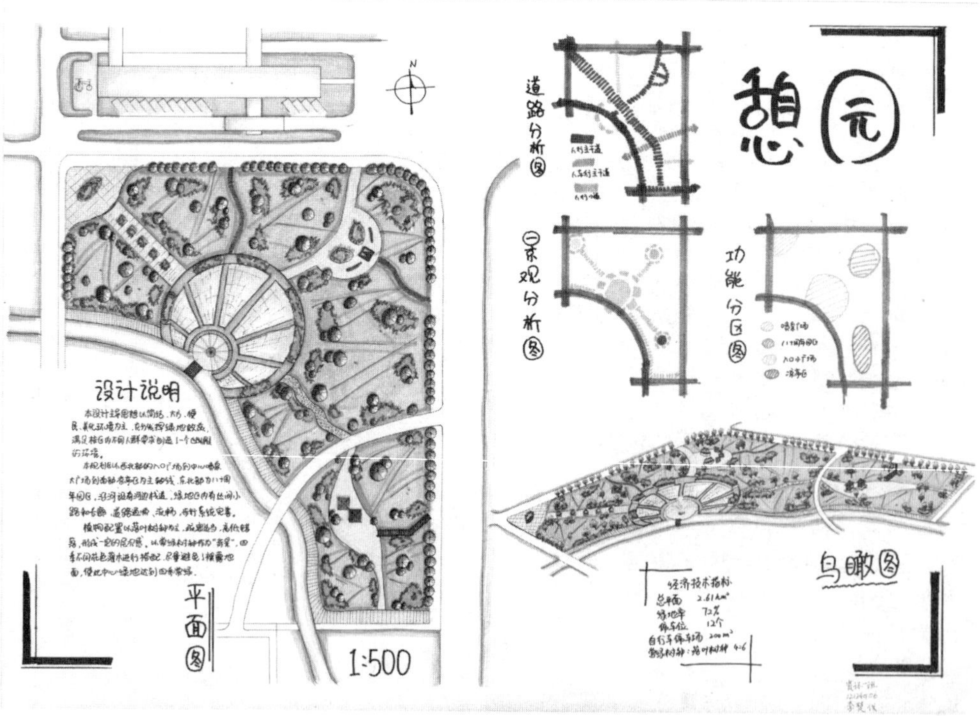
憩园
道路分析图
景观分析图
功能分区图
设计说明
平面图
1:500
鸟瞰图
经济技术指标

第十章

3S 技术在城乡规划中的应用与案例

城乡规划是指根据城乡的社会和经济发展目标对城乡建设实施全过程控制的一种统筹规划,在合理利用土地、调控经济条件、改善人居环境和保障经济社会可持续发展等方面发挥了重要作用。但城乡规划的现状也存在一些问题,例如对城镇整体风貌、开发强度和建筑特色掌控不足以及对基础设施建设缺少系统的梳理和协调等,致使广大城乡规划者一直在寻求一种技术形式,能够准确并全面地对城乡及其周围环境进行立体空间分析和制定解决方案。

进入 21 世纪以来,科学技术在改变世界面貌和人类生活中发挥着巨大的作用。地理信息系统、遥感技术和全球卫星定位系统在各种领域中扮演越来越重要的角色,其相互依存、共同发展、构成一体化的技术体系,被广泛地应用于资源开发利用、环境治理评估、区域发展规划、市政工程建设和交通安全管理等领域,成为资源环境、地球科学、测绘勘探、农林和水利部门开展工作的重要技术方法和辅助决策手段。随着 3S 技术(GIS、RS、GPS)进入城乡规划领域,其强大的数据采集与编辑、管理与组织、空间分析和模拟功能,被广泛用于城乡规划领域的各个方面,从规划编制到规划管理,从前期资料收集到后期成果出图,从详细规划到区域规划,从综合性的总体规划到专业性的专项规划,从项目选址到规划实施的监督。不同阶段的用户有着不同的应用侧重点,如数据采集者应用 GPS 的快速定位、RS 技术大范围数据的采集;管理部门主要应用 GIS 空间数据库的查询显示等功能;而在编制设计部门则更注重 GIS 的空间分析功能,甚至将 GIS 空间数据库与规划专业分析模块相结合。3S 技术的迅速发展,在数据采集、存储模式、处理方法等方面不断提供新的手段,成为“数字地球”“数字城市”的核心技术支撑,推动城市规划技术应用不断向更高层次发展。

ArcGIS 以及 ENVI 软件作为 3S 技术中的代表软件,可以为行业问题提供优秀的解决方案,本章以 ArcGIS10.0 和 ENVI5.1 为平台,重点介绍其在城乡规划中的应用情况。

第一节　3S 技术在城乡规划中的作用

一、3S 技术简介

3S 技术是既相互独立而在应用上又密切关联的高新技术的简称,3S 技术的集成是当前测绘技术、摄影测量和遥感技术、地图制图技术、图形图像技术、地理信息技术、计算机技术、专家系统和定位技术及数据通讯技术的结合与综合应用。

地理信息系统(GIS):是在计算机硬、软件系统支持下,对整个或部分地球表层(包括大气层)空间中的有关地理分布数据进行采集、储存、管理、运算、分析、显示和描述的技术系统。它是一门综合性学科,结合地理学与地图学以及遥感和计算机科学,已经广泛地应用在不同的领域。

遥感(RS):遥感技术是近年来蓬勃发展起来的一门综合性的空间信息科学,它是指利用飞机、卫星等空间平台上的传感器,从空中远距离进行观测,根据目标反射或辐射的电磁波经过校正、变换、图像增强和识别分类等处理,快速地获取大范围的地物特征和周边环境信息,获得实时、形象化、不同分辨率的遥感图像,具有探测范围大、资料新颖、成图速度快、收集资料方便等特点,遥感图像具有真实性、直观性、实时性等优点。

全球定位系统(GPS):是一种结合卫星及通讯发展的技术,利用导航卫星进行测时和测距。具有精确定时、勘探测绘、导航定位等功能。

当前,在空间遥感信息获取技术方面正日趋完善,一个多层次、多立体、多角度、全方面和全天候的对地观测网正在形成,未来,人们将看到高、中、低轨道结合,大、中、小卫星协同,粗、细、静分辨率互补的全球系统。在信息与数据处理方面,将加速技术整合,实现遥感制图、GIS 和 GPS 的一体化与全数字化,在应用领域中,将强调信息共享,逐步实现国家自然资源与环境空间信息基础设施的网络化,提高综合分析能力,扩大空间信息使用的社会效益和经济效益。3S 的相互作用与集成如图 10.1 所示。

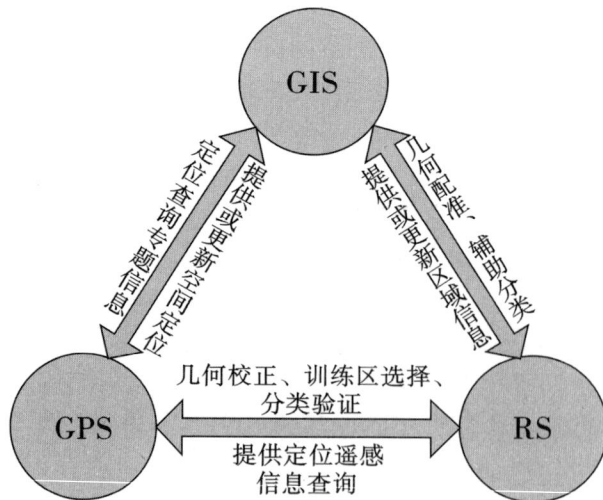

图 10.1　3S 相互作用与集成

二、3S 技术在城乡规划中的作用

3S 技术综合了 GIS、GPS 和 RS 的优点,提供了强大的数据采集与编辑、数据存储与管理、空间分析功能和模拟,使其广泛用于城乡规划的辅助设计、空间控制、辅助决策等工作当中。

(1)现状调研阶段

可以利用 RS 技术、GPS 技术采集、组织和管理现状数据,如土地使用现状数据、道路数据、市政设施数据、地形数据、影像数据等。

(2)现状分析阶段

①利用 GIS 的叠加分析功能,计算容积率、评价用地的适宜性;

②利用空间统计功能,挖掘地理事物的空间分布规律;

③制作土地利用现状图;

④利用交通网络进行设施优化布置和可达性分析;

⑤利用空间相互作用模型分析城镇的吸引力和势力圈,用于行政区划调整;

⑥构建虚拟城市,利用三维分析实现城市规划。

(3)规划设计阶段

①结合城市演变模型预测城市演变;

②通过多准则决策分析,预测不同政策条件下的用地变化;

③市政和公共设施布局的优化;

④规划景观的实施模拟;

⑤场地填挖方分析;

⑥规划制图等。

(4)规划实施阶段

①管理规划编制成果、基础地形、市政管线及相关的各类信息,为规划业务提供信息;

②利用规划管理信息系统,开展各类建设许可业务;

③决策时,模拟建设的三维场景,用于多方案选择和方案优化;

④查验项目申报是否符合相关规划等。

(5)评价、监督阶段

①和 RS 相结合,监测城市、区域的环境变化;

②检查建设项目是否符合规划;

③检查规划的实施效果。

三、3S 在城乡规划中的应用优势

(1)实时、大范围的高精度数据更新

利用 GPS 的精确定位功能、RS 的快速采集更新数据功能,可以提高城市规划建设信息获取的效率,方便地将多种数据源、多种类型的城市规划建设信息输入到数据库系统中。

(2)建立高效集中的规划信息数据系统

可以将大量的纸质资料和 CAD 等多种形式的资料转化为数字资料放入 GIS 数据库

中,进行城市规划建设数据库创建、操作、维护等工作。具体可以用一个拥有万件藏品的博物馆为例,以往的规划制图系统是以藏品的年代和外形区分的展区,藏品的具体位置要靠管理员的记忆力和熟悉度。而 GIS 则是通过建立藏品索引对应至每个展区,高效、准确、快捷地提供每件藏品的各种信息。

(3)快速的信息查询与定位

利用 GIS 的信息查询功能,可以迅速提供用户所需的各种城市规划建设信息(包括空间信息、属性信息、统计信息等),且查询方式可以是多种多样的,如表达方式、图形方式、坐标方式、拓扑方式等。

(4)形象直观的制图功能

可将大量抽象的城市规划建设数据变成直观的城市建设专题地图或统计地图,形象地展示出各种城市建设专题内容、城市建设数据空间分布与数量统计规律。

(5)强大的空间分析和模拟功能

可进行城市规划建设预测、评价、规划、模拟和决策。

(6)多形式的数据输出

可支持多媒体演示及基于多种介质的城市规划建设信息输出,还可用可视化方法生成各种风格的菜单、对话框等。

(7)形成三维空间展示真实环境

可以将二维数据转化为直观的三维空间,并通过空间分析得到需要的数据,快速、准确地用立体造型展现地理空间形象。

(8)便捷的数据共享与服务

可通过 WebGIS、移动 GIS 实现城市规划信息系统的功能共享、数据共享、成果共享等各个方面。

3S 在城市规划中的应用将由传统的数据管理、空间分析,逐渐向动态预测、模拟的智能化方向发展。总之,3S 技术在城乡规划与管理中所起的作用是非常重要的,将有力地推动管理的严密性、决策的科学性、规划的合理性和设计的高质量、高效率。

第二节　ArcMap 制图基础

一、文档的操作

(1)新建地图文档

①单击 Windows 任务栏的【开始】按钮,单击【所有程序】,单击 ArcGIS 文件夹下的 ArcMap10.0 即可启动程序,自动弹出【ArcMap-启动】对话框,如图 10.2 所示。通过单击【新建地图】,可以新建一个空的文档。

图 10.2　ArcMap-启动对话框

②在 ArcMap 中,单击【标准】工具栏上的【新建地图文件】按钮▯或者单击【文件】→【新建】,打开【新建文档】对话框来创建一个新的地图文档,也可以通过快捷键【Ctrl+N】创建。

创建地图文档以后,打开 ArcMap 主窗口,ArcMap 窗口主要有主菜单、【标准】工具条、【内容列表】、【目录】、【搜索】、显示窗口、状态条等 7 部分组成,如图 10.3 所示:

图 10.3　ArcMap 主窗口

城市与区域规划实习指导书

（2）打开已有地图文档

可通过以下五种方式来打开已创建的地图文档。

①在【ArcMap 启动】对话框中，通过单击【现有地图】→【最近】来打开最近使用的地图文档，也可以单击【浏览更多…】定位到地图文档所在文件夹，打开地图文档。

②在【标准】工具条中单击【打开】按钮打开地图文档。

③单击 ArcMap 主菜单【文件】→【打开】来打开地图文档。

④通过快捷键【Ctrl+O】来打开地图文档。

⑤双击现有的地图文档打开地图文档，这是常用的打开地图文档的方式。

这里通过【浏览更多…】打开位于数据（chp10\文档操作\土地使用现状图. mxd），如图 10.4 所示。

图 10.4　打开已有文档

（3）保存地图文档

如果对打开的地图文档进行过一些编辑操作，或创建了新的地图文档，就需要对当前编辑的地图文档进行保存。另外，如果已制作完一幅完整的地图，可将其导出。

①如果要将编辑的内容保存在原来的文件中，单击【标准】工具条上的【保存】按钮或在 ArcMap 主菜单中单击【文件】→【保存】，即可保存地图文档。

②如果需要地图内容保存在新的地图文档中，在主菜单中单击【文件】→【另存为】，打开【另存为】对话框，填写【文件名】，单击【确定】按钮即可保存到一个新的文件中。

③如果需要低版本的 ArcMap 打开地图文档（如 ArcGIS9. x），可以存储为低版本的地图文档。在主菜单中单击【文件】→【保存副本】，打开【保存副本】对话框，填写【文件名】，在【保存类型】下拉选择要存储的版本文档，单击【确定】完成。

④如果在布局视图下已经为地图添加了图例、图名、比例尺等地图辅助要素,生成了一幅完整的地图,可在主菜单中单击【文件】→【导出地图】,打开【导出地图】对话框,将当前地图按各种图片输出。

二、操作图层

ArcMap中,地图文档是由若干图层叠加在一起组成的,既可以向空白地图文档中加载数据,也可以向已有地图文档中添加数据。

（1）加载数据

向 ArcMap 中添加数据有以下几种方式。

①在 ArcMap 主菜单中单击【文件】→【添加数据】→【添加数据】,打开【添加数据】对话框添加数据。

②在【标准】工具条中单击【✛添加数据】→【✛添加数据】添加数据。

③在【内容列表】中右键单击数据框,在弹出菜单中单击【✛添加数据】来添加数据。

④在【目录】窗口中定位到要添加的数据所在文件夹,拖动数据到窗口中,数据即被加载到当前数据框中。

⑤启动 ArcCatalog,在【目录树】窗口中定位到要添加的数据所在位置,拖动数据直接到 ArcMap 窗口中来添加数据。

这里单击【标准】工具条中单击【✛添加数据】按钮,定位到数据(chp10\文档操作\线状道路.shp),如图 10.5 所示。

图 10.5　添加数据后的地图文档

（2）更改图层名称和显示顺序

①默认情况下,添加进地图文档中的图层以其数据源的名字命名,也可以根据需要更改图层的名称,在需要更名的图层上单击左键,选中图层,再次单击左键,图层名称进入可编辑状态,输入新名称即可。也可以双击图层打开【图层属性】对话框,在【常规】选项卡下【图层名称】文本框中来设置图层的名称。

②ArcMap 内容列表中的图层的顺序按照点、线、面的顺序进行组织,如果需要调整图层顺序,在【内容列表】单击选中图层名称按住鼠标左键向上或向下拖动到新位置,释放左键即可完成。

（3）关闭/显示图层

取消勾选 ☐ ☑ 现状道路 前的小勾,该图层被关闭,地图窗口该图层的内容会消失;勾选上,内容会再次出现;如果图层范围没有在视图内,可以在图层上单击右键,选择【缩放至图层】即可缩放到图层范围。

（4）设置图层的透明度

在"土地利用现状图.mxd"文档中,双击"现状道路"图层,或者右键单击该图层选择【属性】,打开【图层属性】对话框,切换到【显示】选项卡,设置【透明度】为30%,如图10.6所示,单击【确定】后图层有了透明度。

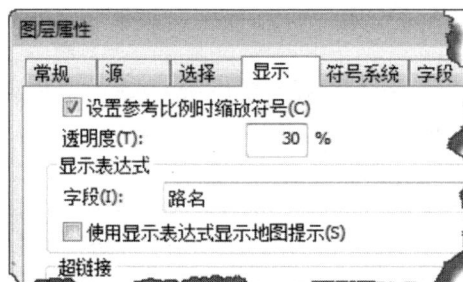

图 10.6   设置图层的透明度

（5）设置图层的比例尺

通常情况下,不论地图显示的比例尺多大,只要在 ArcMap 内容列表中勾选图层,该图层就始终处于显示状态。如果地图比例尺非常小,就会因为地图内容过多而无法清楚地表达。若考虑小比例尺地图,当放大比例尺的时候可能出现图画内容太少或者要素线划不够精细的缺点,为了克服这个缺点,ArcMap 提供了设置地图显示比例尺范围的功能,可以设置图层的绝对比例尺和相对比例尺。

①设置绝对比例尺。打开图层"现状道路"的【图层属性】对话框,单击【常规】标签,切换到【常规】选项卡,在【比例范围】下单击选中【缩放超过下列限制时不显示图层】单选框,填入缩小超过和放大超过的比例来设置图层的绝对比例尺,单击【确定】按钮完成操作。

②设置相对比例尺。在地图显示窗口中,将视图缩小到一个合适的范围。右键单击图层行政区界,单击【可见比例范围】→【设置最小比例】,设置该图层的最小相对比例

尺;放大视图到一个合适的范围,单击【可见比例范围】→【设置最大比例】,设置图层的最大相对比例尺。缩放视图的过程中在最小相对比例尺和最大相对比例尺范围内的图层中的内容会显示,超过此范围外的比例尺下视图将不会显示相应图层内容;如果不想对图层使用绝对比例尺和相对比例尺,可单击【可见比例范围】→【清除比例范围】来清除设置的比例尺。

（6）导出数据

可将 ArcMap 中的图层导出为 Shapefile 文件、文件和个人地理数据库要素类以及 SDE 要素类,下面以导出 Shapefile 文件格式的数据为例。

①在【内容列表】中右键单击图层"现状道路",单击【数据】→【导出数据】,打开【导出数据】对话框,如图 10.7 所示。

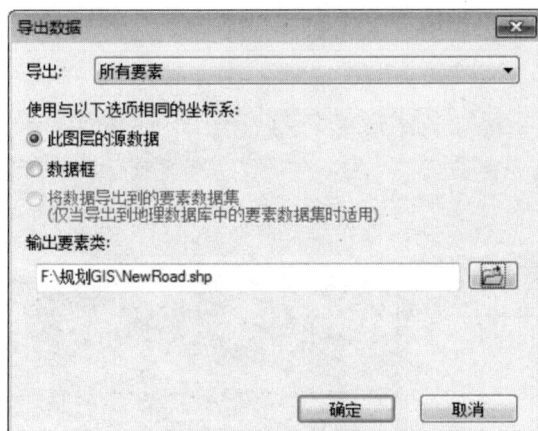

图 10.7　导出数据对话框

②单击【导出】下拉框,选择"所有要素"。在【使用与以下选项相同坐标系】区域中单击选中【此图层的源数据】单选框。如果单击选中【数据框】单选框,导出数据的坐标系统与数据框的一样。

③单击【输出要素类】区域中单击【浏览】按钮📂,打开【保存数据】对话框为导出数据指定保存位置和名称。单击【确定】后即可完成数据的导出。

（7）图层的符号化

地图符号是表达空间数据的基本手段,是地图的语言单位,是可视化表达地理信息内容的基础工具。它不仅能表示事物的空间位置、形状、质量和数量特征,而且还可以表示各事物之间的相互关系及区域总体特征。地图符号由形状不同、大小不一、色彩有区别的图形和文字组成,不仅具有确定客观事物空间位置、分布特点及质量和数量特征的基本功能,而且还具有相互联系和共同表达地理环境各要素总体的特殊功能。

①在【内容列表】中右键单击图层"现状道路",选择【属性】,打开【图层属性】对话框,选择【符号系统】选项,如图 10.8 所示。单击右侧符号下的按钮,可以为道路选择相应的符号,并设置颜色、宽度等属性,如图 10.9 所示。

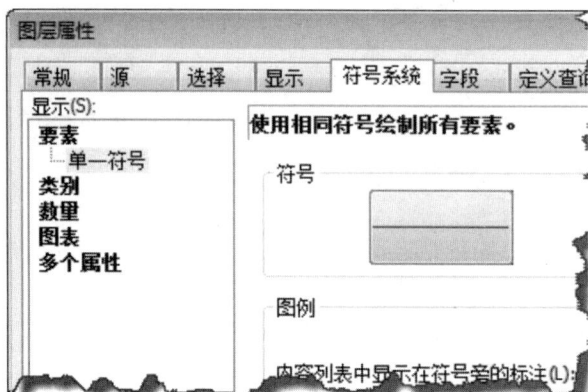

图 10.8   符号系统选项卡

图 10.9   符号化的结果

②在【符号系统】选项卡左侧面板中单击【类别】下的【唯一值】,如图 10.10 所示,在右侧面板值字段中下拉选择【路名】,单击【添加所有值】,【现状道路】图层中的所有要素被添加过来,选择一种色带,单击【确定】,结果如图 10.11 所示。

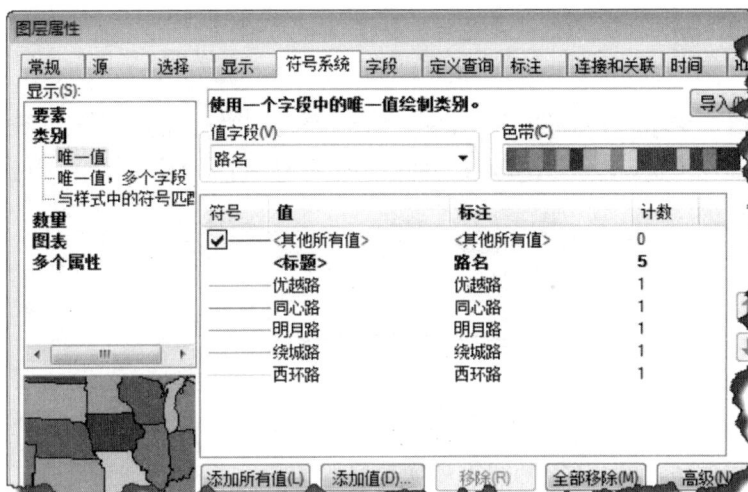

图 10.10　按类别符号化设置

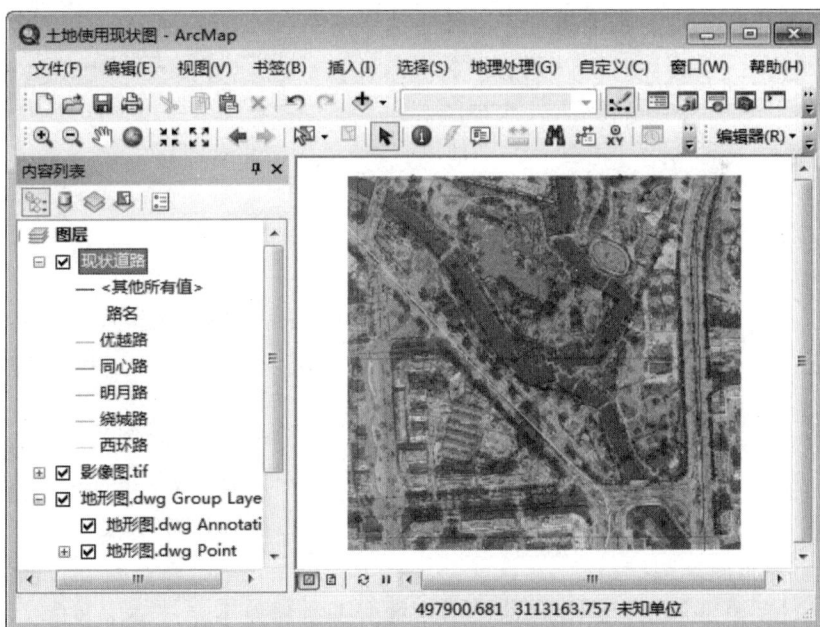

图 10.11　按类别符号化结果

（8）移除图层

移除图层只需在该图层上单击右键,在弹出菜单中单击【✖移除】移除该图层,同时,按住【Shift】或者【Ctrl】键可以选择多个图层进行操作。移除图层并没有删除源数据,只是移除地图文档对该数据的引用。

三、浏览地图

ArcMap 的【工具】栏上提供了一系列浏览地图的工具,如图 10.12 所示。如果【工具】栏没有出现,可以通过勾选【自定义】菜单下【工具条】后的【工具】打开。

图 10.12   基本的地图浏览工具

(1)放大工具🔍:单击或拉框放大视图;

(2)缩小工具🔍:单击或拉框缩小视图;

(3)平移工具🖐:平移视图;

(4)全图🌐:缩放至地图的全图;

(5)固定比例放大:在数据框中心放大;

(6)固定比例缩小:在数据框中心缩小;

(7)返回到上一视图←:返回到前一次视图;

(8)转到下一视图→:转到后一次视图。

还可以通过滚动鼠标滑轮放大缩小地图,按住滑轮键平移地图。

四、数据视图和布局视图

ArcMap 提供了两种查看地图的方式:数据视图和布局视图。

数据视图为浏览、显示以及查询地图中的数据提供地理窗口,主要用于数据的编辑、符号化以及空间查询和分析等操作;

布局视图主要用于出图排版,可以使用地图布局元素(如标题、指北针、比例尺以及数据框),通过【插入】菜单进行操作,只有在布局视图下,【插入】菜单下的标题、比例尺、指北针等选项才是可用的。

(1)切换到布局视图

在【视图】菜单下单击【布局】,或者通过单击主窗口左下角工具条的【布局视图】按钮,即可切换到布局视图,如图 10.13 所示。

(2)浏览布局视图

用【布局】工具条上的专用浏览工具,如果界面上没有【布局】工具条,可以通过勾选【自定义】菜单下【工具条】后的【布局】打开。

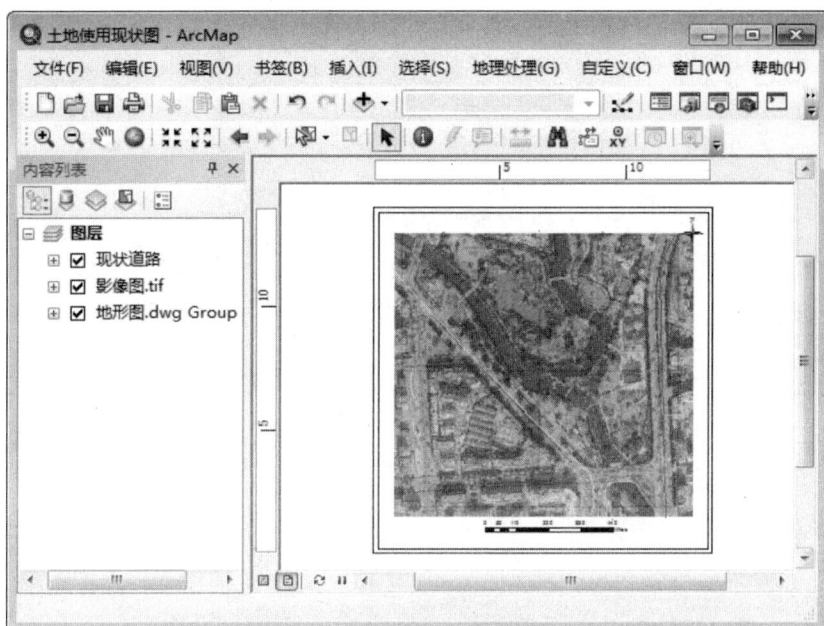

图10.13　布局视图

五、创建 GIS 数据

ArcGIS 中主要使用 Shapefile 文件或 Geodatabase（地理数据库）存放 GIS 数据。Shapefile 文件是描述空间数据的几何和属性特征的非拓扑实体矢量数据结构的一种格式；地理数据库（Geodatabase）是一种面向对象的空间数据模型，在一个公共模型框架下，对 GIS 处理和表达的空间特征如矢量、栅格、不规则格网（TIN）、网络等进行统一描述和存储，是目前最先进的数据管理模式。

（1）创建 Shapefile

一个 Shapefile 只能存放一个要素类，如河流、道路、建筑物。

①打开"土地利用现状图. mxd"，打开【目录】面板，如图 10. 14 所示，在【文件夹连接】中定位到要新建 Shapefile 文件的位置，单击右键，选择【新建】后的【Shapefile(s)】，即可打开"创建新 Shapefile"对话框，如图 10. 15 所示。如【文件夹连接】下没有相应的位置，可以通过单击工具栏 ⬅ ▾ ➡ ⬆ 🏠 🗐 │ ▦ ▾ │ 🗐 上的【连接文件夹】按钮 🗐，连接到相应的文件夹。

图 10.14　目录面板

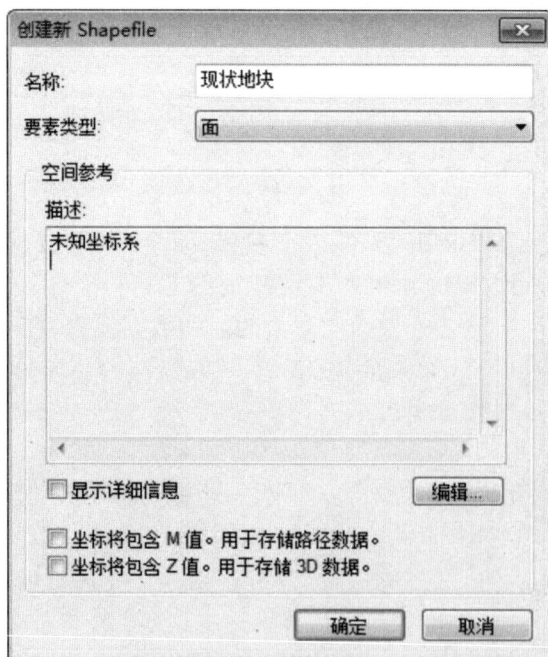

图 10.15　创建 shapefile 对话框

②在【名称】后输入名称,在【要素类型】下选择要素的类型,单击【编辑】按钮可为数据选择坐标系,ArcGIS 提供了地理坐标系和投影坐标系两套坐标系统。单击【确定】后,即创建了新的 Shapefile 要素类,其被自动加载到 ArcMap 中。在【目录】面板中,右键单击新创建的图层"现状地块",选择【属性】,打开【Shapefile 属性】对话框,切换到【字

段】选项,可以为图层添加字段信息,如图10.16所示。

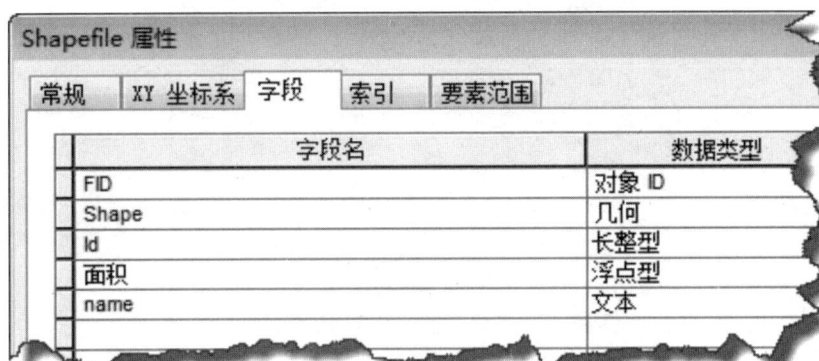

图10.16 添加字段

(2)创建Geodatabase

Geodatabase的层次结构类是Geodatabase——要素数据集——要素类、对象类。一个Geodatabase可以有多个要素集,一个要素集下可以存放多个要素类。因此在创建Geodatabase前,要对Geodatabase的组织内容有个很好的规划。如可以将一个区域的数据放在一个数据集下,也可以将同等性质的要素类放在一个数据集下。ArcGIS提供了文件地理数据库和个人地理数据库。个人地理数据库的存储空间是2 G,只能在Windows平台下使用;文件地理数据库没有容量的限制,可以跨操作系统多平台使用。这里以创建文件地理数据库进行操作。

①在【目录】面板中,右键单击要建立新地理数据库的文件夹,在弹出菜单中,单击【新建】→【文件地理数据库】,创建文件地理数据库,将出现名为"新建文件地理数据库"的地理数据库,输入文件地理数据库的名称"土地使用"后按下【Enter】键,一个空的文件地理数据库就建成了。

在建立一个新的地理数据库后,就可以在这个数据库内建立起基本组成项。数据库的基本组成项包括要素类(Feature class)、要素数据集(Feature dataset)、属性表(Table)、关系类(Relationship class)以及工具箱(Toolbox)、栅格目录(Raster catalog)、镶嵌数据集(Mosaic dataset)、栅格数据集(Raster dataset)等。

②右键单击"土地使用"地理数据库,选择【新建】后的【要素数据集】,输入要素数据集的名称"现状",设置坐标系统和容差,这里按照默认设置,单击【确定】即创建了"现状"要素数据集。

③右键单击"现状"要素数据集,选择【新建】后的【要素类】,选择要素类的类型并为要素属性输入字段,单击【确定】按钮即完成了要素类的创建。

④要素类也可以不用存放在数据集下,直接存放到地理数据库目录下,右键单击"土地使用"地理数据库,选择【新建】后的【要素类】,为要素类输入名称"设施点",其他按照默认,最后完成要素类的创建,如图10.17所示。

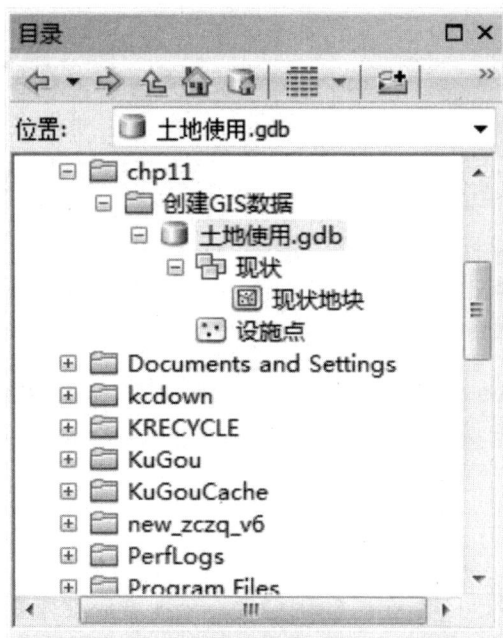

图 10.17   地理数据库下的数据集及要素类

（3）向 Geodatabase 导入数据

Geodatabase 可以从其他数据源导入要素类，这些要素源包括 Shapefile、cad 文件以及其他地理数据库里的要素类。

右键单击"土地使用"地理数据库，选择【导入】后的【要素类（多个）】，可以选择地理数据库外的多个要素类，如图 10.18 所示，单击【确定】后，即可将要素类成功地导入到地理数据库中。

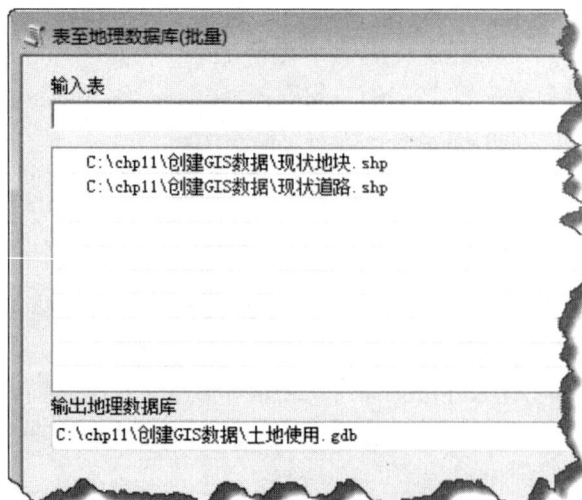

图 10.18   导入数据至地理数据库

六、编辑数据

数据的编辑包括图形数据的编辑和属性数据的编辑,图形数据的编辑包括绘制、修改、删除。属性数据的编辑包括属性的录入、删除、修改等操作。

(1)图形数据的编辑

①打开地图文档"土地利用现状. mxd",加载数据"现状道路. shp"、"现状地块. shp"。勾选【自定义】菜单下【工具条】后面的【编辑器】,或者单击标准工具栏上的【编辑器】图标 ,即可打开【编辑器】工具条,如图 10.19 所示。

图 10.19　编辑器工具条

②在【编辑器】工具条中单击【编辑器】菜单下的【开始编辑】选项,选择要编辑的数据,如图 10.20 所示,单击【确定】按钮,弹出【创建要素】面板,如果未出现【创建要素面板】,可以通过单击【编辑器】工具条上的 来打开。如图 10.21 所示。

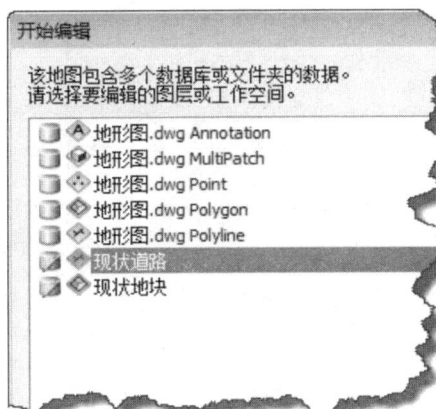

图 10.20　开始编辑对话框

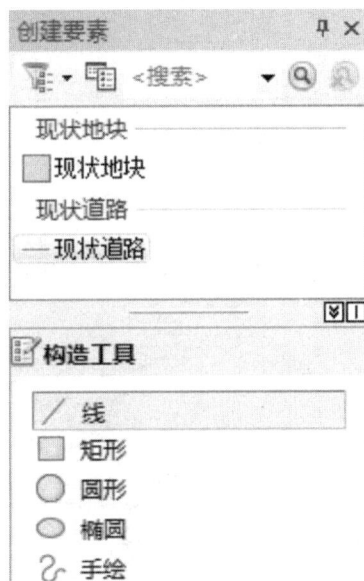

图 10.21　创建要素面板

③在【创建要素】面板中,单击【现状道路】,在【构造工具】里会出现不同类型的构造工具,选择"线",在主视图中对有道路的地方进行绘制,一条道路绘制完成后,可以双击结束绘制,也可以单击鼠标右键选择【完成草图】或者按键盘上的"F2"键,绘制好的道路如图 10.22 所示。

图 10.22　绘制线要素

④如果要绘制弧线,可以单击【编辑器】工具条上的【端点弧段】图标，在有弧线道路的地方开始和结束处单击,然后拖动鼠标确定弧段半径即可完成弧段道路的绘制,如图 10.23 所示。

图 10.23　绘制弧段道路

⑤对于某一条公路,如需要将其打断为两条,可以利用【编辑器】工具条上【编辑工具】图标选择要打断的线段,单击【分割工具】图标，在需要打断的地方单击一下,即

可将一条道路打断为两条,如图 10.24 所示。

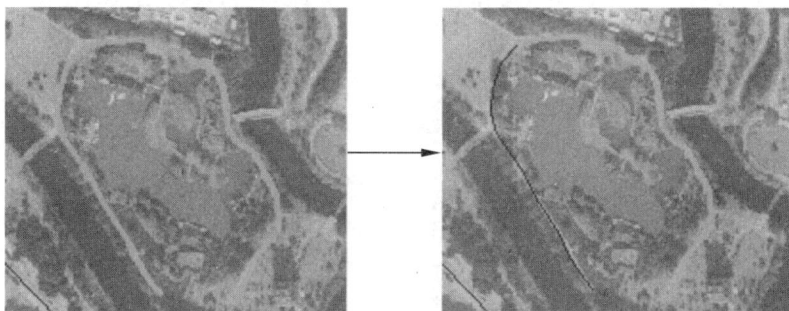

图 10.24　打断线段

⑥对于绘制错误的线段,可以通过编辑折点或者整形要素工具对线段进行修改,【编辑工具】图标►,双击绘制错误的线段,可以通过拖动折点的方式修改数据,如图 10.25 所示;也可通过【编辑工具】图标►单击选择绘制错误的线段,单击【整形要素工具】后,沿绘制错误的地方重新绘制,即可完成修改数据,如图 10.26 所示。整形要素工具在使用的过程中要注意结尾处要和原绘制线重合。

图 10.25　编辑折点

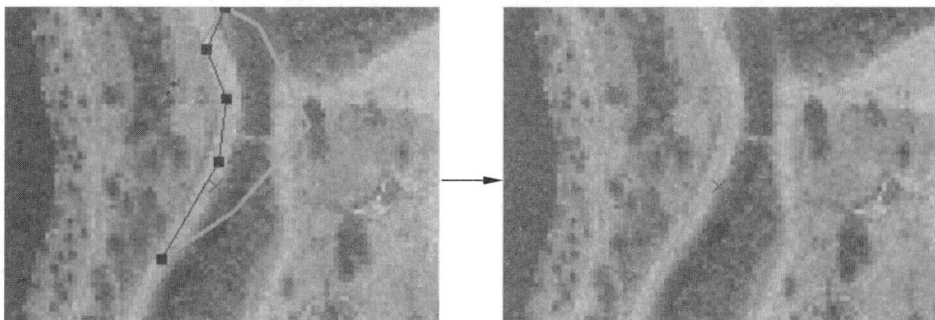

图 10.26　整形要素工具的结果

⑦另外还可通过单击【编辑器】工具条上【编辑器】菜单下的平行复制、移动、分割等工具对数据进行修改。在对数据的绘制以及修改过程当中,请注意单击【编辑器】菜单下【保存编辑内容】选项,以保存对数据的修改。

⑧对于面的绘制,在【创建面板】中单击"现状地块",在【构造工具】中单击"面",即可在主视图绘制各种地块,如图 10.27 所示。

图 10.27　创建面

⑨在创建相邻接的面时可以通过【追踪】工具 ⟨+⟩ ,在不邻接处,单击点进行绘制,在邻接处,单击【追踪】工具,对相邻的共用线进行追踪。如图 10.28 所示。另外关于对线的修改工具对面的创建也是适用的,这里不再赘述。

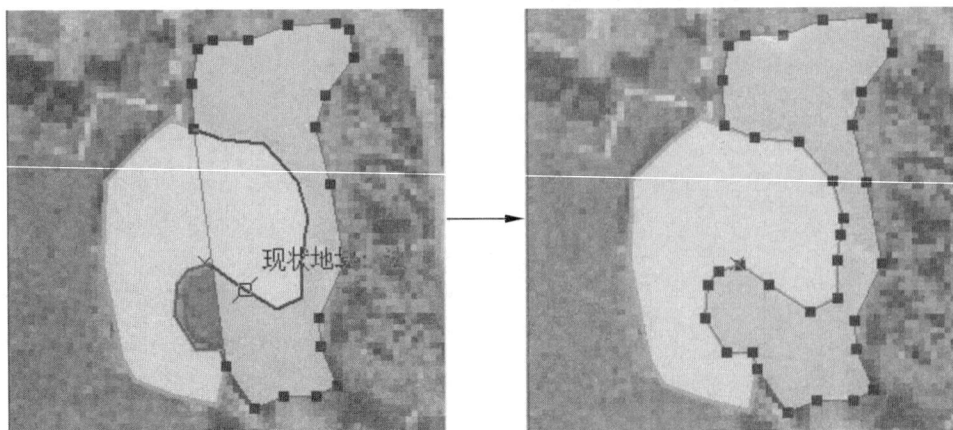

图 10.28　绘制邻接面

（2）属性数据的编辑

Shapefile 文件不仅可以存放图形数据,也可存放属性数据,图形数据和属性数据是一一对应的关系。属性数据以二维表的形式存在,在对其编辑时要添加相应的字段,并启动对数据的编辑后即可编辑属性。

①在【内容列表】中,右键单击"现状道路",选择【打开属性表】选项,即可打开"现状道路"的属性表,单击【表选项】图标下的【添加字段】,为"现状道路"数据添加两个字段【name】和【length】,分别是文本型和浮点型,如图 10.29 所示。

图 10.29　添加字段后的表

②单击【编辑器】工具条上【编辑器】菜单下的【开始编辑】选项,启动对数据的编辑,然后在【name】列中输入每条路的名字,在【length】字段上单击右键选择【计算几何】选项,如图 10.30 所示,在【属性】里选择"长度",单击【确定】按钮,完成对线段长度的计算,结果如图 10.31 所示。

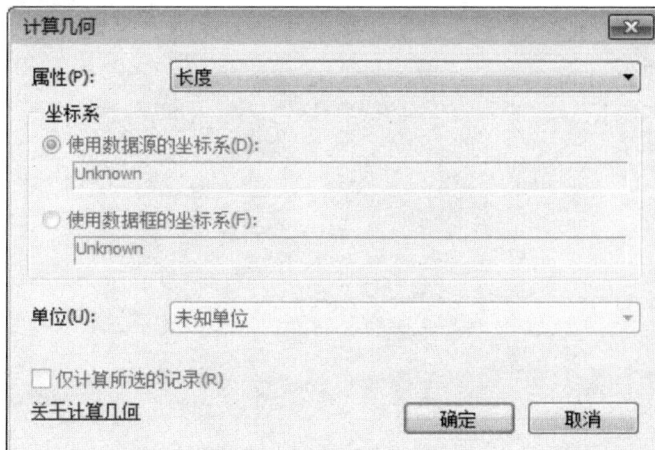

图 10.30　计算几何对话框

	FID	Shape *	Id	nam	length
	0	折线	0	同心	544.185
	1	折线	0	优越	373.574
	2	折线	0	明月	97.0024
	3	折线	0	内环	203.883
	4	折线	0	建业	208.118
	5	折线	0	建设	293.682
	6	折线	0	未来	83.9451

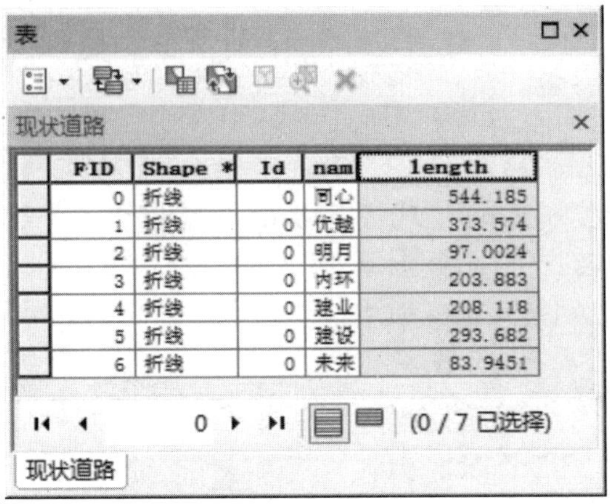

图 10.31　完成对数据属性的编辑

第三节　栅格数据的配准和矢量化

很多的规划图、土地利用现状图是纸质版的，如输入到计算机，需经过扫描过程，经过扫描后的图像因没有坐标系统且位置不正确，无法进行进一步的矢量化工作。因此需要对图像进行配准工作。

一、栅格数据的配准

（1）在工具栏上单击 ，打开地图文档 ex02_1.mxd，如图 10.32 所示，从状态栏里观察出图像的坐标系统是错误的。

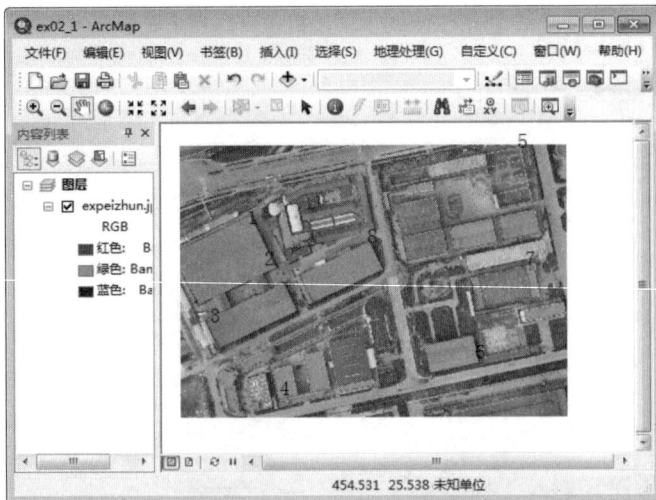

图 10.32　需要配准的影像

（2）在主菜单中单击【视图】→【📑数据框属性】，打开【数据框属性】对话框，选择【坐标系】选项卡，选择坐标系统"Beijing_1954_3_Degree_GK_CM_120E"。如图 10.33 所示。在"常规"选项页中，将地图显示单位设置为"米"。

注："Beijing_1954_3_Degree_GK_CM_120E"的意思为北京 54 坐标，高斯投影，3 度带，中央经线为 120 度。这里要确定研究区域所在高斯投影中的中央经线。

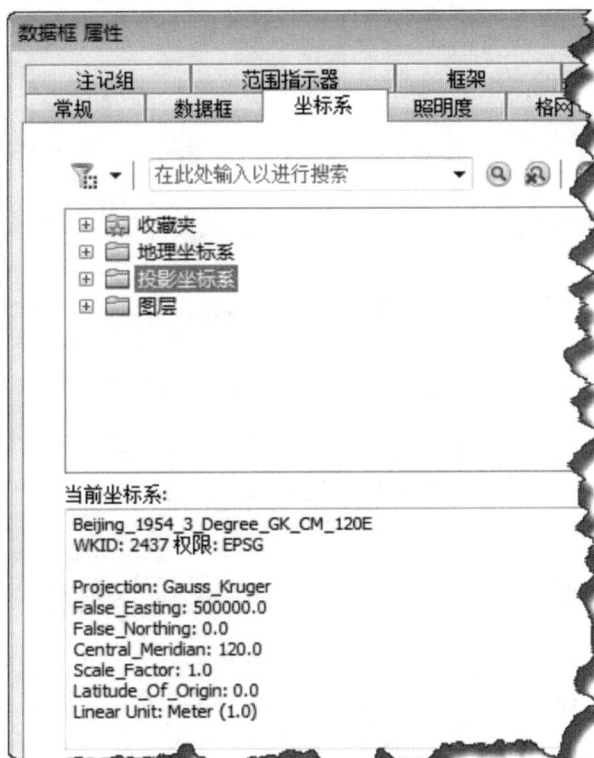

图 10.33　设置数据框坐标系

（3）单击【自定义】菜单下的【工具条】选项，勾选【地理配准】，打开【地理配准】工具条，如图 10.34 所示。

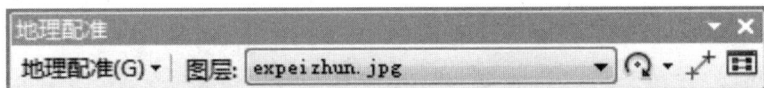

图 10.34　地理配准工具条

（4）在【地理配准】工具条上，单击【地理配准】，在下拉选项中取消勾选"自动校正"选项。如图 10.35 所示。

图 10.35　取消自动校正

（5）在【内容列表】中右键单击图像，单击【🔍缩放至图层】，全图显示图像文件。

（6）在【地理配准】工具条上，单击【添加控制点】按钮✦，在影像上选取坐标已知的点，在点上单击鼠标左键，然后单击右键，选择"输入 x 和 y"选项，打开"输入坐标"对话框，在对话框中输入正确的坐标，如图 10.36 所示。

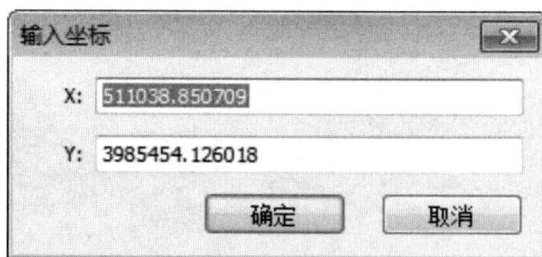

图 10.36　输入坐标对话框

用相同的方法，在影像上增加多个控制点（大于 7 个），输入它们的实际坐标。点击【影像配准】工具栏上的【查看链接表】按钮。如图 10.37 所示：可以查看各点的残差与 RMS 总误差。RMS 总误差是评估变换精度的重要依据，可通过连接表对话框右上角的【删除】按钮✕删除残差较大的连接。

注意：在连接表对话框中点击【保存】按钮，可以将当前的控制点保存为磁盘上的文件，以备使用。

链接	X 源	Y 源	X 地图	Y 地图	残差
1	133.545528	-136.461461	510885.320000	3985472.887000	1.27662
2	179.150286	-232.715514	510923.645000	3985396.380000	1.25046
3	50.068436	-333.101038	510820.589000	3985316.879000	2.96307
4	185.424281	-484.257059	510928.875000	3985186.572000	5.31626
5	638.406856	-6.046921	511288.110300	3985577.026000	2.16444
6	559.123213	-413.943041	511225.305000	3985252.211000	2.98774
7	649.991636	-232.380568	511297.209000	3985396.780000	0.71996
8	354.826017	-184.949918	511063.846000	3985434.112000	1.12782

□自动校正(A)　　　　变换(T)　　　　一阶多项式(仿射)

RMS 总误差(E)：　　2.63718

加载(L)…　　保存(S)…　　从数据集恢复(R)　　　确定

图 10.37　链接表对话框

（7）在【影像配准】菜单下，点击"矫正"，如图 10.38，对配准的影像根据设定的变换公式重新采样，另存为一个新的影像文件；也可通过单击【更新地理参考】直接保存对原图像文件的修改，但是尽量在数据的修改过程当中不损坏源数据，因此这里单击【矫正】，如图 10.39 所示。

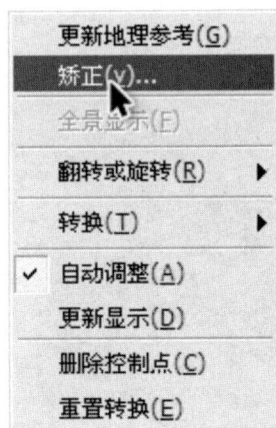

更新地理参考(G)

矫正(V)…

全景显示(F)

翻转或旋转(R)　▶

转换(T)　▶

✓　自动调整(A)

更新显示(D)

删除控制点(C)

重置转换(E)

图 10.38　矫正选项

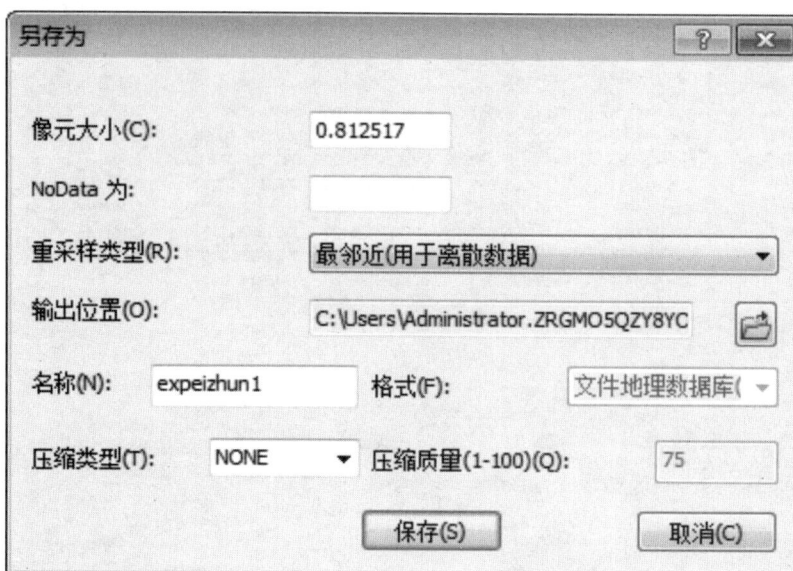

图 10.39　另存为对话框

　　(8)加载重新采样后得到的栅格文件,并将原始的栅格文件从数据框中删除。观察坐标的变化,如图 10.40 所示。

图 10.40　矫正后的图像

二、矢量化

（1）在目录树中新建"道路"要素类，道路类型为"折线"，坐标系选择"Beijing_1954_3_Degree_GK_CM_120E"。如图 10.41 所示。坐标系的定义在单击【编辑】按钮后，可以通过三种方式来定义坐标系统，

①选择已有的坐标系统；

②单击【导入】，导入一个坐标系；

③新建坐标系。

这里通过【导入】方式，可以导入其他数据的坐标系，也即是将已有的数据的坐标系统导入到一个新建的数据中，如图 10.42 所示。

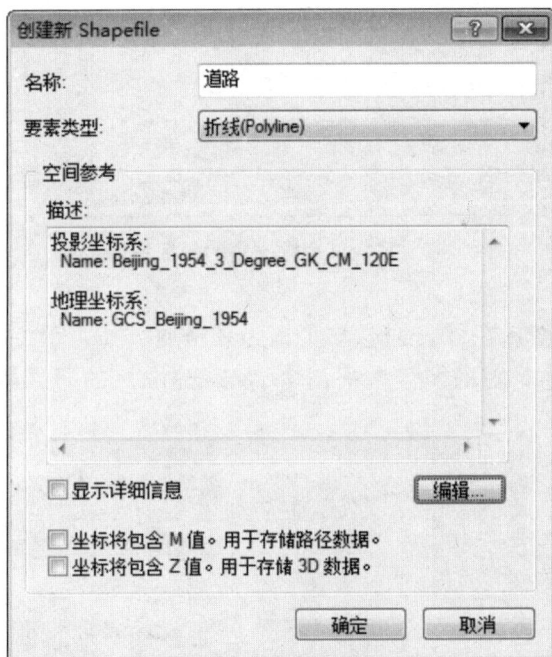

图 10.41　"创建新 shapefile"对话框

图 10.42   导入某个数据集的坐标系后结果

　　(2)右键单击【道路】,在【属性】选项卡里为其添加"name"和"length"字段。
　　(3)单击【工具栏】上的添加数据按钮➕,加载配准好的影像以及新建的【道路】数据,如图 10.43 所示。

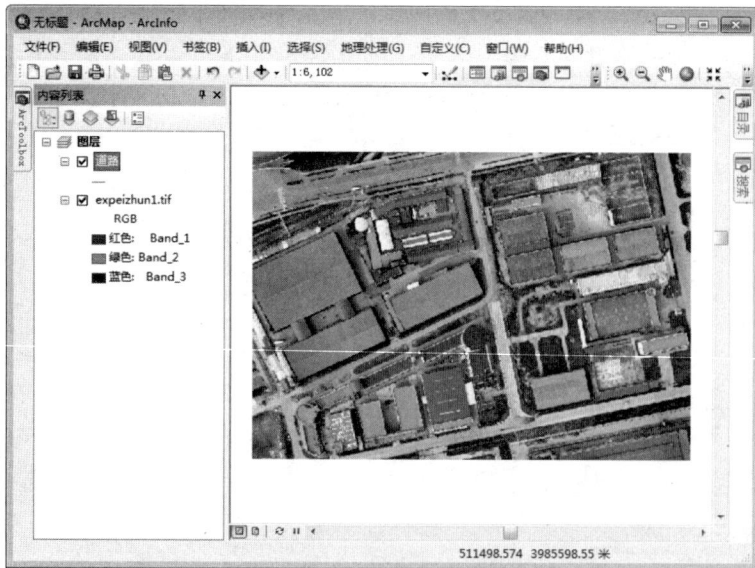

图 10.43   添加数据后

（4）在【自定义】菜单下，勾选【工具条】后的【编辑器】，打开【编辑器】工具条，单击【编辑器】下的"开始编辑"选项打开【创建要素】窗口，在【创建要素】窗口中单击"道路"，【构造工具】会出现一系列的构造工具，在【构造】窗口中单击，并在主视图窗口中单击鼠标绘制线，单击后在主视图中弹出"要素构造"工具条，按照之前所讲内容完成对数据的图形和属性编辑。

第四节　空间容积率提取

旧城区的控制性详细规划往往需要对现状容积率进行统计，将它作为规划容积率的参考，在传统的 CAD 技术环境下是一件及其费时费力的工作，而利用 ArcGIS 可以快速统计出各个地籍地块的现状容积率。

（1）连接属性

建筑外轮廓线和层数是计算建筑面积的两个基本要素，城市规划一般使用 AutoCAD 格式的地形图，我们把其中的建筑外轮廓线提取出来转换成 ArcGIS 的格式，并让建筑自动拥有层数属性。

①启动 ArcMap，新建空白文档，在目录树中将"建筑. dwg"下的"Polygon"和"Annotation"要素类拖拉到 ArcMap 界面中，其中"建筑. dwg Annotation"是建筑层数的注记要素类，该要素类的【Text】属性列记录的是建筑物的层数；"建筑. dwg Polygon"表示的是建筑物的轮廓数据，如图 10.44 所示。

图 10.44　加载的 Autocad 数据

②使建筑物轮廓要素类拥有层数的属性。打开"建筑. dwg Polygon"的属性表,单击 🔲 ▾ 下面的【连接和关联】后的【连接】选项,打开【连接数据】对话框,在【要将哪些内容连接到该图层】中选择"某一空间位置的另一图层的数据",设置要连接的图层为"建筑. dwg Annotation",选择【每个面都被指定与其边界最接近的点的所有属性…】,并为连接结果指定保存路径和名称,如图 10.45 所示。

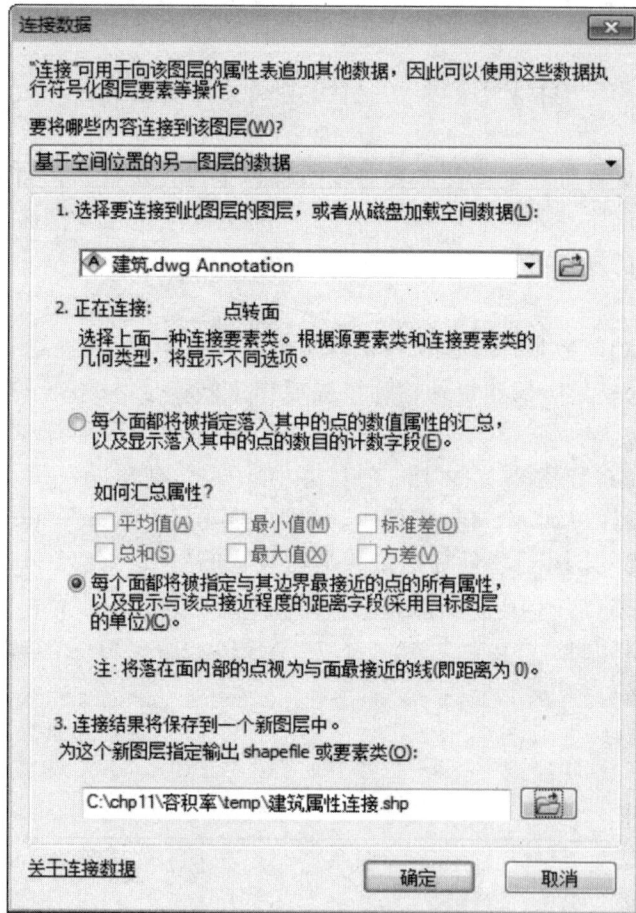

图 10.45　连接数据对话框

③连接后导出的数据被加载到 ArcMap 中,打开"建筑属性连接. shp"的属性表,删除除【Text】字段的其他字段,至此,即可得到一个拥有层数属性的要素类;如图 10.46 所示。其中【Shape】和【Fid】字段为 shapefile 文件系统产生的字段,不允许删除。

图 10.46　删除字段后的属性表

（2）建筑和地块的相交叠置

要统计每个地块的容积率，需要知道每个地块内有哪些建筑，这里需要用到【相交】分析工具，对建筑和地块要素类求相交，相交的结果是得到两个要素类的交集部分，并且得到的新要素类将同时拥有两个要素类的所有属性，这里将得到拥有地块编号属性的建筑。

①加载"地籍边界"要素类，这里以地籍边界为基本单元，统计各个地块的容积率。

②单击【地理处理】菜单下的【相交】选项，或者通过单击 ArcToolbox 工具箱，双击【分析工具】——【叠加分析】后的【相交】工具，打开"相交"对话框，单击【输入要素】后的 ▼ 输入数据"地籍边界"和"建筑属性连接"，也可通过单击【输入要素】后的 📁 找到数据的存放路径进行输入，为【输出要素类】指定输出路径和名称，如图 10.47 所示，单击【确定】。

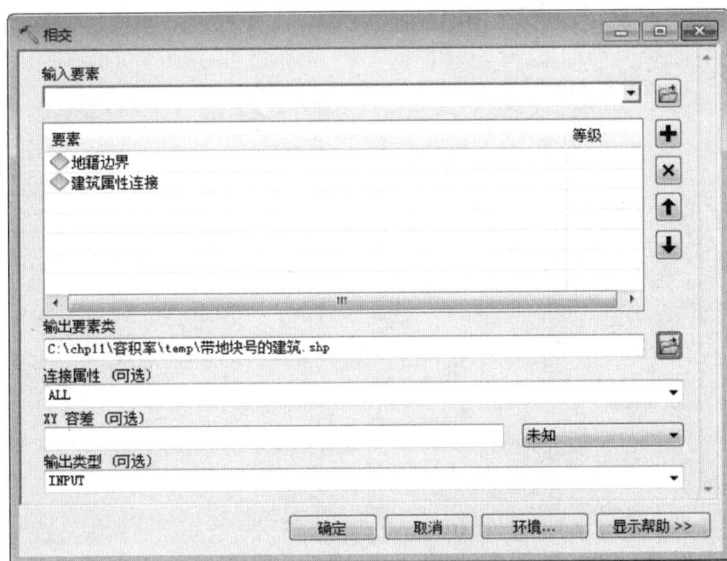

图 10.47　相交工具对话框

③运算完成后生成的要素类"带地块号的建筑.shp"自动加载到当前地图文档,打开其属性表,可以看到该要素类同时拥有"地籍边界"和"建筑属性连接"的所有属性。

(3)分地块统计建筑面积

①"带地块号的建筑.shp"中每栋建筑都有【地块号】属性,可以根据【地块号】属性分类汇总所有建筑的建筑面积。打开"带地块号的建筑.shp"的属性表,新建两个字段【基底面积】和【建筑面积】,类型为双精度型。右键单击【基底面积】,选择【计算几何】选项,在【属性】中选择【面积】,单击【确定】后,系统将计算每个要素的面积。如图10.48所示。

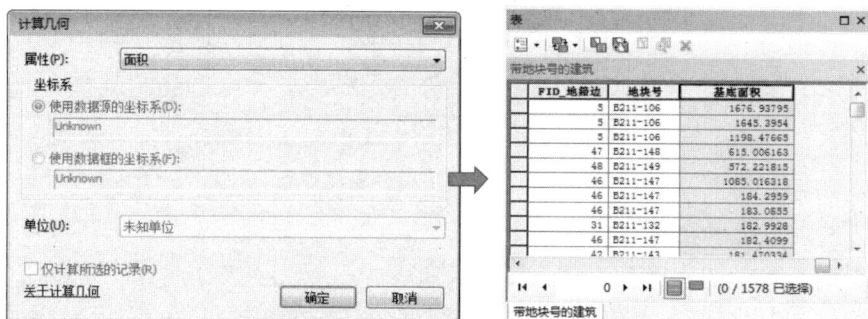

图10.48　计算几何-面积

②右键单击【建筑面积】,选择【字段计算器】选项,【建筑面积】的数值应为【基底面积】与【建筑层数】的乘积,在【字段计算器】对话框中,输入【建筑面积】=【基底面积】*【Text】,如图10.49所示。通过在【字段】中双击某个字段即进入到下面空白栏中,数学符号也可在【字段计算器】中单击来实现输入。单击【确定】完成字段值的计算。

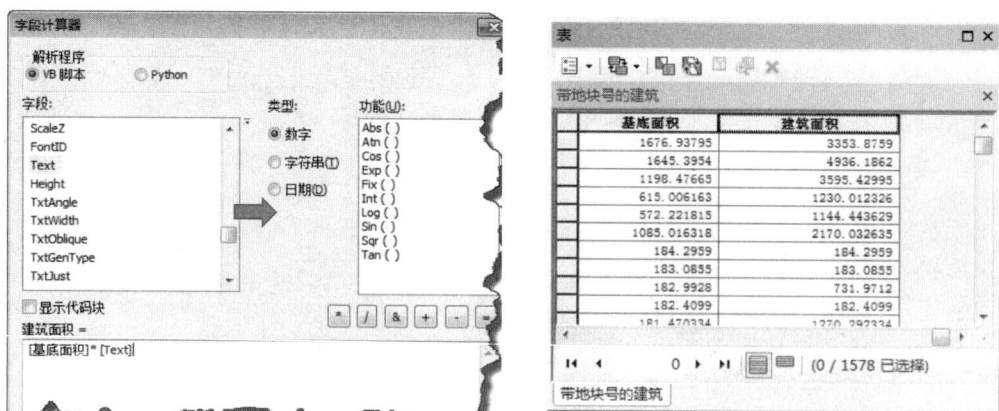

图10.49　字段计算器计算字段值

③右键单击【地块号】字段,选择【汇总】选项,打开"汇总"对话框,选择【要汇总的字段】为【地块号】,汇总统计信息为【建筑面积】的【总和】,也即是通过【地块号】字段分类汇总建筑面积,为输出表结果指定保存路径和名称,如图10.50所示,单击【确定】。计算

结束后,系统提示是否将输出结果添加到 ArcMap 中,单击【是】,打开汇总的属性表,其中【SUM_建筑面积】字段是各个地块的建筑面积的总和,如图 10.51 所示。

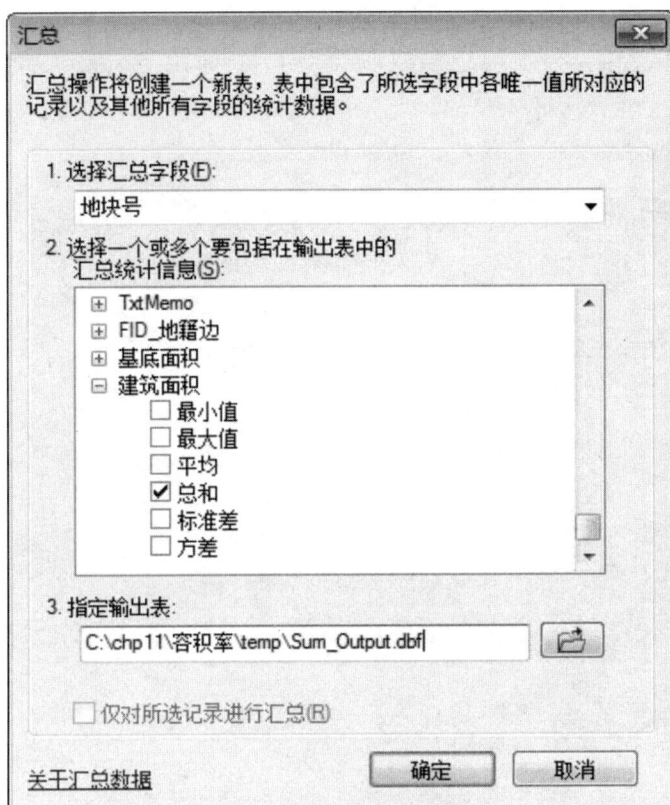

图 10.50 汇总对话框

OID	地块号	Count_地块号	Sum_建筑面积
0	B211-101	1	53.030881
1	B211-102	2	2905.089024
2	B211-103	8	10592.307372
3	B211-104	1	3435.908
4	B211-105	1	4466.461598
5	B211-106	21	24308.880326
6	B211-107	1	1912.39275
7	B211-108	1	147.142905
8	B211-109	4	385.144673
9	B211-110	1	751.886442
10	B211-111	1	911.7272
11	B211-112	4	1524.510912

图 10.51 汇总结果

（4）计算容积率

①将汇总统计的表格"Sum_Output. dbf"与地籍边界连接在一起,打开"地籍边界.
shp"的属性表,打开【连接】对话框,在【要将哪些内容连接到该图层】中选择【某一表的
属性】,在基于的字段中,分别下拉选择【地块号】,如图 10.52 所示,也即是根据【地块
号】字段,将"Sum_Output. dbf"中的数据追加到"地籍边界. shp"属性表中。完成后的结
果如图 10.53 所示。

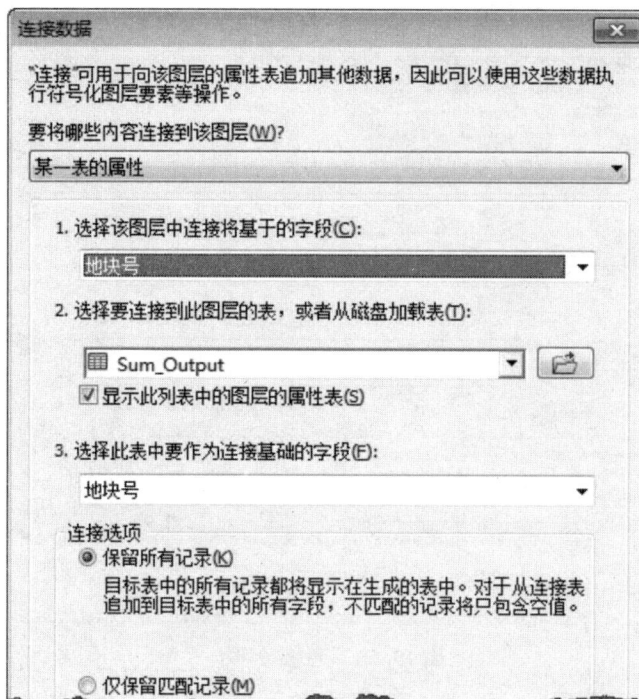

图 10.52　连接数据对话框

图 10.53　连接数据后的结果

②打开“地籍边界.shp”的属性表，添加两个字段，【地块面积】和【容积率】，右键单击【地块面积】，通过计算几何的方式计算，这里不再赘述。【容积率】=【Sum_建筑面积】/【地块面积】，通过【字段计算器】来计算，计算结果如图 10.54 所示。

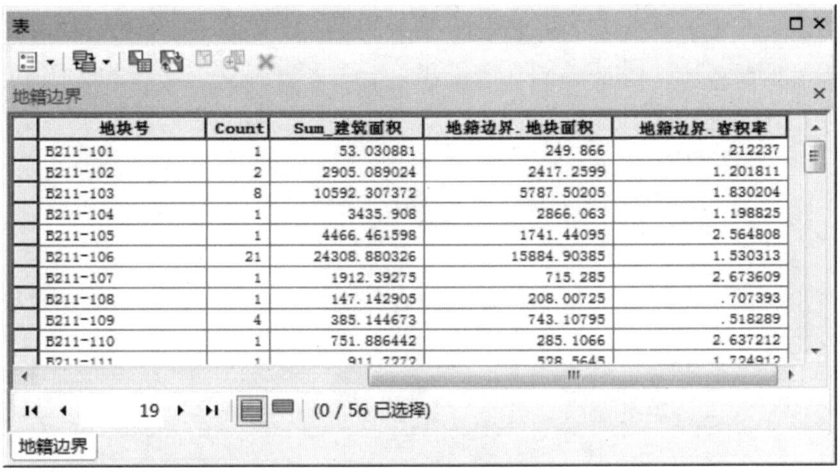

地块号	Count	Sum_建筑面积	地籍边界.地块面积	地籍边界.容积率
B211-101	1	53.030881	249.866	.212237
B211-102	2	2905.089024	2417.2599	1.201811
B211-103	8	10592.307372	5787.50205	1.830204
B211-104	1	3435.908	2866.063	1.198825
B211-105	1	4466.461598	1741.44095	2.564808
B211-106	21	24308.880326	15884.90385	1.530313
B211-107	1	1912.39275	715.285	2.673609
B211-108	1	147.142905	208.00725	.707393
B211-109	4	385.144673	743.10795	.518289
B211-110	1	751.886442	285.1066	2.637212

图 10.54　容积率计算结果

(5)容积率的可视化表达

①在内容列表中右键单击【地籍边界】，打开其【图层属性】对话框，切换到【符号系统】标签，在左侧面板【显示】下选择【数量】下的【分级色彩】，在右侧面板中，设置字段为【地界边界.容积率】，单击【分类】，将类别设置为【9】，设置中断值分别为【0.5，1，1.5，2，2.5，3，3.5，4，4.5】，单击【确定】返回，在【色带】中选择一种颜色色带，如图 10.55 所示，单击【确定】，可以看到“地籍边界”图层按照容积率大小进行颜色的渲染，如图 10.56 所示。

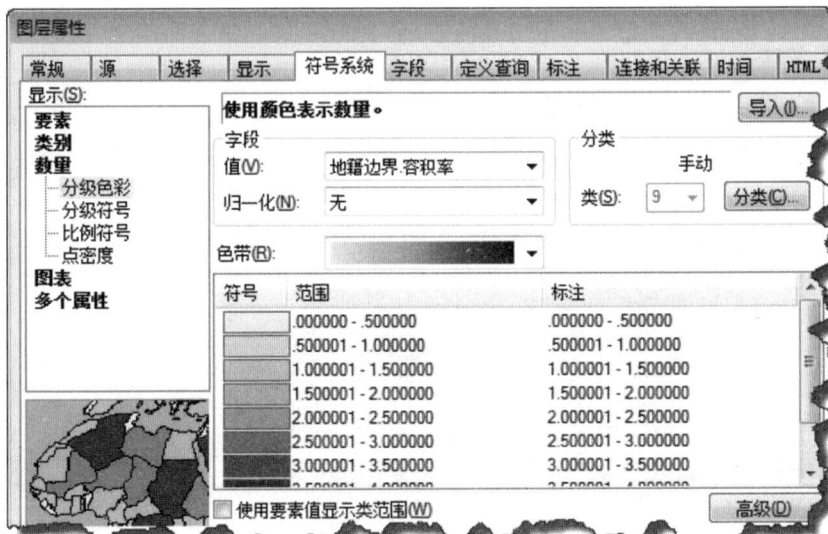

图 10.55　设置符号系统

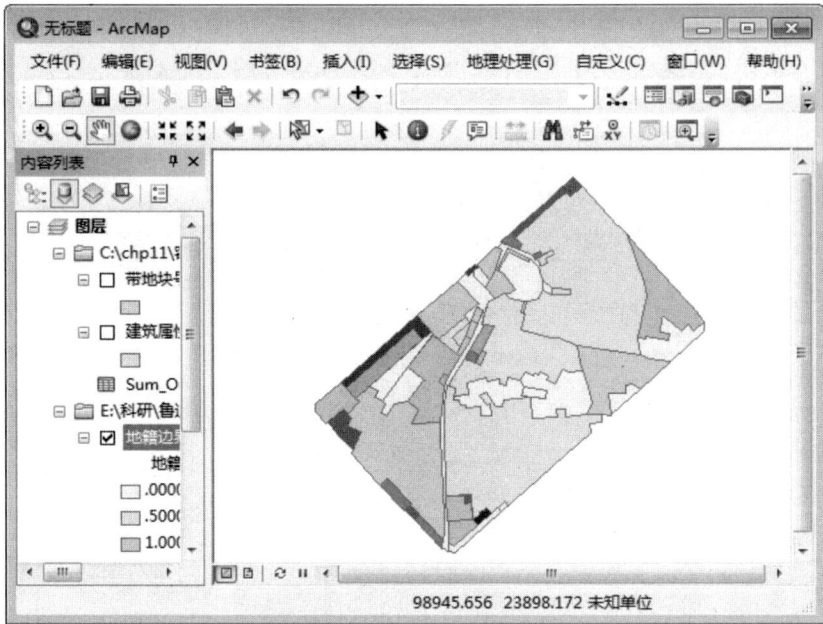

图 10.56　分级设置渲染结果

②打开【地籍边界】的【图层属性】对话框,切换到【标注】选项卡,勾选【标注此图层中的要素】,选择【以相同方式为所有要素加标注】,在【标注字段】后下拉选择【地籍边界.容积率】,可以在【文本符号】中设置标注的字体、大小等属性,这里按照默认设置,如图 10.57 所示,单击【确定】后结果如图 10.58 所示。

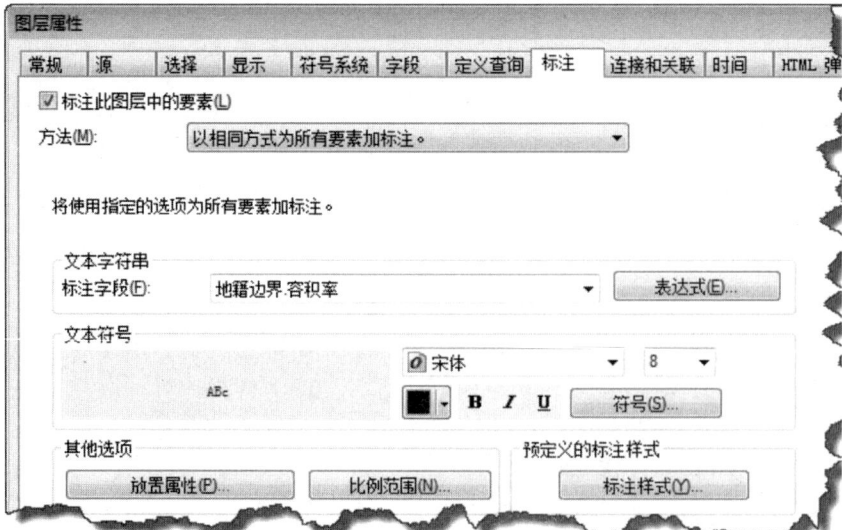

图 10.57　设置标注

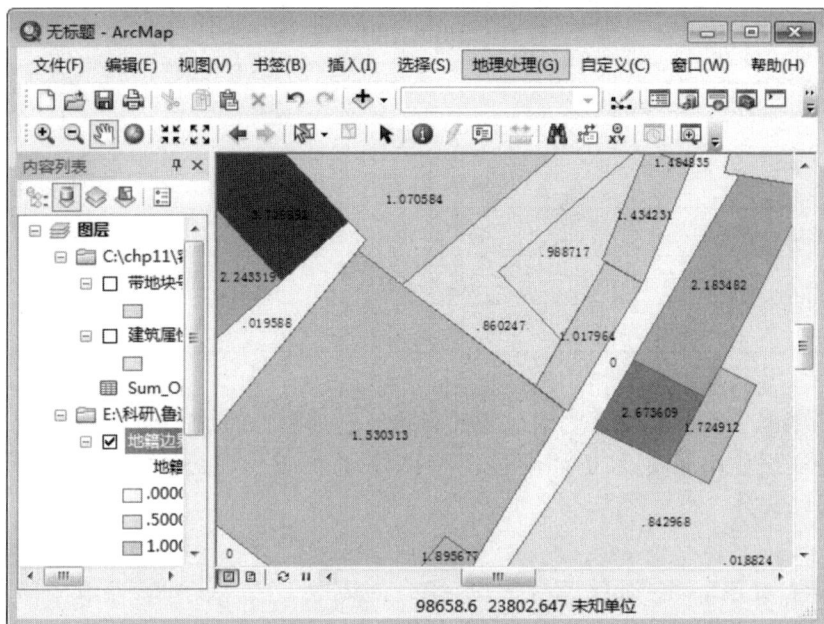

图 10.58 标注后结果

第五节 土地适宜性评价

土地适宜性评价是土地合理利用的基础工作,GIS 支持下的土地适宜性评价是用户通过 GIS 系统对相关地理对象(图层)交互地输入、显示、分析以及结果输出的过程,空间分析和推理是问题的核心,辅助决策是最终目的。从最初的数据到用于辅助决策的信息,基于 GIS 的土地适宜性评价包括数据、用户参与以及辅助评价的方法等几个不可缺少的要素。与其他应用领域一样,GIS 通过支持建设者、规划者、决策者等不同人群的参与来达到社会化的目的。

一、实验简介

本研究区域为一个生活小镇,用地适宜性评价要综合考虑经济、自然、社会各个因素,生活区的用地适宜性评价和工业区的适宜性评价不同,其评价标准也不一样,本研究主要对生活区进行评价,选取了交通便捷性、环境适宜性、地形因素、基础设施 4 类评价因子,各类评价指标下包括不同的指标因子。不同地区的适宜性评价准则不一样(如发达地区和不发达地区,平原和山区等),因此需要一套相对系统的方法确定各因子的权重,本研究采用层次分析法确定各因子的权重,如表 10.1 所示。

表 10.1 用地适宜性评价因子及权重

评价因子	子因子	权重
交通便捷性		0.28
环境适宜性	滨水环境	0.07
	远离工业污染	0.17
基础设施	电力设施	0.15
地形适宜性	高程	0.18
	坡度	0.15

对于各单因子因素的居住用地适宜性评价,统一将评价值分级成 1～5 级,其中 3 级是勉强可用于居住用地建设,但需要进行特殊处理,5 级代表最适宜建设,1 级代表完全不适宜建设。

步骤:

(1)首先,对各个因子做适宜性评价,统一分级成 1～5 级,并转换成栅格数据,栅格数据进行叠置分析更容易;

(2)然后,进行栅格加权叠加运算,每个栅格代表的地块将得到一个综合评价值;

(3)最后,对综合后的栅格数据重新分类定级,得到居住用地适宜性综合评价图。打开数据文档"土地适宜性评价.mxd",如图 10.59 所示。

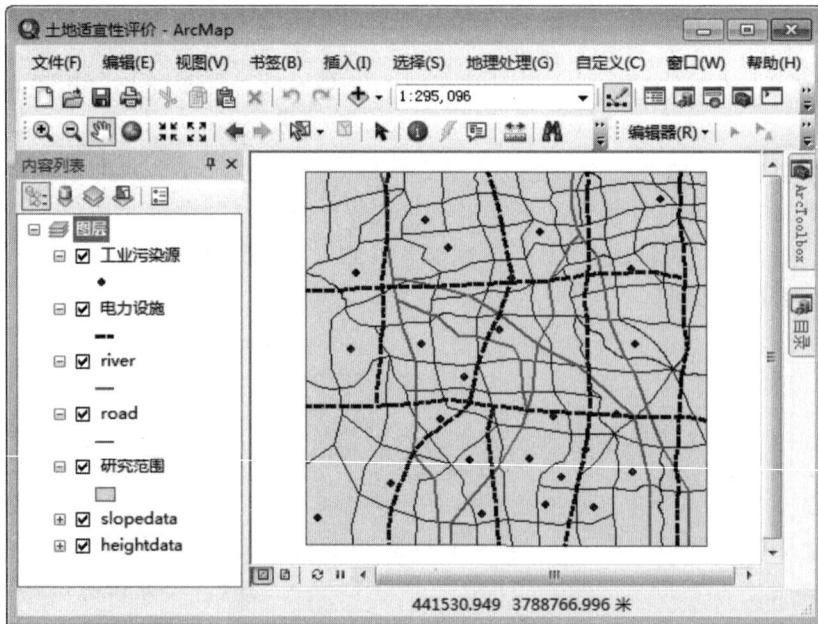

图 10.59 适宜性评价的基础数据

二、单因子适宜性评价分级

（1）交通便捷性评价

交通便捷性将根据距离主要道路的远近加以确定,如表10.2所示。

表10.2　交通便捷性的评价标准

评价因子	分类	分级
交通便捷性	距离主要道路0～200 m	5
	距离主要道路200～500 m	4
	距离主要道路500～1000 m	3
	距离主要道路1000～1500 m	2
	距离主要道路1500 m以上	1

①启动ArcMap,打开地图文档"适宜性评价.mxd",该地图中包含有"道路"的图层。打开工具箱,双击【分析工具】→【邻域分析】工具箱后面的【多环缓冲区】工具,在【输入要素】中填入数据【公路】,为【输出要素类】指定保存路径和名称,在距离中分别输入200,500,1000,1500,3000(注:3000 m缓冲距离将远超出研究区域),如图10.60所示。

图10.60　多环缓冲区对话框

②单击【确定】,完成后结果如图10.61所示,缓冲区有5个环构成,分别代表距离主要道路0～200 m,200～500 m,500～1000 m,1000～1500 m,1500～3000 m。打开其属性

表,可以看到 5 个环形多边形要素,如图 10.62 所示。

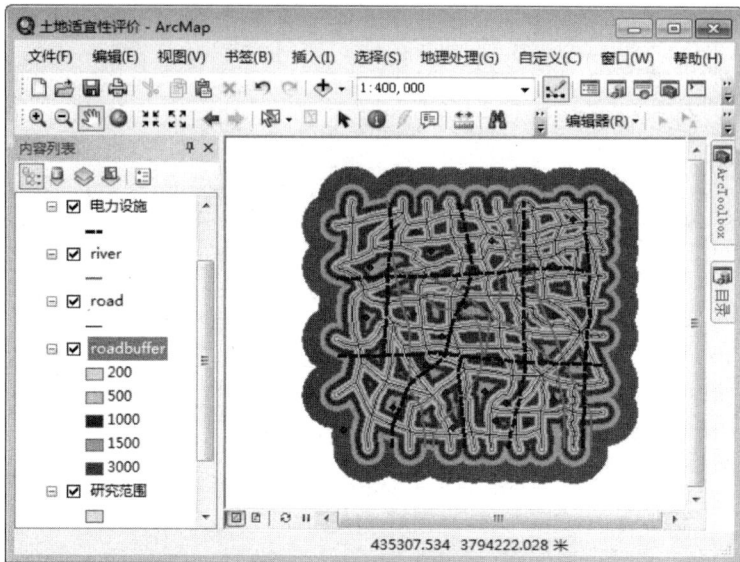

图 10.61 道路的缓冲区

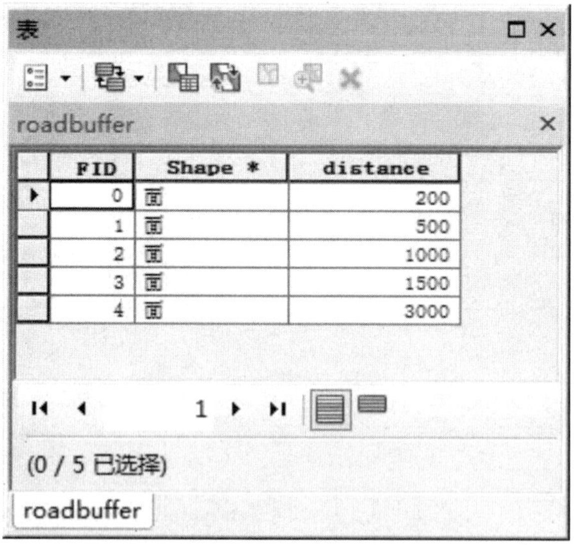
表

roadbuffer

FID	Shape *	distance
0	面	200
1	面	500
2	面	1000
3	面	1500
4	面	3000

(0 / 5 已选择)

roadbuffer

图 10.62 道路缓冲区的属性表

③将矢量数据转换为栅格数据,双击【转换工具】→【转为栅格】下的【面转栅格】工具,打开【面转栅格】对话框,在【输入要素】中填入数据“roadbuffer”,在【值字段】中选择字段“distance”,为【输出栅格数据集】指定保存路径和名称,在【像元大小】中输入 86.7834341,使输出的像元大小与高程和坡度数据的像元大小一致,以便于最后综合结果的叠加,如图 10.63 所示。

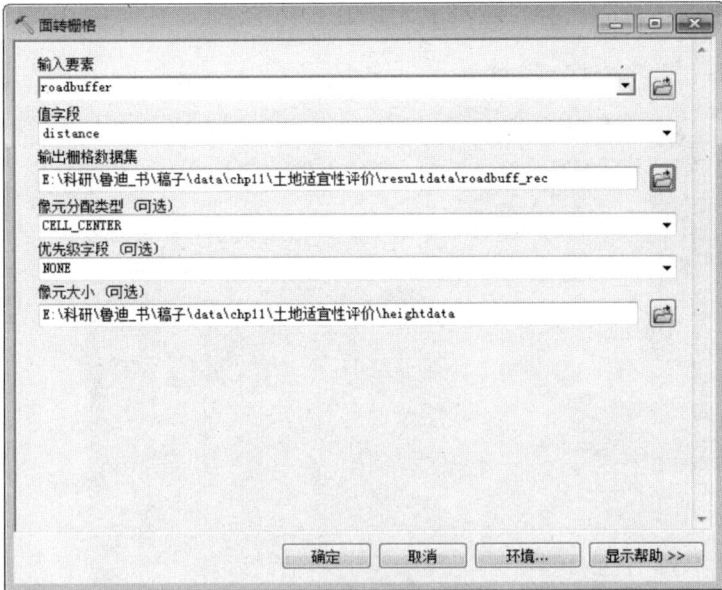

图 10.63　面转栅格对话框

④重分类数据。将转换成的栅格数据按照分级指标进行重分类,双击【spatial analyst 工具】→【重分类】工具箱下的【重分类】工具,打开"重分类"对话框,在【输入栅格】中输入转换的栅格数据"roadbuffrec",在【重分类字段】中选择"value",在【重分类】中分别按照 200-5,500-4,1000-3,1500-2,3000-1 输入,为【输出栅格】指定保存路径和名称,如图 10.64 所示。

图 10.64　重分类对话框

⑤单击确定后,数据加载到 ArcMap 中,如图 10.65 所示,依然是 5 个缓冲区环,每个缓冲区环的属性值发生了变化。

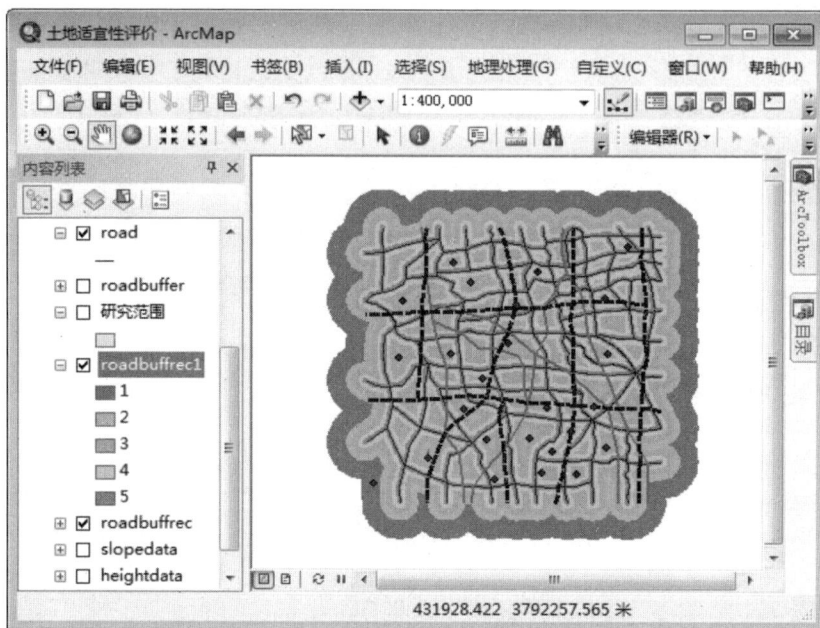

图 10.65　道路缓冲区重分类结果

(2)环境适宜性评价

A:滨水环境适宜性评价

滨水环境适宜性将根据距离河流的远近加以确定,如表 10.3 所示。

表 10.3　交通便捷性的评价标准

评价因子	分类	分级
滨水环境	距离河流 0~500 m	5
	距离河流 500~1000 m	4
	距离河流 1000~2000 m	3
	距离河流 2000~3000 m	2
	距离河流 3000 m 以上	1

①计算河流的多环缓冲区,设置缓冲距离分别为 500 m,1000 m,2000 m,3000 m,5000 m(5000 m 范围远超出研究区域,可以保证研究区域全部落入缓冲区内,代表了 3000 m 以上的距离),具体的操作与计算道路的缓冲区的步骤一样,这里不再赘述。生成的结果如图 10.66 所示。

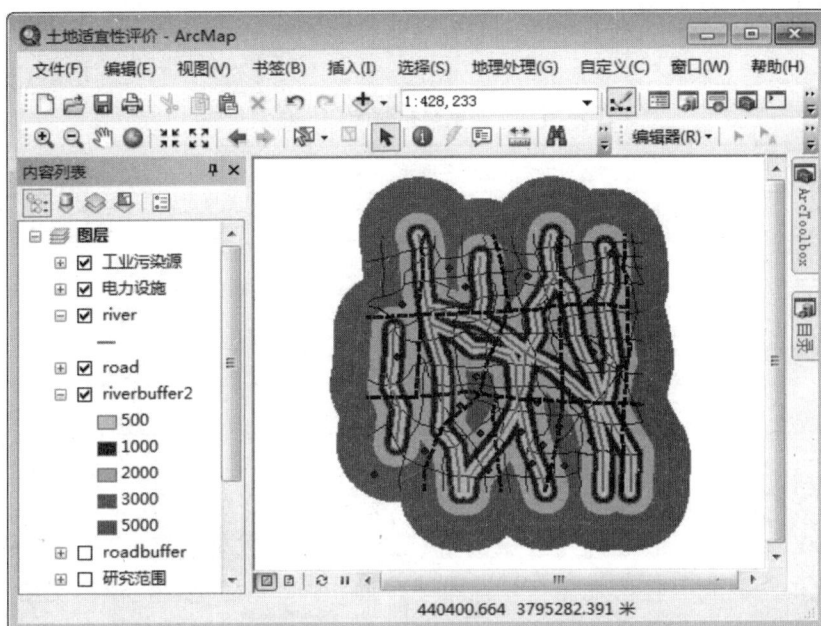

图 10.66　河流的 5 级缓冲区

②将河流的 5 级缓冲区转换成栅格数据,栅格单元大小为(86.7834341 *
86.7834341),并对转换后的栅格数据按照分级标准重分类,最终结果如图 10.67 所示。

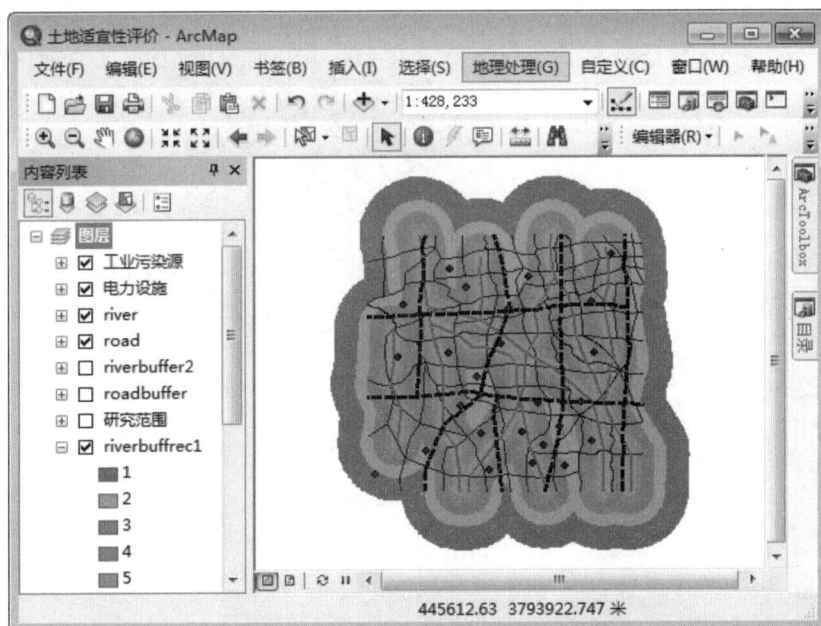

图 10.67　滨水环境的适宜性评价结果

B:计算工厂的缓冲区

工厂周围环境适宜性将根据距离工业污染源的远近加以确定,如表10.4所示。

表10.4 污染源环境的评价标准

评价因子	分类	分级
滨水环境	距离工厂3000 m以上	5
	距离工厂2000~3000 m	4
	距离工厂1000~2000 m	3
	距离工厂500~1000 m	2
	距离工厂0~500 m	1

①计算工厂的多环缓冲区,设置缓冲距离分别为500 m,1000 m,2000 m,3000 m,5000 m(5000 m范围远超出研究区域,可以保证研究区域全部落入缓冲区内,代表了3000 m以上的距离),具体的操作与计算道路、河流的缓冲区的步骤一样,这里不再赘述。生成的结果如图10.68所示。

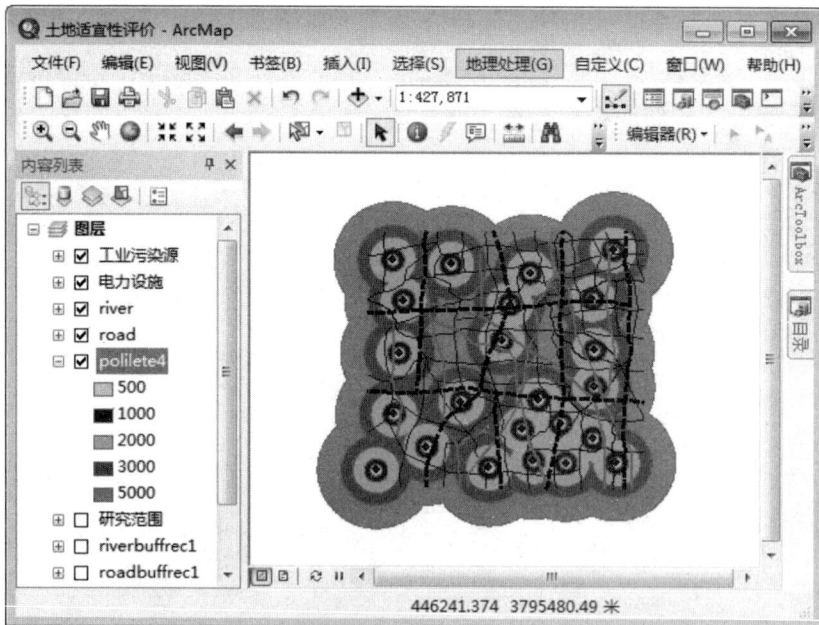

图10.68 工业污染源的缓冲区

②将工业污染源的5级缓冲区转换成栅格数据,栅格单元大小为(86.7834341 * 86.7834341),并对转换后的栅格数据按照分级标准重分类,如表10.4所示,分类的时候距离越远,分级结果越大。最终结果如图10.69所示。

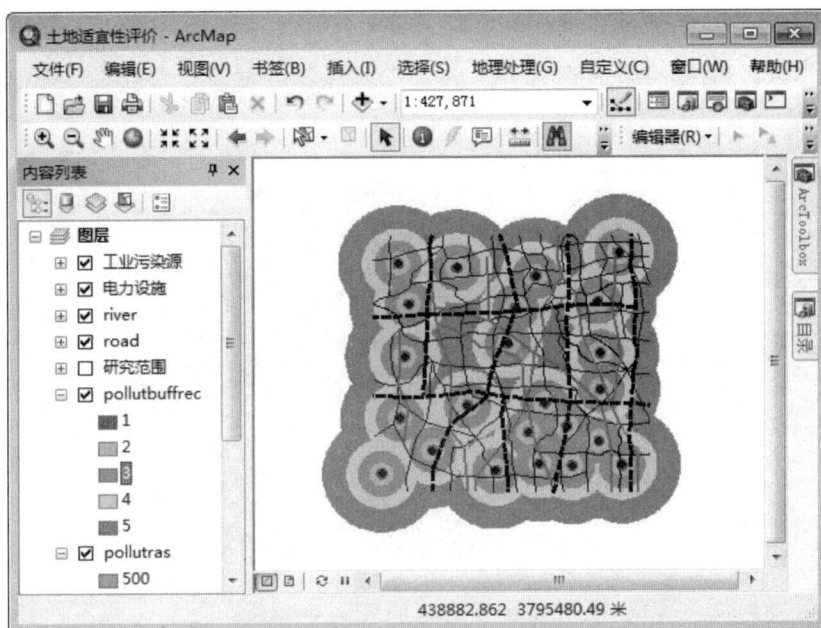

图 10.69　污染源缓冲区分类结果

（3）基础设施因素评价

基础设施适宜性是按照距离电力设施的远近进行评价，参考标准如表 10.5 所示。

表 10.5　基础设施适宜性的评价标准

评价因子	分类	分级
基础设施	距离电力设施 0～500 m	5
	距离电力设施 5～1000 m	4
	距离电力设施 1000～2000 m	3
	距离电力设施 2000～3000 m	2
	距离电力设施 3000 m 以上	1

①计算电力设施的多环缓冲区，设置缓冲距离分别为 500 m，1000 m，2000 m，3000 m，5000 m，具体的操作与计算道路、河流、工业污染源的缓冲区的步骤一样，这里不再赘述。生成的结果如图 10.70 所示。

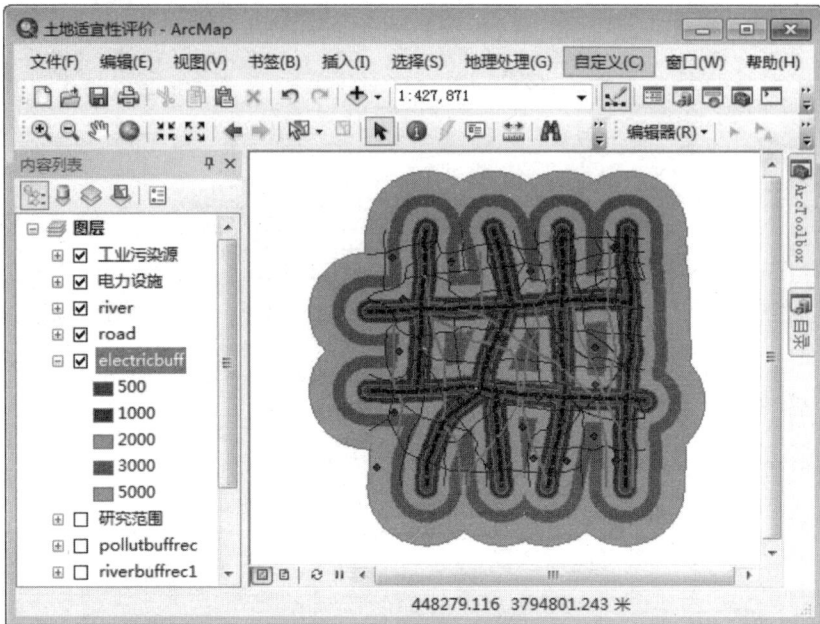

图 10.70　电力设施的缓冲区

②将电力设施的 5 级缓冲区转换成栅格数据,栅格单元大小为(86.7834341 * 86.7834341),并对转换后的栅格数据按照分级标准重分类,最终结果如图 10.71 所示。

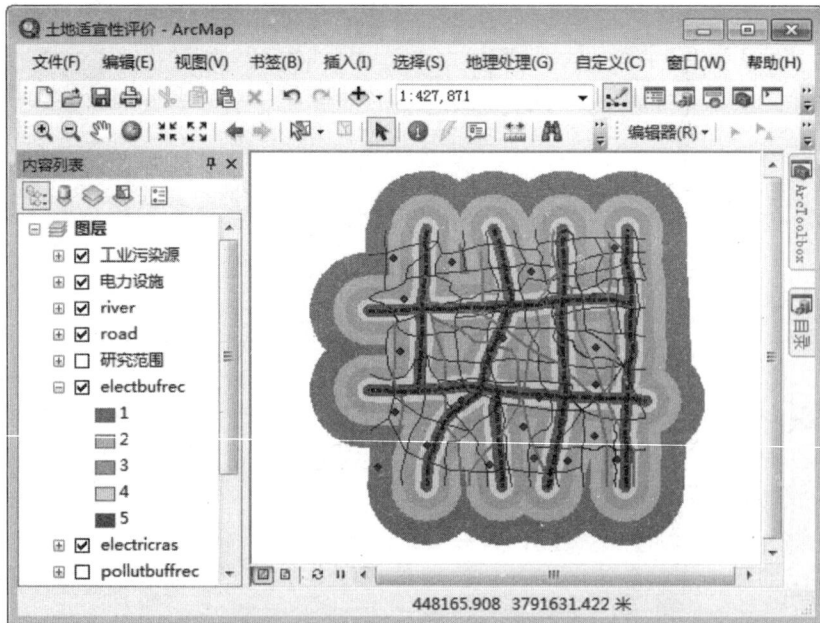

图 10.71　电力设施缓冲区重分类结果

（4）地形适宜性评价

A：高程适宜性评价

考虑到城市基础设施建设的难度，高程较高地区不适宜建设区域，这里按照其他学者的研究成果，确定高程适宜性的参考标准，如表10.6所示。

表10.6　高程适宜性的评价标准

评价因子	分类	分级
高程	高程 99～220 m	5
	高程 220～250 m	4
	高程 250～300 m	3
	高程 300～350 m	2
	高程在 350 m 以上	1

①高程数据"heightdata"是栅格数据，可以直接进行重分类进行分级，双击【spatial analyst 工具】→【重分类】工具箱下的【重分类】工具，打开"重分类"对话框，如图10.72所示，在【输入栅格】中输入转换的栅格数据"heightdata"，在【重分类字段】中选择"value"，单击【分类】，打开"分类"对话框，在【类别】中输入5，在【中断值】中分别输入220，250，300，350，691。如图10.73所示，单击【确定】。

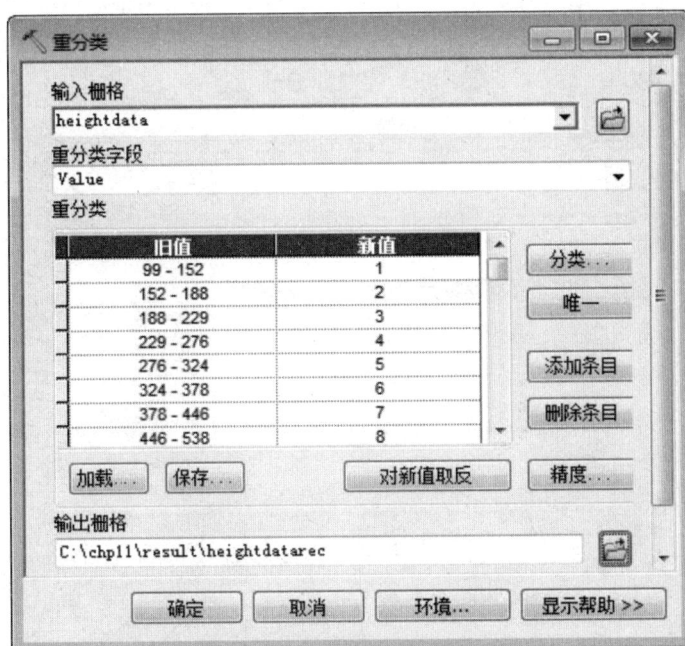

图10.72　重分类对话框

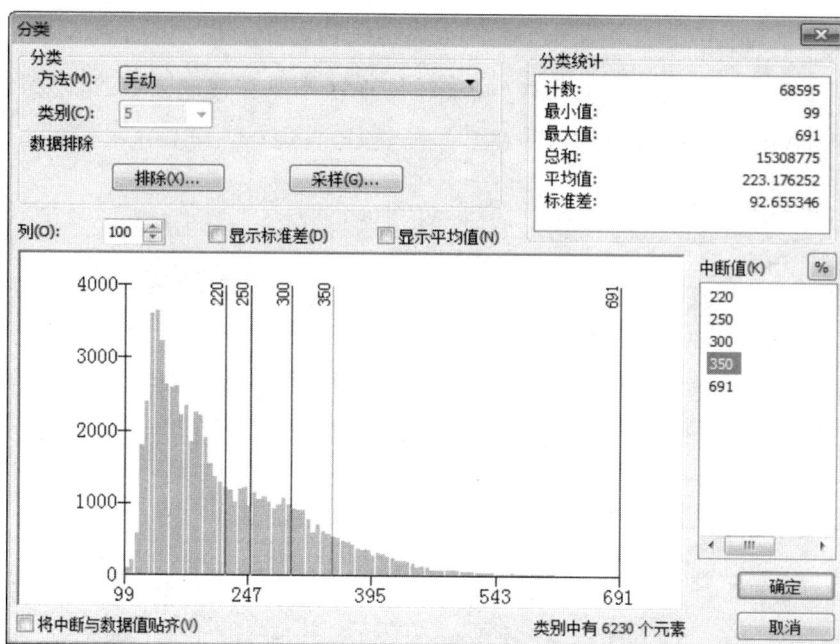

图 10.73　分类对话框

　　②在"重分类"对话框中,按照分级标准重分类新值,为【输出栅格】指定保存路径和名称,如图 10.74 所示。单击【确定】后,计算重分类结果,如图 10.75 所示。

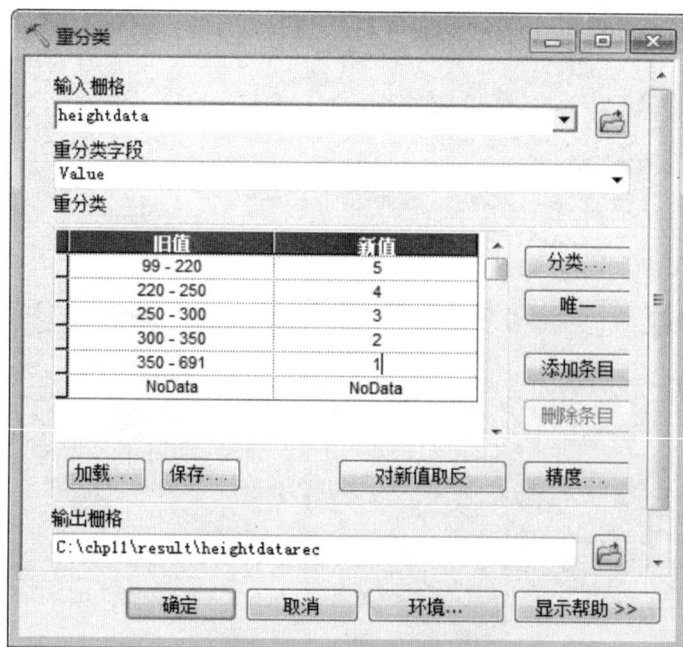

图 10.74　重分类对话框

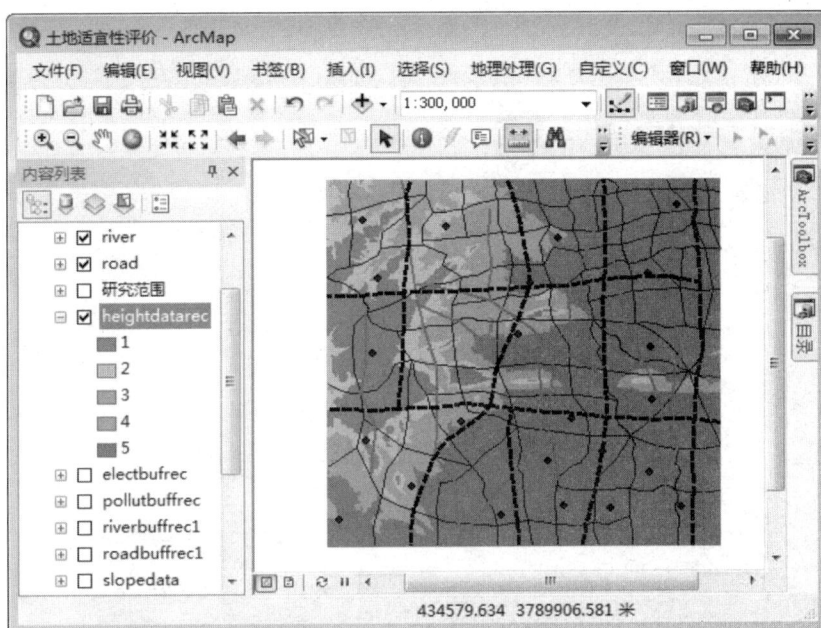

图 10.75　高程重分类结果

B:坡度适宜性评价

本研究坡度数据为栅格数据,反应的是地形的坡度,范围是 0 ~ 31.5;坡度适宜性参考标准如表 10.7 所示。

表 10.7　坡度适宜性的评价标准

评价因子	分类	分级
坡度	坡度 0 ~ 5 度	5
	坡度 5 ~ 10 度	4
	坡度 10 ~ 15 度	3
	坡度 15 ~ 25 度	2
	坡度大于 25 度	1

和高程数据类似,坡度数据也可以直接进行重分类,这里不再赘述,重分类对话框如图 10.76 所示,最终分类的结果如图 10.77 所示。

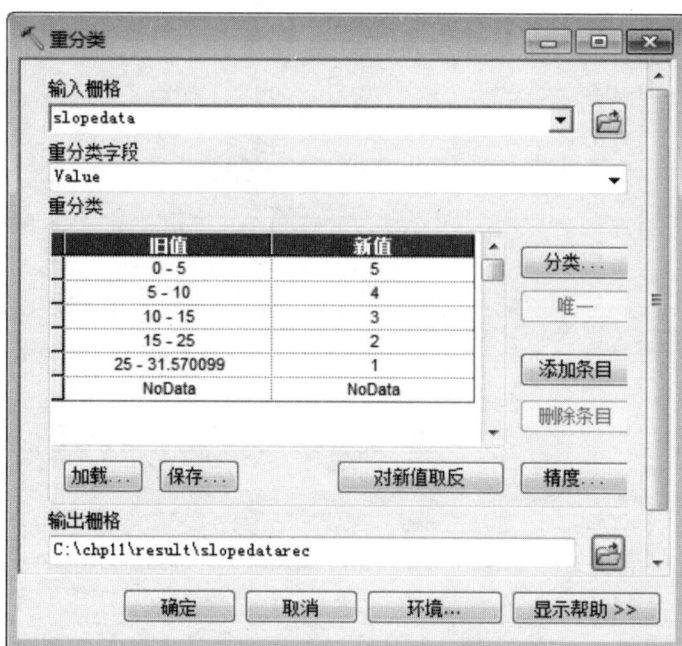

图 10.76　重分类对话框

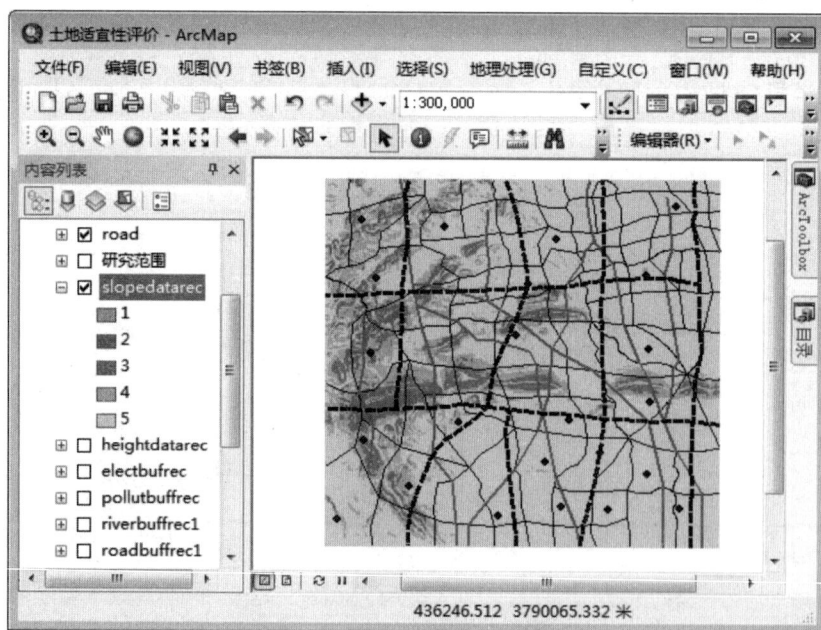

图 10.77　坡度适宜性分类结果

三、综合评价

综合评价即对前述各个单因子评价结果进行叠加运算,得到综合评价图。

①双击【Spatial Analyst 工具】——【叠加分析】下的【加权总和】工具,即打开【加权总和】工具,在【输入栅格】中输入前述各单因子的重分类结果,在【权重】中输入各因子的指标权重,如图 10.78 所示,单击【环境】,打开【环境设置】对话框,单击【处理范围】,在【范围】下拉选择"与图层【研究范围】相同",如图 10.79,两次单击确定后生成的结果如图 10.80 所示。

图 10.78　加权总和对话框

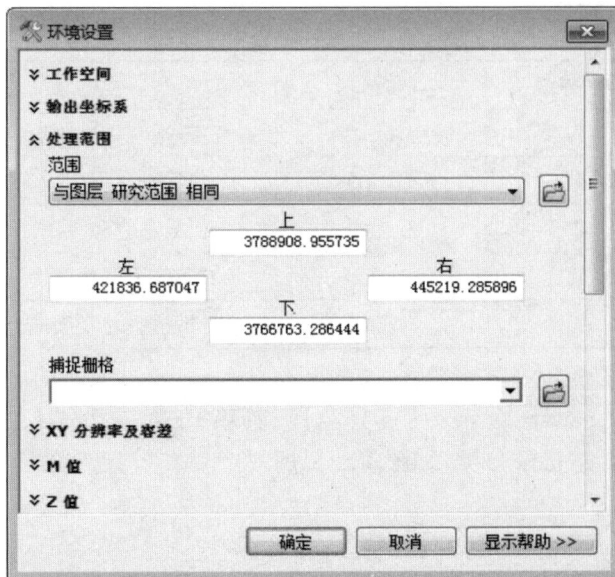

图 10.79　研究范围设置

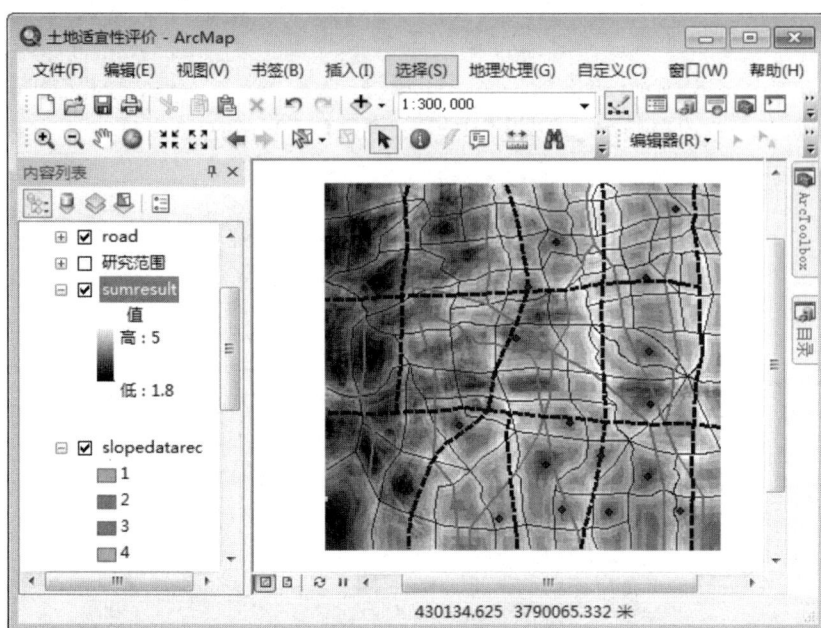

图 10.80 加权总和结果

②根据前述对各单因子评价值含义的确定,3 分是可以接受的适宜用作居住用地的最低值,5 分代表最适宜建设,1 分代表不适宜建设。根据加权总和结果,最终的取值范围为:1.8~5,这里将结果分成 5 类,如表 10.8 所示。

表 10.8 适宜性等级划分标准

类别等级	评价分值	适宜性类别
Ⅰ	4.5~5	最适宜建设用地
Ⅱ	4~4.5	适宜建设用地
Ⅲ	3.5~4	比较适宜建设用地
Ⅳ	3~3.5	有条件限制建设用地
Ⅴ	1.8~3	不适宜建设用地

③双击【spatial analyst 工具】→【重分类】工具箱下的【重分类】工具,打开【重分类】对话框,按照表 10.8 进行重分类,如图 10.81 所示。单击确定后最终的重分类结果如图 10.82 所示。

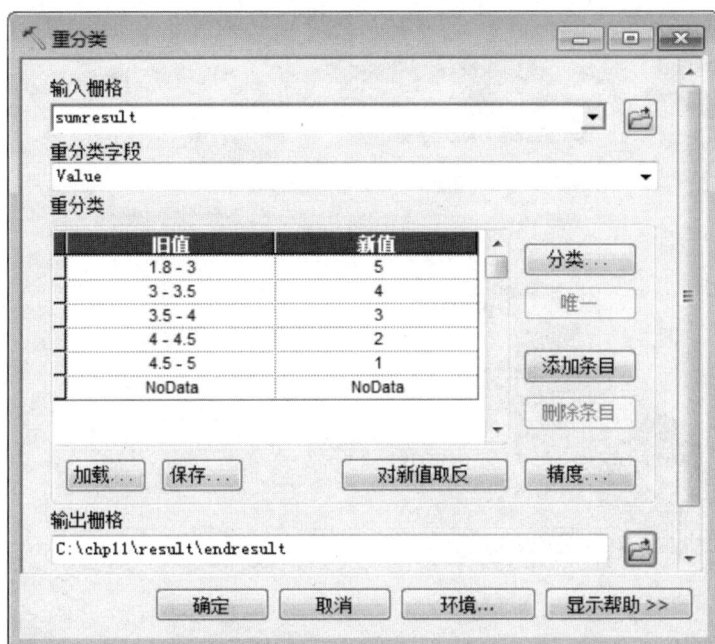

图 10.81　重分类对话框

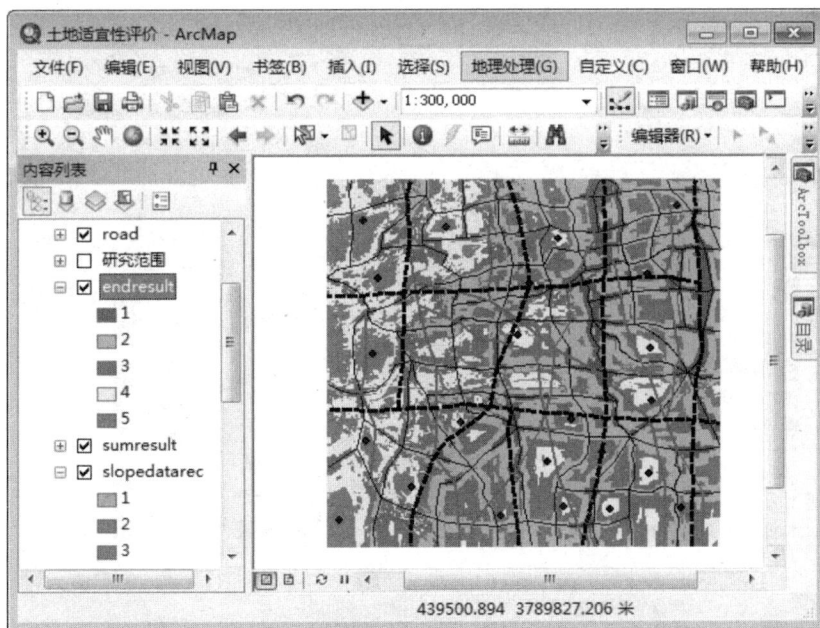

图 10.82　重分类结果

④双击【endresult】数据,打开其【图层属性】对话框,单击【符号系统】标签,在【配色方案】选择一种渐变的颜色色系,在【标注】中分别按照表 10.8 的"适宜性类别"输入到

相应的栏目中,如图 10.83 所示,单击【确定】后最终的结果如图 10.84 所示。

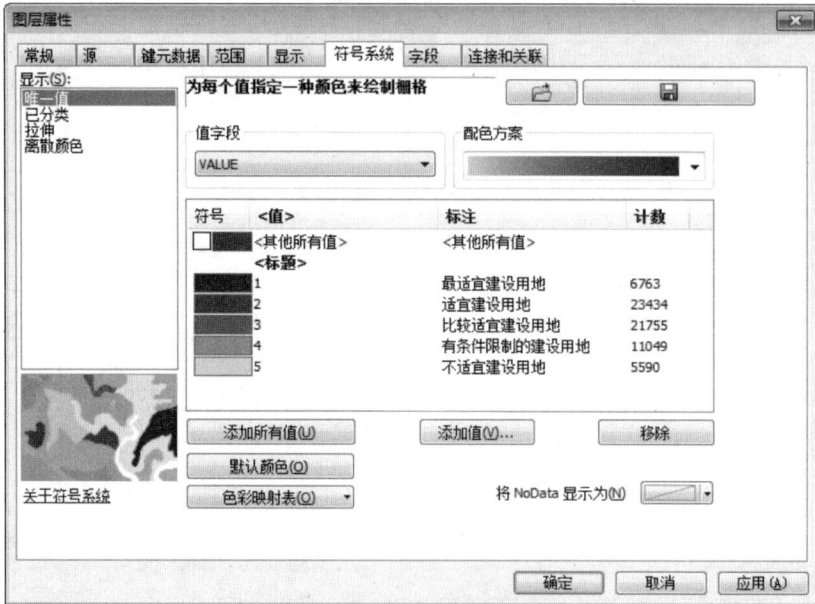

图 10.83 图层属性对话框

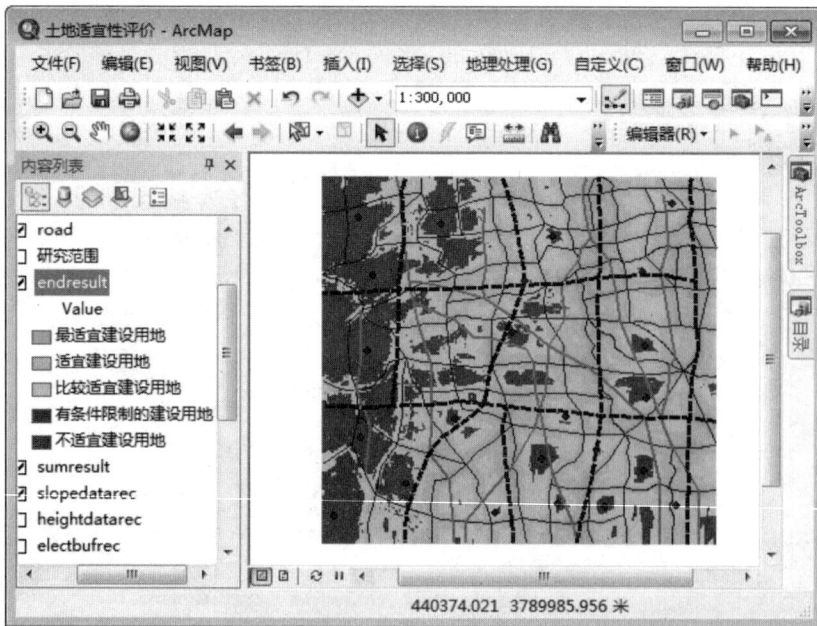

图 10.84 设置标注后的结果

⑤打开数据【endresult】的属性表,添加字段【area】,字段类型为"双精度型",右键单

击【area】,选择【字段计算器】,打开【字段计算器】对话框,AREA = count * 86.7834341 * 86.7834341,也即每个类型的面积等于栅格的数量与每个栅格单元面积的乘积,如图 10.85 所示。计算的结果如图 10.86 所示。

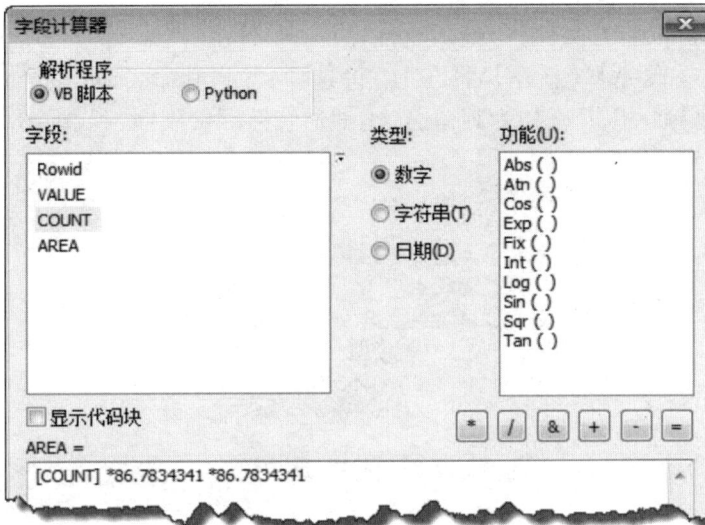

图 10.85 栅格计算器

图 10.86 面积计算结果

四、利用 Model Builder 建立土地适宜性评价模型

空间建模是按照一定的业务流程,在 Model Builder 环境中对 ArcGIS 中的空间分析工具进行有序的组合,构建一个完整的应用分析模型,从而完成对空间数据的处理与分析,得到满足业务需求的最终结果的过程。Model Builder(模型构建器)是一个用来创建、编辑和管理空间分析模型的应用程序,是一种可视化的编程环境,通过对现有工具的组

合完成新模型或软件的制作,为设计和实现空间处理模型(包括工具、脚本和数据)提供了一个图形化的建模框架。当空间处理涉及许多操作步骤时,建立模型可以明晰空间处理的步骤,简化操作,便于重复使用。

(1)新建和编辑模型

①启动 ArcMap,打开文档【土地适宜性评价. mxd】,在【目录】面板中浏览到【构建模型】文件夹,单击右键选择【新建】后【工具箱】选项,并为其命名"mytoolbox. tbx",并单击右键,选择【新建】后的【模型】,为其命名"土地适宜性评价模型",如图 10.87 所示。

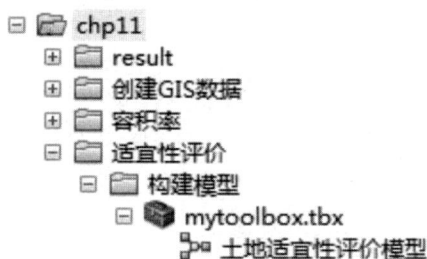

图 10.87   新建好的模型

②右键单击"土地适宜性评价模型",选择【编辑】即可打开模型对话框,如图 10.88 所示。

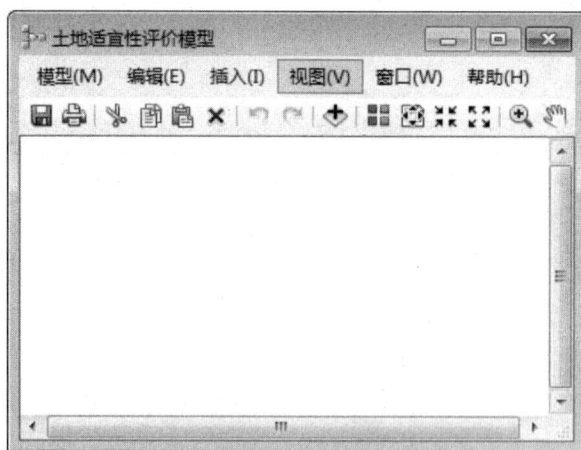

图 10.88   模型构建可视化对话框

(2)构建模型

①在 ArcToolbox 中定位到【分析工具】——【邻域分析】后的【多环缓冲区】工具,将其拖放到模型构建器对话框中,右键单击【多环缓冲区】选择【打开】选项,即打开"多环缓冲区"对话框,按照前述计算"道路"缓冲区的方式填入参数,如图 10.89 所示,单击【确定】后如图 10.90 所示。

图 10.89　多环缓冲区对话框

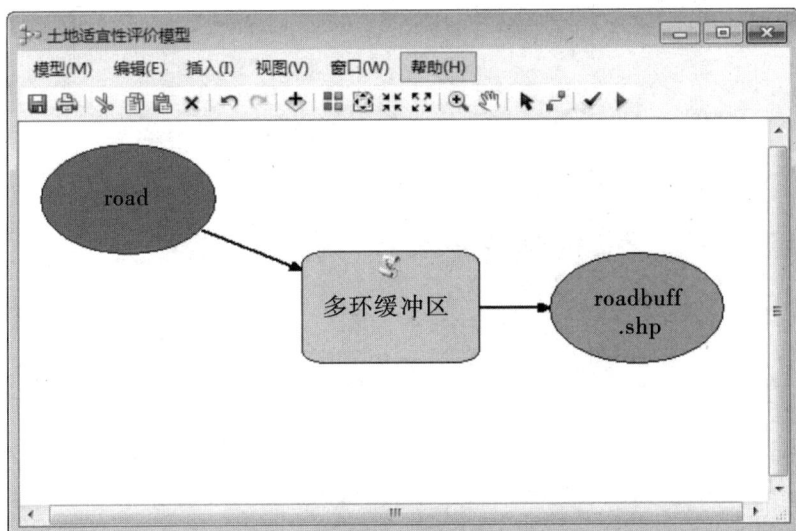

图 10.90　模型构建器–添加多环缓冲区工具

　　②将【转换工具】——【转为栅格】后的【面转栅格】工具拖到模型构建器中,单击【模型构建器】工具栏中的【连接】按钮 ┗┛,在【roadbuff.shp】上单击左键不松一直拖到【面转栅格】工具上,选择【输入要素】,如图 10.91 所示,右键单击【面转栅格】工具选择【打开】选项,按照前述步骤设置各个参数,如图 10.92 所示,单击【确定】后的结果如图 10.93

所示。

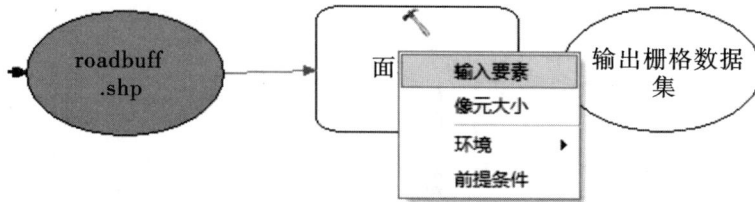

图 10.91　连接按钮

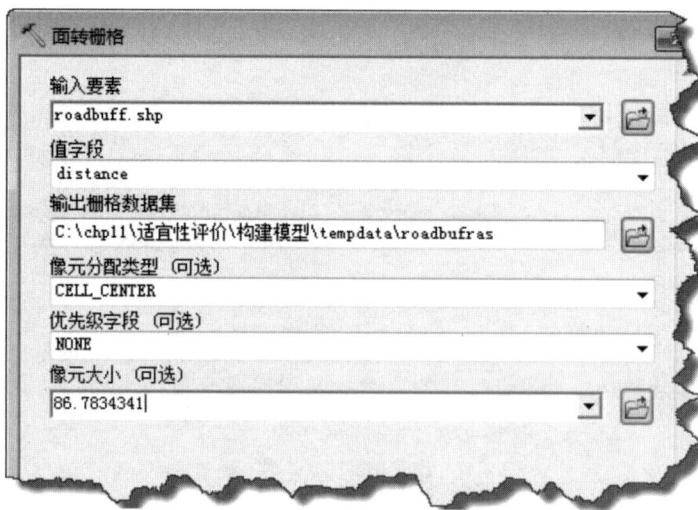

图 10.92　面转栅格对话框

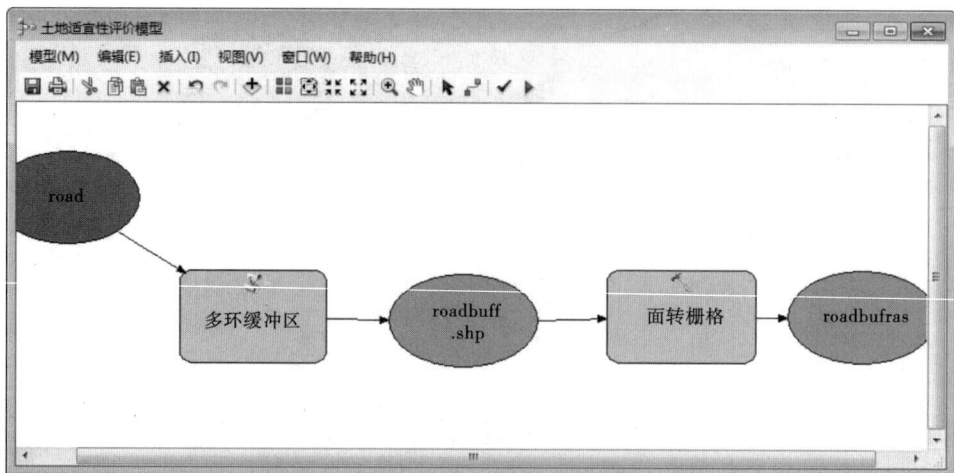

图 10.93　模型构建器–添加面转栅格工具

③将【Spatial Analyst 工具】→【重分类】后的【重分类】工具拖进模型构建器中,单击工具栏中的【连接】按钮🖥️,在【roadbufras】上单击左键不松一直拖到【重分类】工具上,选择【输入栅格】,右键单击【重分类】选择【打开】可以填入具体的参数,主要通过【添加条目】的方式填入【旧值】和【新值】,由于模型还未运行,因此栅格数据【roadbufras】并没有产生,这里的【旧值】需要用手动的方式进行输入,具体设置如图 10.94 所示,单击【确定】后结果如图 10.95 所示。

重分类

输入栅格
roadbufras

重分类字段
Value

重分类

旧值	新值
200	5
500	4
1000	3
1500	2
3000	1
NoData	NoData

分类… / 唯一 / 添加条目 / 删除条目

加载… / 保存… / 对新值取反 / 精度…

输出栅格
C:\chp11\适宜性评价\构建模型\tempdata\roadbufrec

确定　取消　应用　显示帮助 >>

图 10.94　重分类对话框

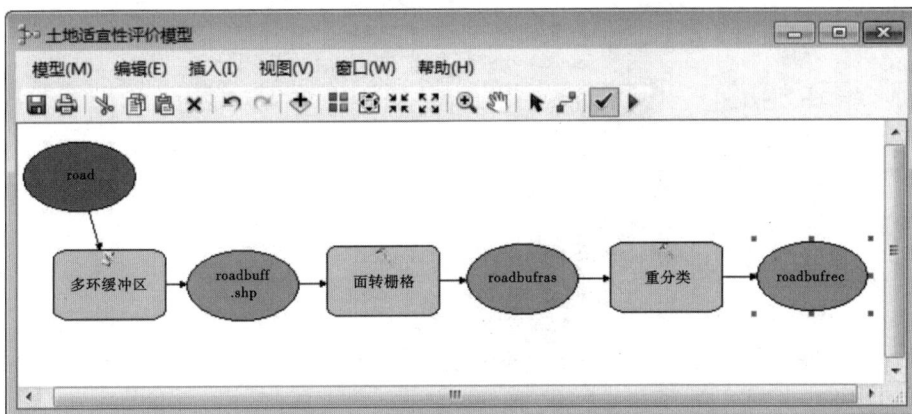

土地适宜性评价模型

模型(M)　编辑(E)　插入(I)　视图(V)　窗口(W)　帮助(H)

road → 多环缓冲区 → roadbuff.shp → 面转栅格 → roadbufras → 重分类 → roadbufrec

图 10.95　模型构建器-添加重分类

④按照上述过程分别完成对数据"river. shp""工业污染源. shp""电力设施. shp"的计算,在对"工业污染源. shp"的栅格缓冲区重分类时应注意距离越远,分级值越大。添加工具后的结果如图 10.96 所示。

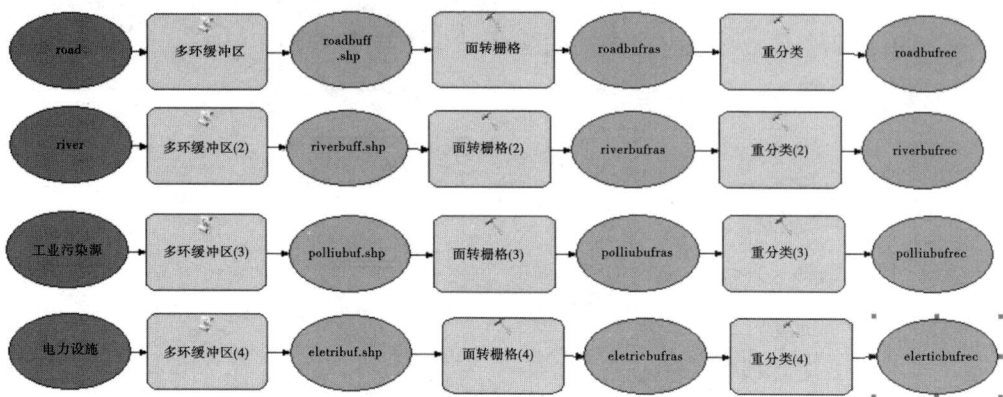

图 10.96　模型构建器–添加其他因子的处理结果

⑤将【Spatial Analyst 工具】→【重分类】后的【重分类】工具拖进模型构建器中,右键单击【打开】后可以设置具体参数,如图 10.97 所示,单击【确定】即可。

图 10.97　重分类对话框

⑥同理完成对数据"slopedata"的计算,完成后的各因子模型处理过程如图 10.98 所示。

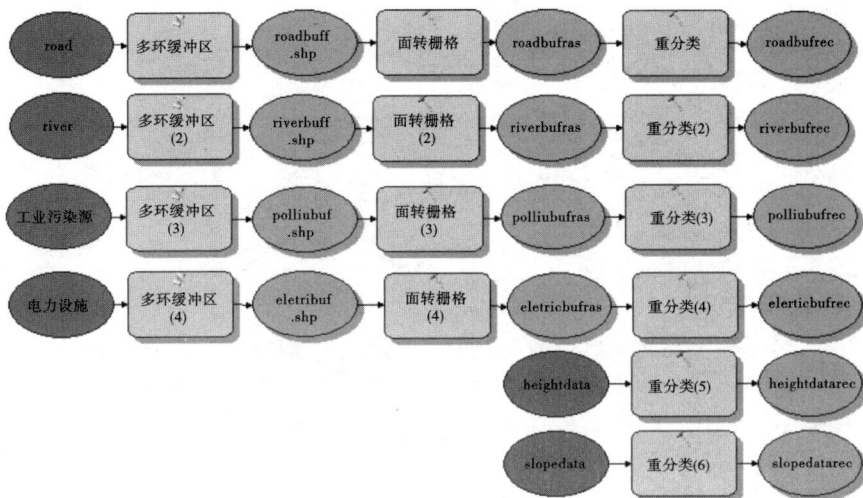

图 10.98　各因子的处理流程

　　⑦将【Spatial Analyst 工具】→【叠加分析】后的【加权总和】工具拖进模型构建器中，单击工具栏中的【连接】按钮 ，分别将数据"roadbufrec""riverbufrec""polliubufrec""eletricbufrec""heightdatarec""slopedatarec"作为"输入栅格"连接到【加权总和】工具，右键单击【打开】设置具体的参数，如图 10.99 所示。右键单击【加权总和】，选择【获取变量】→【从环境】→【处理范围】后的【范围】选项，右键单击打开"范围"对话框，设置范围与"图层 研究范围"相同，如图 10.100 所示，单击【确定】。

图 10.99　加权总和对话框

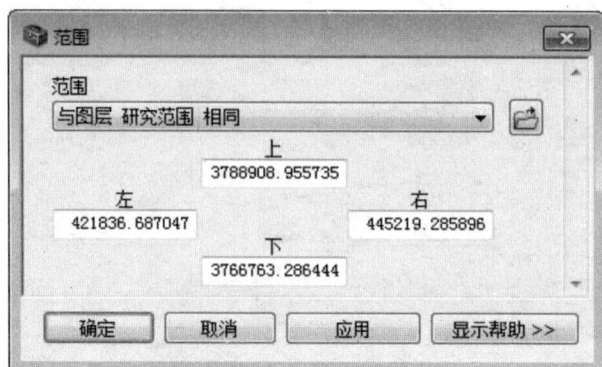

图 10.100　设置范围对话框

　　⑧将【Spatial Analyst 工具】→【重分类】后的【重分类】工具拖进模型构建器中,单击工具栏中的【连接】按钮，将"sumresult"数据作为"输入栅格"连接到【重分类】工具,右键单击【打开】打开重分类对话框,设置参数如图 10.101 所示。单击【确定】后整个模型如图 10.102 所示。

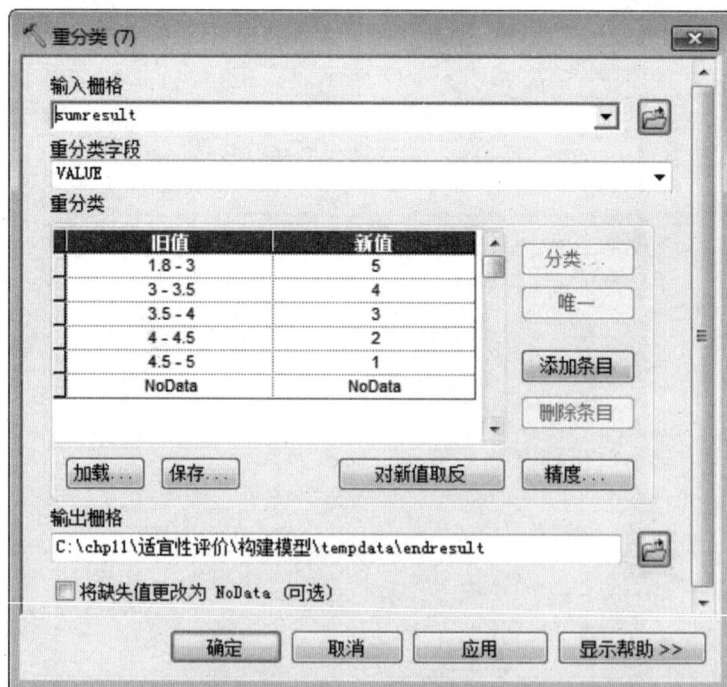

图 10.101　对加权总和结果重分类

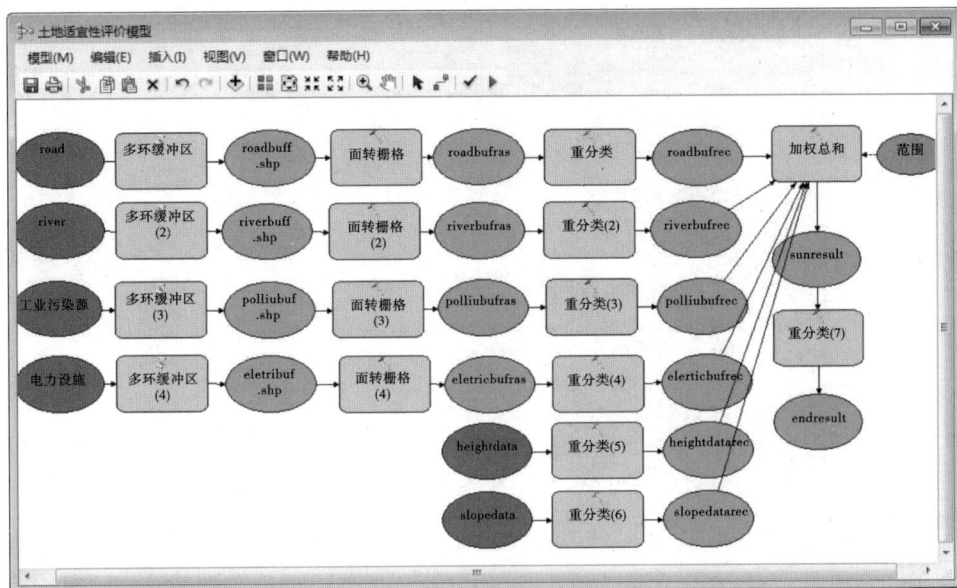

图 10.102　总模型

（3）验证和运行模型

①单击工具条上的验证整个模型按钮 ✔，或者单击【模型】菜单下的【验证整个模型】即可验证模型，如果模型中有不能满足条件的元素，则该元素会变成白色，如将计算"road"缓冲区的【多环缓冲区】工具的数据改为"road1"，然后单击【验证整个模型】后，错误的元素会出现白色，如图 10.103 所示。打开出现错误的元素，修改正确即可。

图 10.103　验证模型后结果

②单击工具条上的运行模型按钮 ▶，或者单击【模型】菜单下的【运行模型】选项，同时会显示出运行状态对话框，如图 10.104 所示，如果出现错误，对话框中会给出红色提示，并暂停计算，修改模型至正确后再次运行直至完毕。加载最后的结果如图 10.105所示。

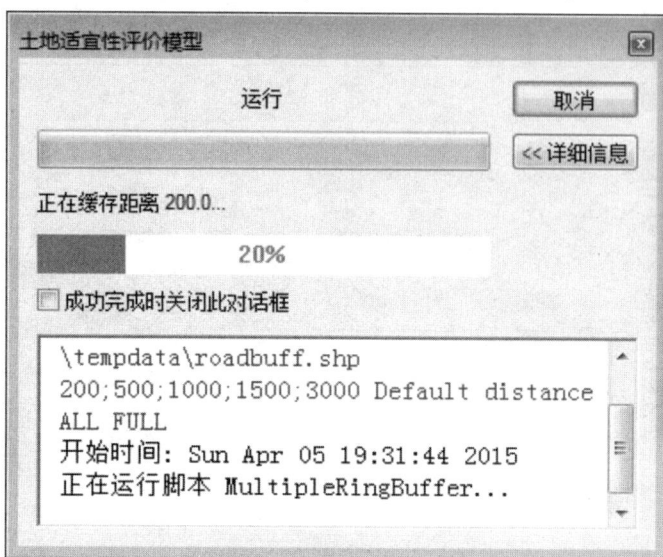

图 10.104　运行状态对话框

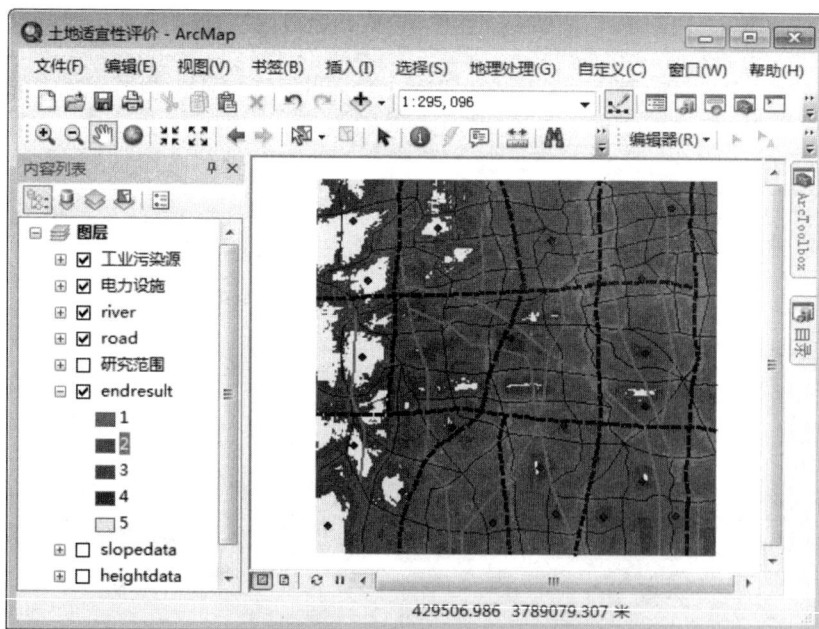

图 10.105　模型最终运算结果

第六节 基于 GIS 的人口分布特征分析

人口分布是人口发展过程的空间表现形式,它受制于并反作用于区域的经济社会发展水平,也是城乡规划中重点考虑的内容。人口的高速增长造成了对自然资源的巨大压力,人均资源越来越少,人口问题一直是制约经济和社会发展的主要因素。人口的分布情况能够反映一个地区的自然地理条件的差异和经济发展水平的高低,研究人口空间分布的核心意义在于揭示人口分布的规律性、趋向性和地域特点。城市规划影响人口内部迁居和引导人口疏散、外迁,人口分布则为城乡规划功能分区指明方向,影响近期建设重点和具体项目的落实等。因此,研究人口空间分布的变化及其影响因素,有利于制定合理的人口政策,引导人口以及各种要素的空间布局。对于区域的发展规划、工业布局、住宅建设、交通运输等方面都有重要的影响。

本研究以平顶山市市辖区以及县为研究对象,采集 2000 年、2005 年、2010 年人口统计数据,来源于 2001、2006 和 2011 年《平顶山市统计年鉴》。

一、数据的处理

(1)将采集的人口数据通过 Excel 处理后,存储为 dbf 格式的表格。如图 10.106 所示。单位为万人。

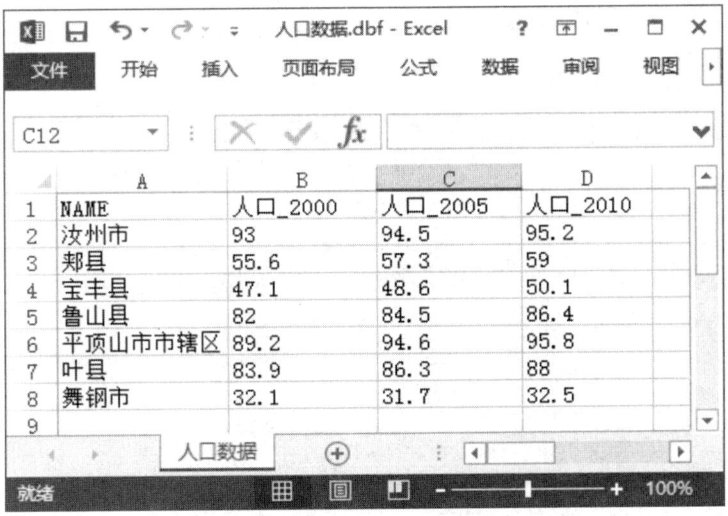

NAME	人口_2000	人口_2005	人口_2010
汝州市	93	94.5	95.2
郏县	55.6	57.3	59
宝丰县	47.1	48.6	50.1
鲁山县	82	84.5	86.4
平顶山市市辖区	89.2	94.6	95.8
叶县	83.9	86.3	88
舞钢市	32.1	31.7	32.5

图 10.106 采集的人口数据

(2)启动 ArcMap,加载平顶山行政区划数据“行政区划. shp”,打开其属性表,如图 10.107 所示。

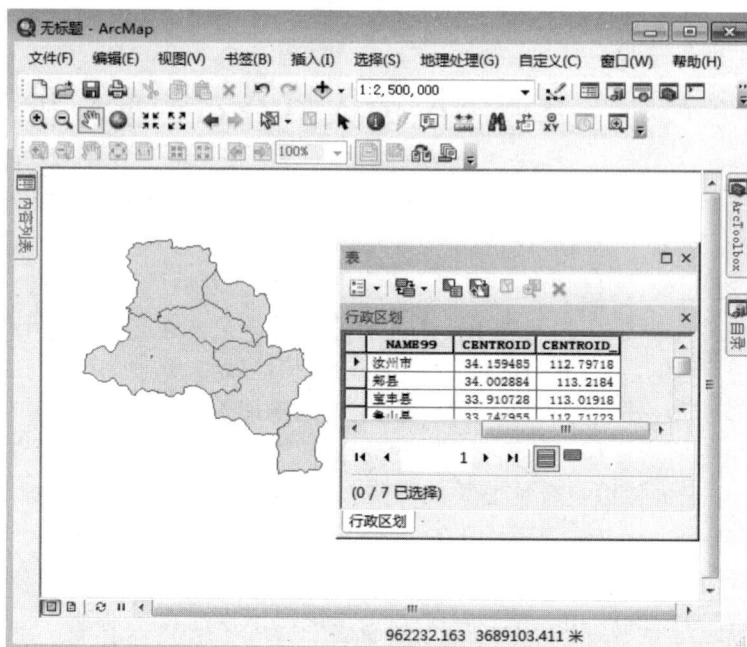

图 10.107　加载的行政区划数据

（3）将采集的人口数据与行政区划数据关联起来，打开【行政区划.shp】的属性表，在【表选项】下选择【连接和关联】后的【连接】选项，打开【关联】对话框，在【选择该图层中关联将基于的字段】中下拉选择【NAME99】，选择表【人口数据.dbf】，在【选择关联表或图层中要作为关联基础的字段】中选择【NAME】，如图 10.108 所示，连接的结果如图 10.109所示。

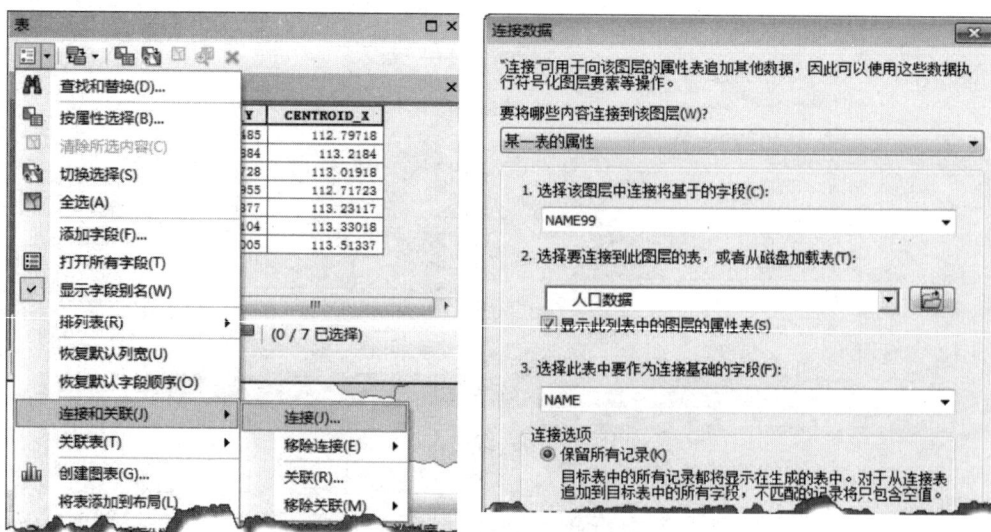

图 10.108　连接操作

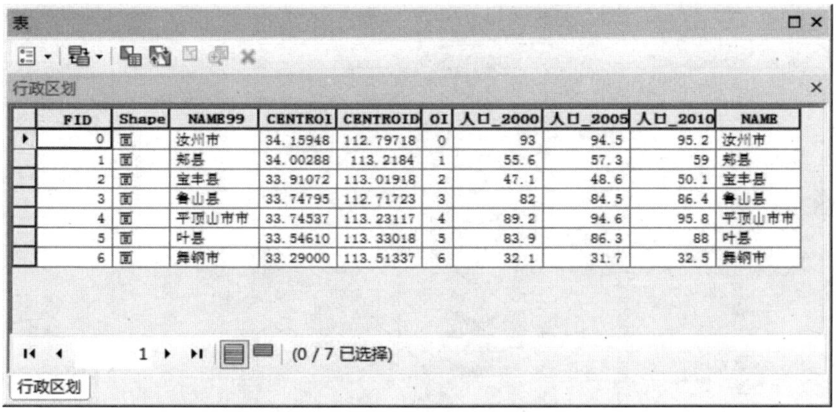

表

行政区划

FID	Shape	NAME99	CENTROI	CENTROID	OI	人口_2000	人口_2005	人口_2010	NAME
0	面	汝州市	34.15948	112.79718	0	93	94.5	95.2	汝州市
1	面	郏县	34.00288	113.2184	1	55.6	57.3	59	郏县
2	面	宝丰县	33.91072	113.01918	2	47.1	48.6	50.1	宝丰县
3	面	鲁山县	33.74795	112.71723	3	82	84.5	86.4	鲁山县
4	面	平顶山市市	33.74537	113.23117	4	89.2	94.6	95.8	平顶山市市
5	面	叶县	33.54610	113.33018	5	83.9	86.3	88	叶县
6	面	舞钢市	33.29000	113.51337	6	32.1	31.7	32.5	舞钢市

(0 / 7 已选择)

行政区划

图 10.109　连接结果

二、人口时空差异专题图

打开连接好人口数据的图层属性，单击【符号系统】标签，在左侧中单击【图表】→【条形图/柱状图】，分别添加字段“人口_2000”“人口_2005”“人口_2010”，选择一条配色方案，如图 10.110 所示，单击【确定】后结果如图 10.111 所示。

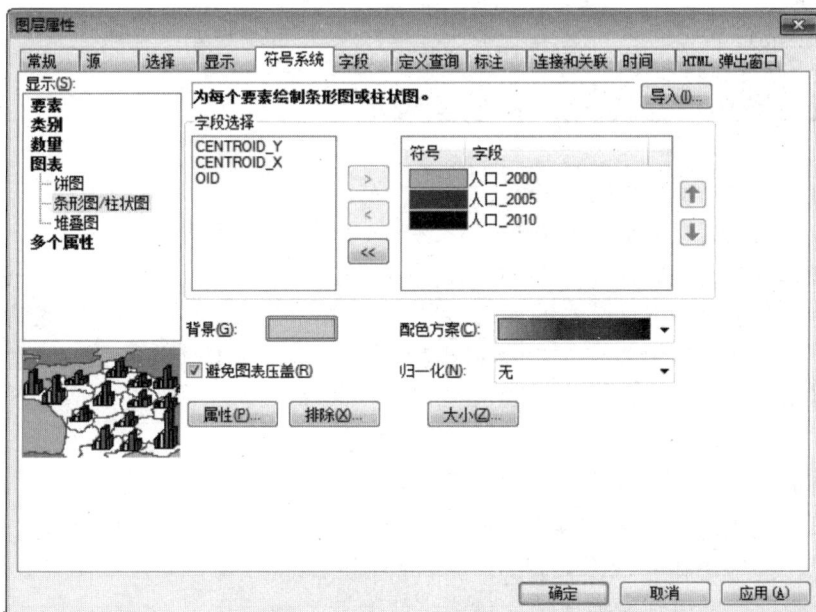

图 10.110　图层属性对话框

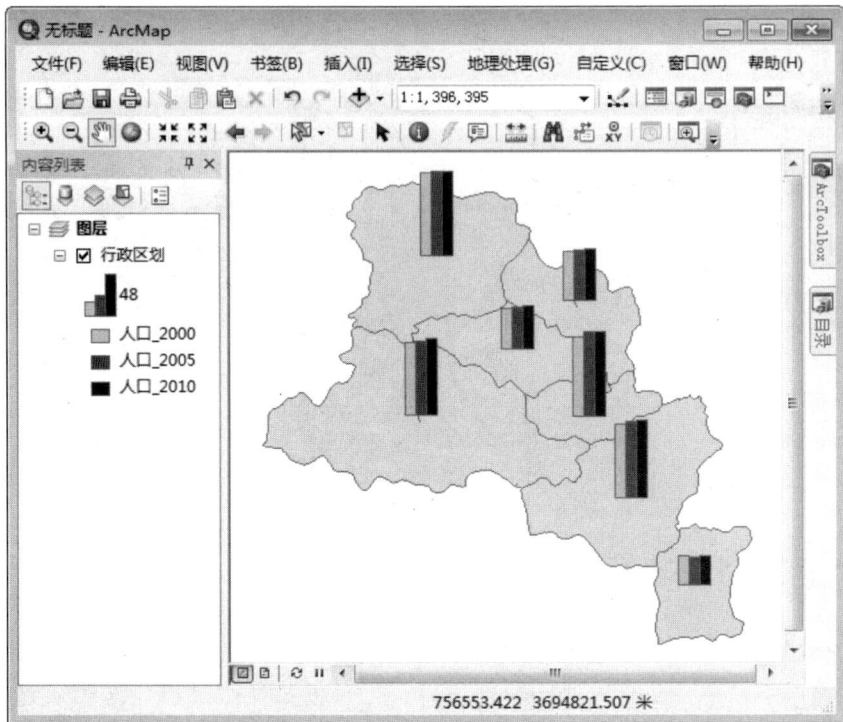

图 10.111　人口专题图

三、人口数量时空差异三维模型表示

传统的人口研究多采用统计和专题地图表示法,直观性不够。人口密度三维模型是对人口数据可视化模拟的最有效方法之一,有着无可比拟的优势。人口密度三维模型的建立基于数字地形模型(DTM)。DTM 为二维区域上的一个有限项的向量序列,它以离散分布的平面点来模拟连续分布的地形,是地形表面形态属性信息的数字表达。当 DTM 的地形属性用高程表示时就成为数字高程模型(DEM),其中高程是第三维坐标。借鉴 DEM 的产生和显示方法,将人口信息作为第三维坐标,可以生成人口信息的三维立体模型。

(1)启动 ArcToolbox,在转换工具箱下双击【转为栅格】后的【面转栅格】工具,打开"面转栅格"对话框,在【输入要素】中填入数据【行政区划】,【值字段】中输入【人口数据.人口_2000】,为【输出栅格数据集】指定保存路径和名称,其他参数按照默认,如图10.112所示。单击确定后即得到转换成的人口三维数据。

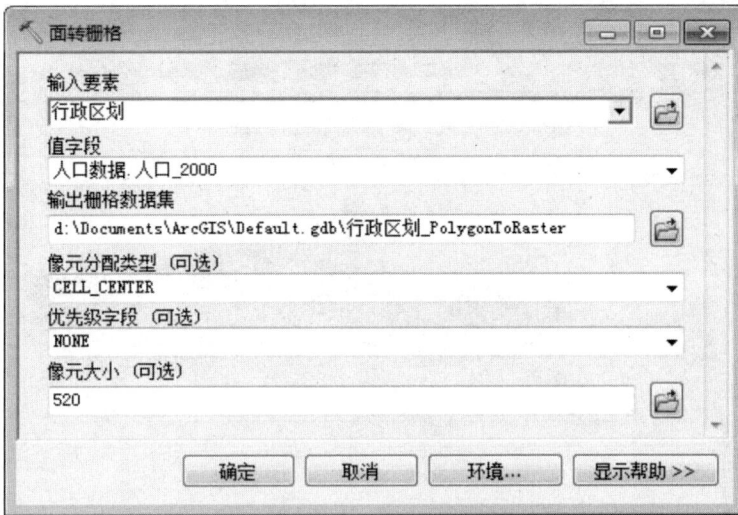

图 10.112　面转栅格工具

（2）在 ArcMap 中无法查看三维效果，启动 ArcScene，加载生成的人口栅格数据，因各县市人口差异不明显，三维效果不明显，可以对整个场景进行拉伸，在【内容列表】中，双击【Scene 图层】，在【垂直夸大】中手动输入 30，如图 10.113 所示，单击确定后结果如图 10.114 所示。

图 10.113　Scene 属性对话框

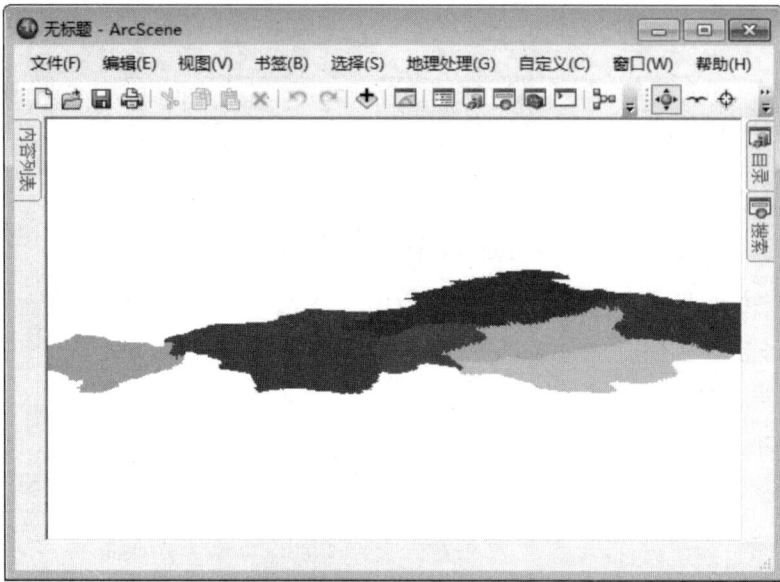

图 10.114　ArcScene 中显示人口三维数据

（3）为了在 ArcMap 中显示立体效果的晕渲地图,需要生成阴影。在 3D analyst 工具箱下双击【栅格表面】后的【山体阴影】工具,输入人口栅格数据,为【输出栅格】指定保存路径和名称,其他参数默认,如图 10.115 所示。

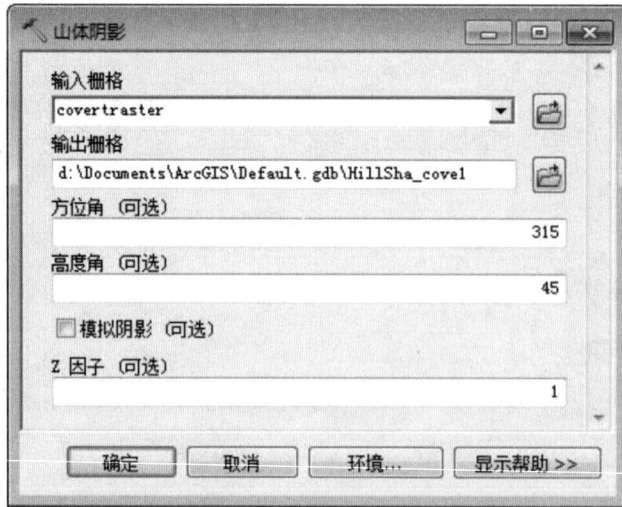

图 10.115　山体阴影工具

（4）单击【确定】后即生成山体阴影,同时显示【行政区划】和【山体阴影】,设置行政区划的显示透明度为 50%,最终的显示结果如图 10.116 所示。同理可以制作 2005 年和 2010 年的人口立体效果晕渲图。

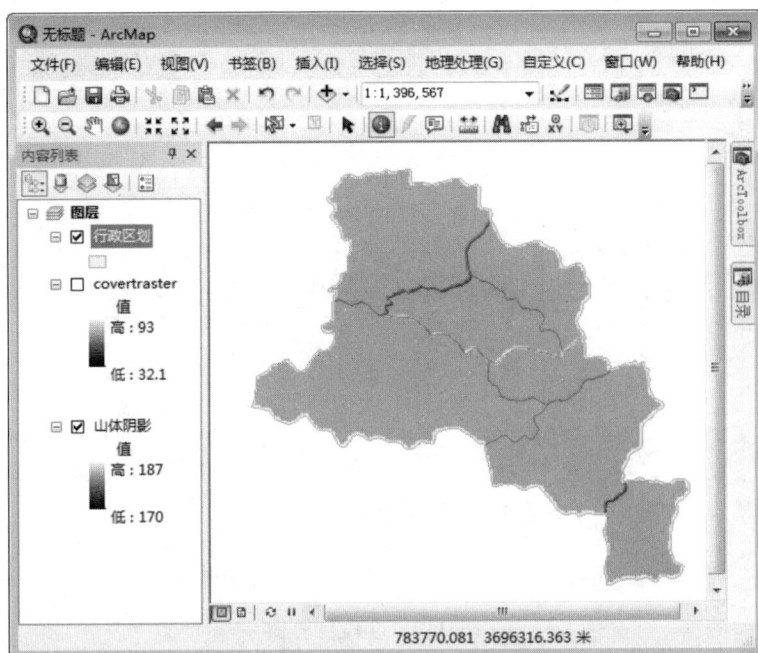

图 10.116　人口立体效果晕渲图

四、人口密度专题图

（1）为【行政区划】数据添加两个字段【面积】和【密度2000】，其数据类型都为浮点型。在【面积】字段上单击右键，选择【计算几何】，在【计算几何】对话框中，【属性】中选择面积，单位选择【平方千米】，如图 10.117 所示。右键单击【人口密度】选择"字段计算器"，密度 2000 = 人口_2000 * 10000/面积，如图 10.118 所示，得到的结果为人/平方公里。

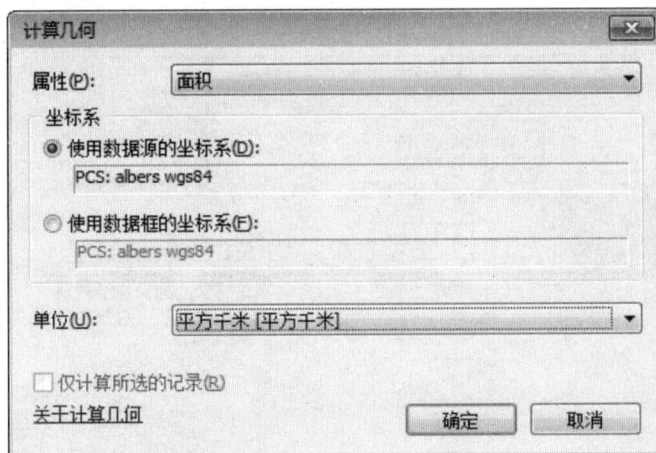

图 10.117　计算几何对话框

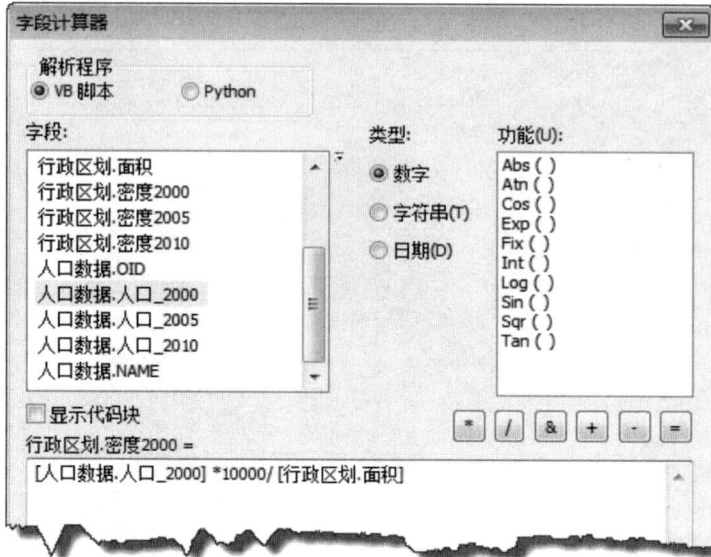

图 10.118 字段计算器

（2）打开【行政区划】的图层属性，单击【符号系统】标签，在左侧中单击【数量】→【分级色彩】，字段值下拉选择【密度2000】，选择一条配色方案，如图 10.119 所示，单击【确定】后结果如图 10.120 所示。同理可做出 2005 年、2010 年人口密度专题图。

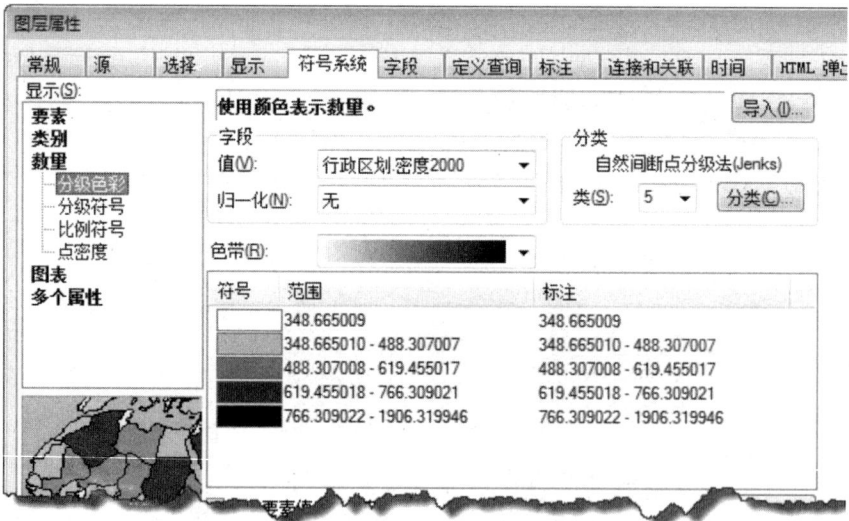

图 10.119 图层属性对话框

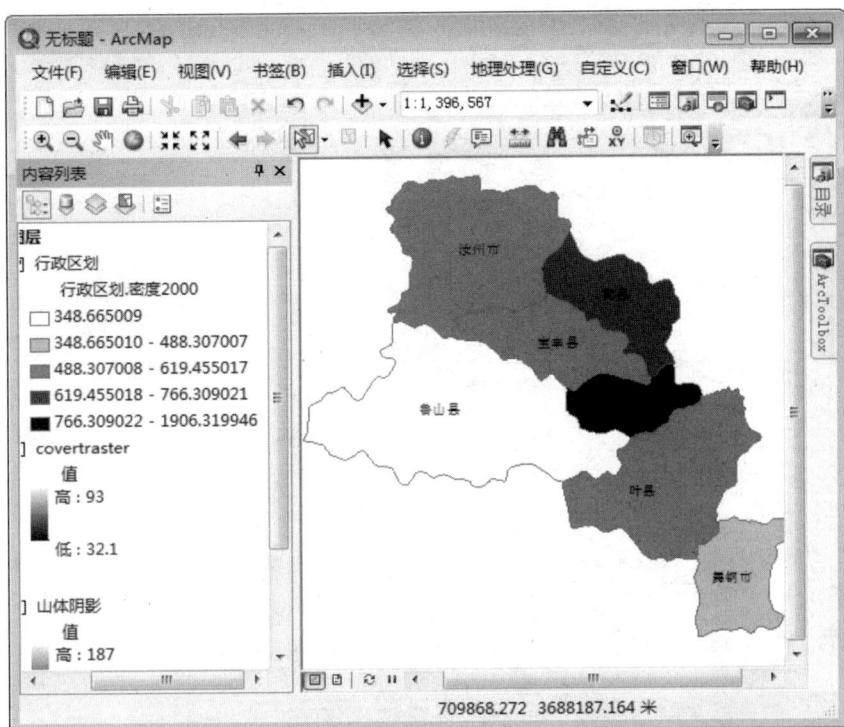

图 10.120　2000 年人口密度专题图

五、人口重心变化

人口重心不同于人口中心。中心是指某要素占较大比例或某方面有重要地位的地区;重心则为某地区某要素的加权几何重心。人口重心的移动方向表示人口分布的伸展方向。研究人口重心的迁移过程,对于了解人口分布演变的历史过程及其伸展方向,掌握人口分布变动规律有着重要意义,也为制定人口分布政策和人口经济发展战略提供必要的依据。人口重心的计算方式为

$$X_i = \frac{F_{xi}}{G} = \frac{\sum_{i=1}^{n}(x_i \cdot G_i)}{G}$$

$$Y_i = \frac{F_{yi}}{G} = \frac{\sum_{i=1}^{n}(y_i \cdot G_i)}{G}$$

式中,X_i 与 Y_i 为人口的重心,x_i、y_i 用每个行政范围内的行政中心点坐标代替,G_i 为每个行政范围内的人口,G 为所有行政范围内的总人口。

(1)按照前述的操作,将行政中心的表与人口数据连接在一起,打开行政中心的属性表,如图 10.121 所示。

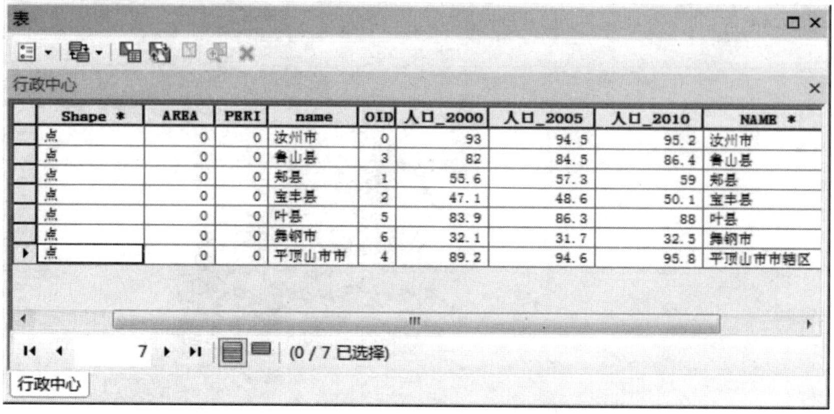

	Shape *	AREA	PERI	name	OID	人口_2000	人口_2005	人口_2010	NAME *
	点	0	0	汝州市	0	93	94.5	95.2	汝州市
	点	0	0	鲁山县	3	82	84.5	86.4	鲁山县
	点	0	0	郏县	1	55.6	57.3	59	郏县
	点	0	0	宝丰县	2	47.1	48.6	50.1	宝丰县
	点	0	0	叶县	5	83.9	86.3	88	叶县
	点	0	0	舞钢市	6	32.1	31.7	32.5	舞钢市
▸	点	0	0	平顶山市市	4	89.2	94.6	95.8	平顶山市市辖区

图 10.121 行政中心的属性表

(2)启动 ArcToolbox,在转换工具箱下双击【数据管理工具】后的【要素】下的【添加 xy 坐标】工具,打开“添加 xy 坐标”对话框,在【输入要素】中填入数据【行政中心】,如图 10.122 所示。单击确定后即可为行政中心要素类添加 xy 坐标。

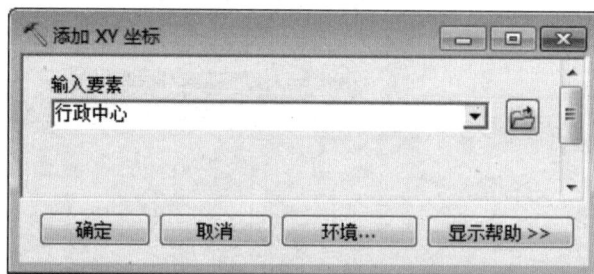

图 10.122 添加 xy 坐标对话框

(3)在【表选项】下单击【导出】,将表格导出为 dbf 格式的表格,利用 Excel 软件将其打开。添加 6 列数据分别为 Fxi2000、Fyi2000、Fxi2005、Fyi2005、Fxi2010、Fyi2010;按照上述公式分别计算各列的值,如 Fxi2000 = 人口_2000 * Point_x;最后按照公式计算出人口重心,将其复制到一个新的表格中,如图 10.123 所示,序号 1、2、3 分别表示 2000 年、2005 年、2010 年平顶山市的人口重心。

图 10.123　人口重心

　　(4)可以将在 Excel 表格中记录的坐标数据显示在 ArcMap 中,在【文件】菜单下选择"添加数据"后的"添加 xy 数据",选择"人口重心"下的 sheet1 数据,分别在 X 段、Y 字段下选择对应的 x 坐标、y 坐标。坐标系选择和当前数据一样的坐标系统,如图 10.124 所示,单击确定后,如图 10.125 所示,因为人口数量变化不明显,重心的变化也不明显。在内容列表中可以将添加的 sheet1 事件数据导出为 ArcGIS 的要素类。

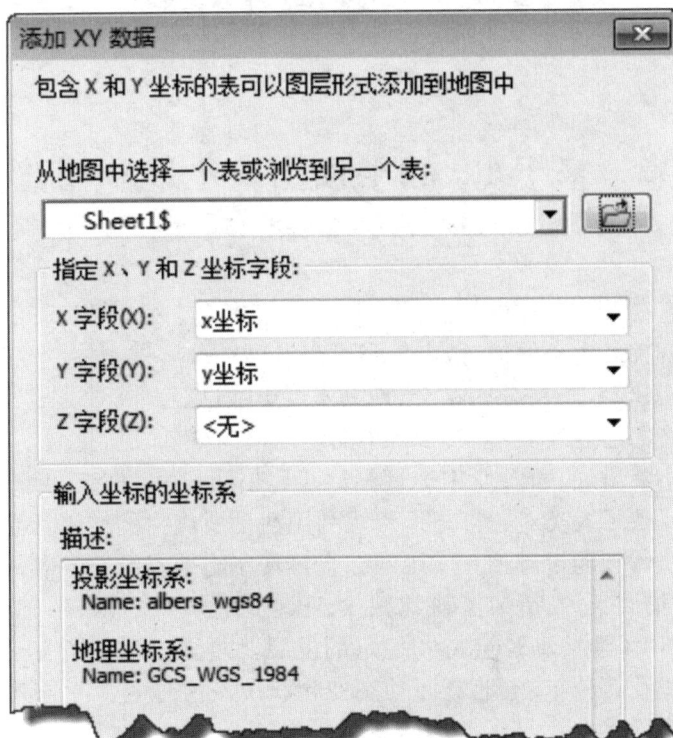

图 10.124　添加 xy 数据

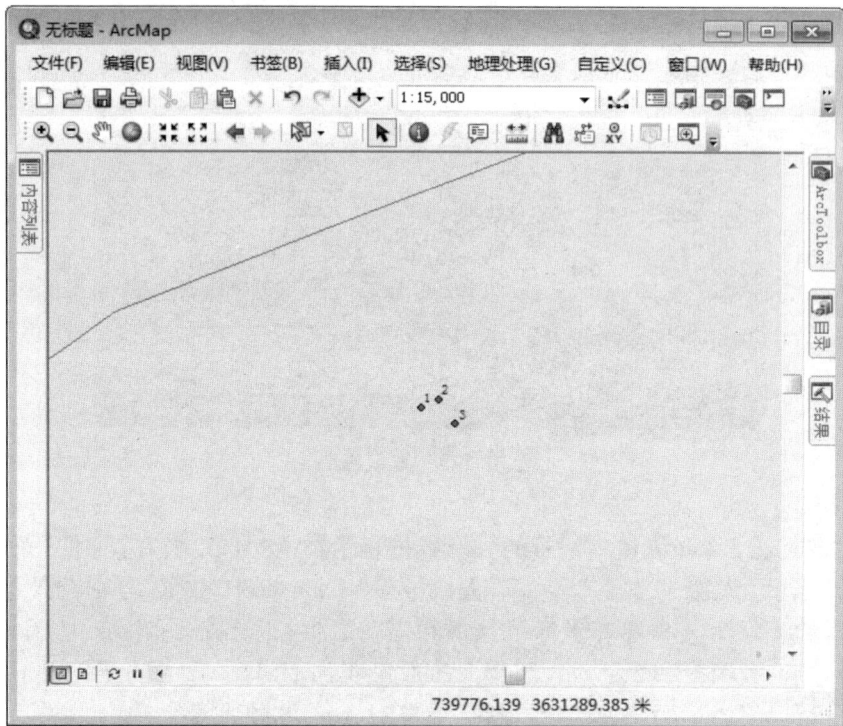

图 10.125   人口重心的可视化表达

第七节   基于 RS 的平顶山市土地利用监测和
热岛效应研究

遥感技术具有获取信息速度快、信息量大、信息客观、大面积获取信息等特点,在国土资源调查、灾害监测、生态保护、城市扩张研究、热岛效应、作物估产等领域得到了广泛的应用,尤其是和 GIS、GPS 的紧密结合,使其发展更加迅猛。

随着国民经济的迅速发展,多数城市不同程度地向城郊农村扩展。土地利用现状总趋势是工业用地不断增加,而农业用地逐渐减少,城镇用地与耕地的矛盾日益加剧。土地利用状况直接反映了人类对各种土地资源利用活动所产生的结果,是人文环境和自然环境之间通过物质流和能量流相互作用的综合体现。土地资源开发利用的程度在加深、规模扩大,但保护措施不力,造成了耕地减少、土地退化资源短缺、生态环境恶化等诸多环境问题,从而制约了经济和社会持续稳定的发展。监测土地利用变化,快速准确提供各类土地资源面积及其分布,土地资源动态变化状况及土地资源生态环境信息,是实现资源保护的基本手段。

城市热岛效应(Heat Island Effect)是指城区的温度比周围高,可以把城区看成一个温度较高的区域,一般位于城市的中心。这是由于特殊的城市下垫面、大量人为热源和局地大气环流条件造成的。在城市中,除了人类日常生活所释放的热量,还有工业生产、交通工具散发的大量热量。由于城市下垫面的特殊性质,城市的水泥建筑、马路热容量小,城市的地表水分含量比郊区少,容易增温。城市产生的煤灰、粉尘、CO_2 等空气污染物容易吸收长波辐射,升高温度,因此城市的气温比郊区和乡村高。一般百万人口的大城市年平均气温比郊区约高 0.5 ~ 1.0 ℃,随着城市规模的迅速扩大,城市的热岛效应会越来越明显。

平顶山市是依煤而建的工业城市,在加快经济结构调整、推进各项改革措施下,国民经济保持快速增长,城乡人民生活水平不断提高。但发展中也存在了一些问题,城镇建设以及工业大量占用耕地,城市向城郊农村扩展,使得农业用地减少,城镇用地与耕地的矛盾日益加剧,土地供应紧张;工业废气、废水等对城市环境污染越来越严重,城市的发展破坏了城市生态环境。城区扩张特点及其驱动力分析为土地资源调查和城市规划提供了依据。城市化进程的加快及人为活动影响了城市温度场分布,城市热岛效应的分析对城市规划、城市环境保护、评价城市环境质量是非常重要的。提取遥感信息进行研究,进行生态环境监测,分析平顶山城区扩张特点及温度场分布,并找到城区扩张与热岛效应变化的关系,对认识经济快速发展中带来的环境问题,进而保护城市生态环境、保持城市可持续发展具有重要的意义。

一、平顶山市土地利用覆盖变化监测

土地覆盖是遥感图像所反映的最直接的环境信息,土地利用变化监测的内容包括土地利用变化的类型、数量以及位置。利用遥感技术能宏观地掌握大面积土地覆盖状况,从遥感图像提取城区范围可以节省人力物力,为城市规划提供依据。这里获取的 2003 年 4 月 14 日的 landsat7 影像,基本无云量,本例采用监督分类的思想完成信息提取,在分类前,已经完成了图像的预处理工作(包括图像增强、几何校正、图像镶嵌与裁剪等工作)。

(1)启动 ENVI Classic,打开数据"pds_multi. dat",以 5、4、3 波段显示,如图 10.126 所示。

图 10.126   数据显示

（2）单击【Basic Tools】菜单下【Region Of Interest】后的【ROI Tool】选项，打开"ROI Tool"对话框，如图 10.127 所示。

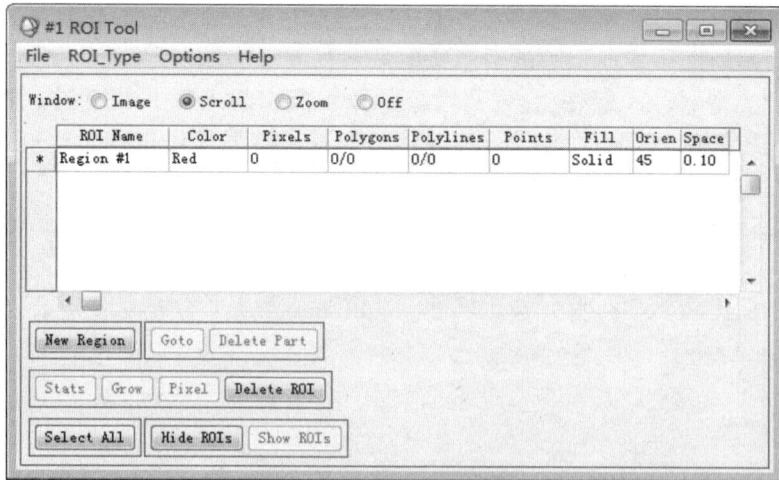

图 10.127   ROI Tool 对话框

（3）土地利用的分类系统有不同的类别和登记。一级分类以土地用途为划分依据，如园地、耕地、城镇用地、工矿用地和水域等；二级分类以利用方式为主要标准，如耕地又分为水田、旱地、水浇地等。为反映土地利用的地域差异；一二级分类允许因地制宜地作适当增删；第三级分类则是根据区域特点，由地方自定。本实例根据平顶山土地利用实际情况并为了研究的方便，将研究区域分为耕地、林地、建设用地、水体、未利用地 5 种类型。

在【ROI Name】下双击,为其命名为【耕地】,在【window】后面选择【Zoom】,即在绘制感兴趣区域时将在【Zoom】窗口中进行绘制,在【ROI_Type】菜单下选择 polygon,即将以多边形的形式进行绘制,单击鼠标绘制时:

①单击鼠标左键开始绘制;

②两次单击右键即绘制一个感兴趣区域;

③单击鼠标中键可以删除绘制的区域。

如图 10.128 为绘制的耕地的训练样本。

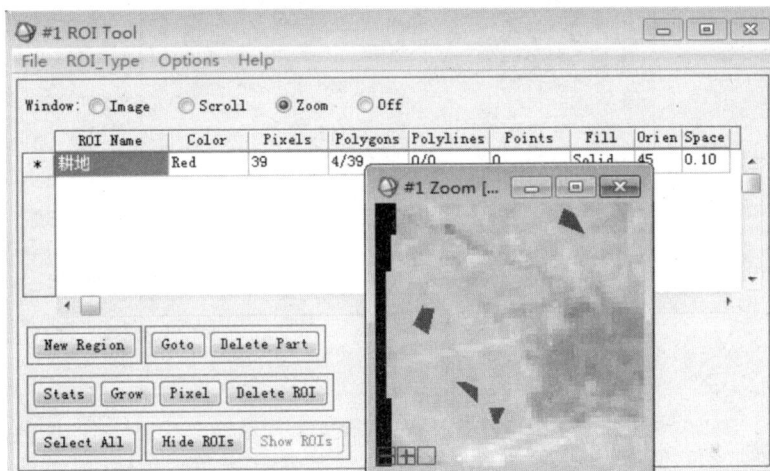

图 10.128　耕地的训练样本

(4)同理,为林地、建设用地、水体、未利用地选择训练样本,如图 10.129 所示。

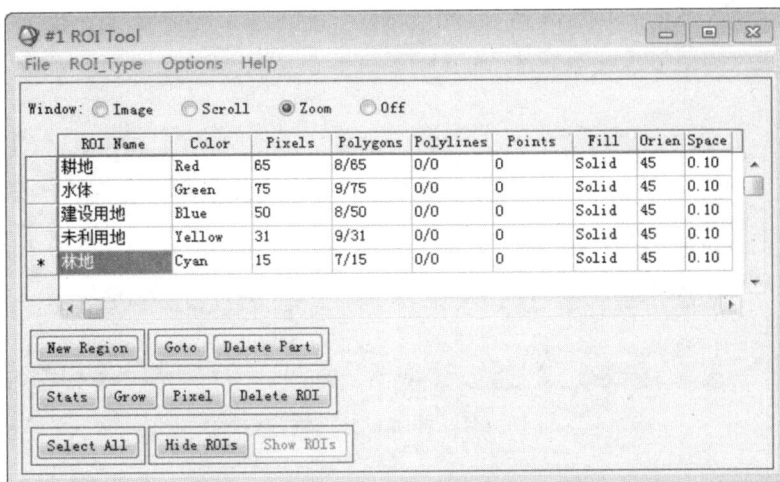

图 10.129　绘制所有类别的训练样本

（5）训练样本的好坏直接影响分类精度。需要对样本的质量进行评价,利用
【Compute ROI Separability】工具,可以计算样本的可分离性。在【ROI Tool】对话框中,单
击【Options】菜单下的【Compute ROI Separability】工具,选择分类影像后,弹出图 10.130
所示的对话框,选择【Select All Items】菜单后单击【OK】,即得到可分离性计算结果,如图
10.131 所示。

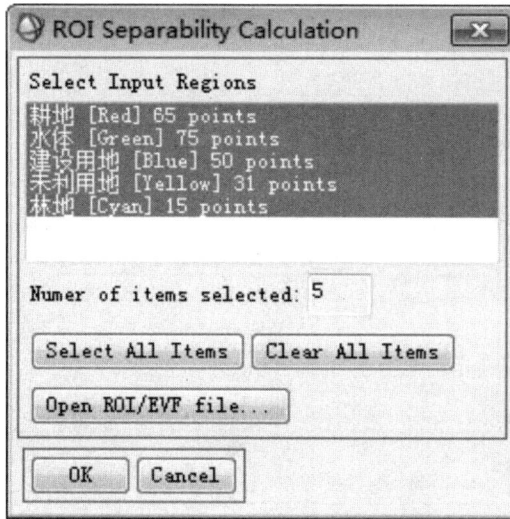

图 10.130　选择感兴趣类别对话框

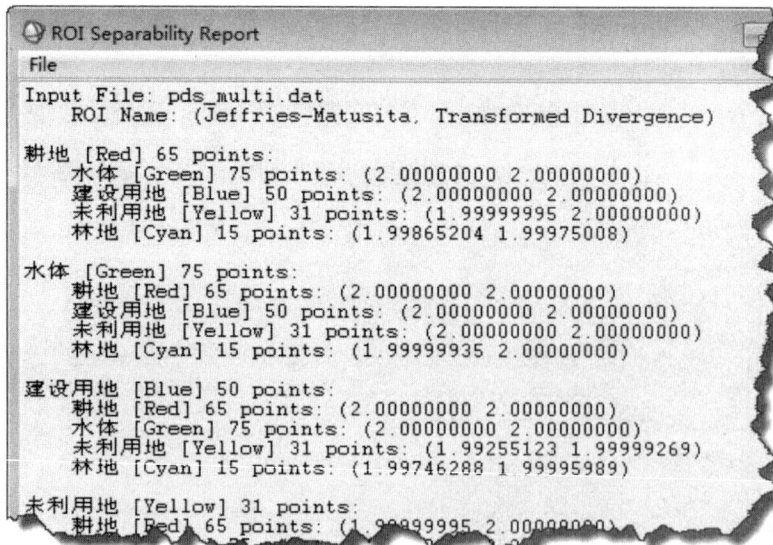

图 10.131　样本可分离性报告

根据可分离性值的大小,从小到大列出感兴趣区组合。这两个参数的值为 0～2,大
于 1.9 说明样本之间可分离性好,属于合格样本;小于 1.8,需要重新选择样本,小于 1,考

虑将两类样本合成一类样本。本研究中的结果都在 1.9 以上,说明样本之间是可以分离的。

(6)在【ROI Tool】对话框中,单击【File】菜单下的【Save ROIS】选项,可以将绘制的感兴趣区域作为一个文件保存起来,以便于以后的多次使用。

(7)在主菜单中,单击【Window】菜单下【available vectors list】选项,打开【available vectors list】对话框,通过【open】菜单下的【open vector data】选项打开【平顶山市辖区. shp】数据,如图 10.132 所示。

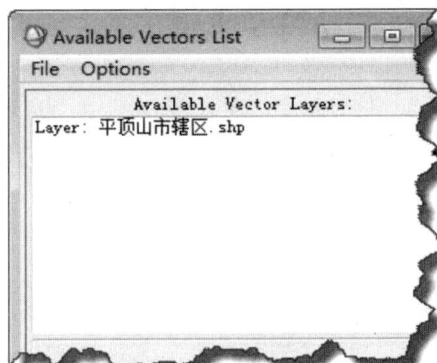

图 10.132　Available Vectors List **对话框**

(8)在主菜单中,单击【Classification】菜单下【Supervised】后的【maximum likelihood】选项,选择要分类的图像"pds_multi. dat",在【Mask Options】菜单下单击【build mask】选项,打开【mask definition】对话框,通过单击【Options】菜单下的【import EVFS】选项导入【平顶山市辖区. shp】,如图 10.133 所示,定义掩膜后只对掩膜内的图像进行分类处理,而忽略掩膜外区域的像元值。单击【OK】后,如图 10.134 所示。

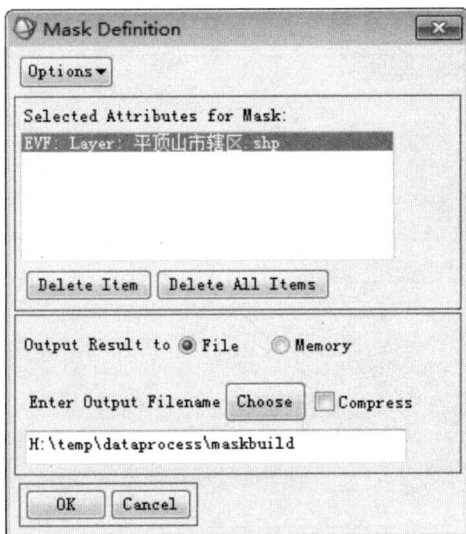

图 10.133　**定义掩膜对话框**

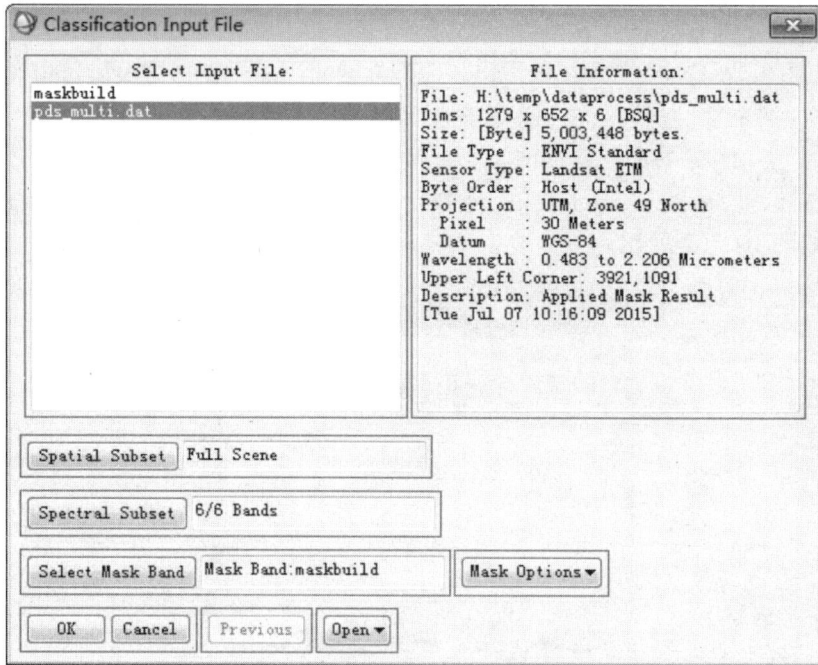

图 10.134 输入分类图像文件

（9）单击【OK】后打开【Maximum Likelihood Parameters】对话框，选择前述步骤中绘制的训练样本，为分类结果指定输出路径和名称，如图 10.135 所示。单击【OK】后完成分类。

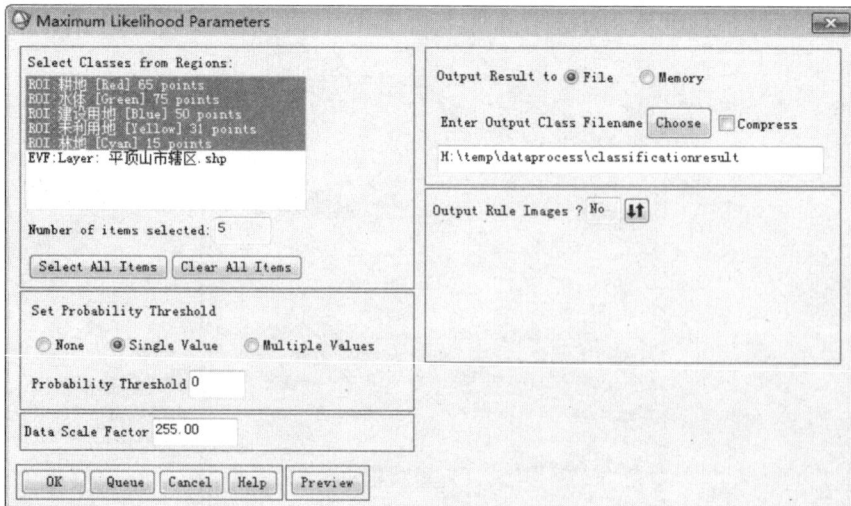

图 10.135 最大似然法分类参数设置

对影像进行原始分类后，精度往往达不到要求，因此，需要对分类结果进行后处理的工作,包括有局部修改、最大值/最小值分析、聚类处理、过滤处理、精度评价、分类结果转矢量等操作。

(10)在【image】窗口中,单击【Overlay】菜单下的【Classification】选项,选择分类结果文件,打开【interactive Class Tool】对话框。勾选类别前的对话框,可以在视图中对各个类别进行显示,如图10.136所示。

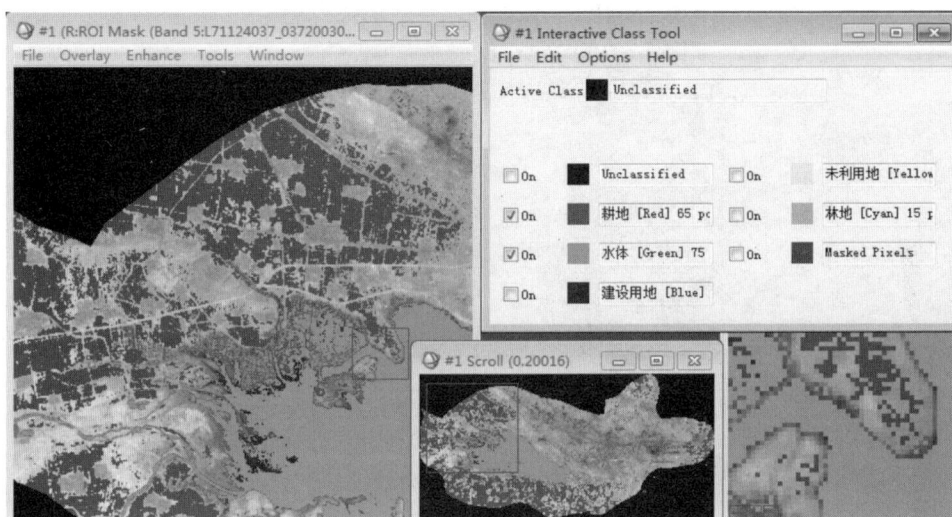

图10.136 分类叠加

(11)在【Interactive Class Tool】对话框中,在【Options】菜单下的选项可以修改类别的名称以及对相同的类别进行合并;在【Edit】菜单下选择【Mode:Polygon add to class】选项,在【Edit Window】后勾选【Zoom】,单击【耕地】类别前的红色方块即激活耕地,即可对本应该是耕地而没有化为耕地的区域重新编辑,如图10.137所示。在关闭【Interactive Class Tool】对话框时会提醒是否对所做的修改进行保存。

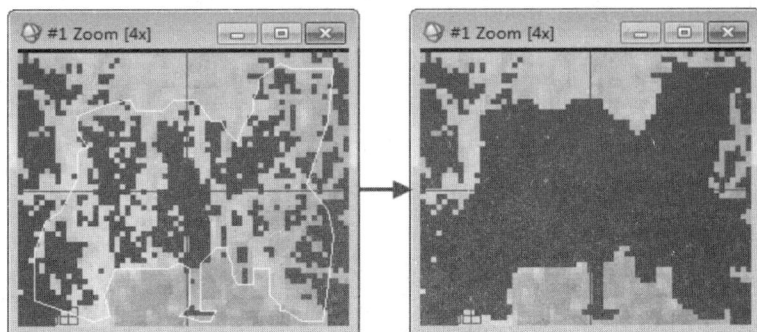

图10.137 类别编辑

(12)在主菜单中,单击【Classification】菜单下【Post Classification】后的【Clump classes】,选择分类结果后打开【Clump Parameters】对话框,在对话框中选择分类结果的类

别,模板按照默认设置,为聚类结果指定保存路径和名称,如图 10.138 所示,单击【OK】后即可完成聚类处理,处理后的数据将会变得更平滑。另外也可以对分类的结果进行"最大值/最小值分析""过滤处理"等操作。

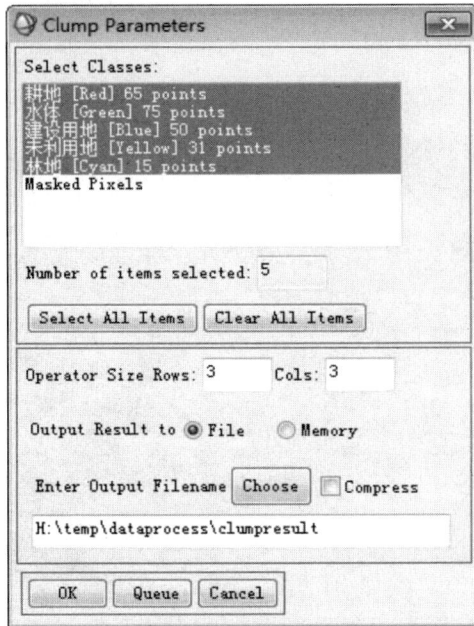

图 10.138   Clump Parameters 对话框

(13)打开"ROI Tool"对话框,通过【File】菜单下的【Restore ROIs】选项打开预备好的验证样本(真实的感兴趣区参考源验证样本的选择可以是在高分辨率影像上选择,也可以是野外实地调查获取,原则是确保类别参考源的真实性),在主菜单中,单击【classification】菜单下【post classification】后的【confusion Matrix】后的【Using ground Truth ROIs】选项,选择分类结果文件 clumpresult 后 即 打 开 " Match Classes Parameters"对话框,软件会自动识别验证类别和分类结果类别的名称,如图 10.139 所示。单击【OK】后即可得到混淆矩阵的评价结果,如图 10.140 所示,本次精度分类精度表中的 Overall Accuracy = (301/311)96.7846%。

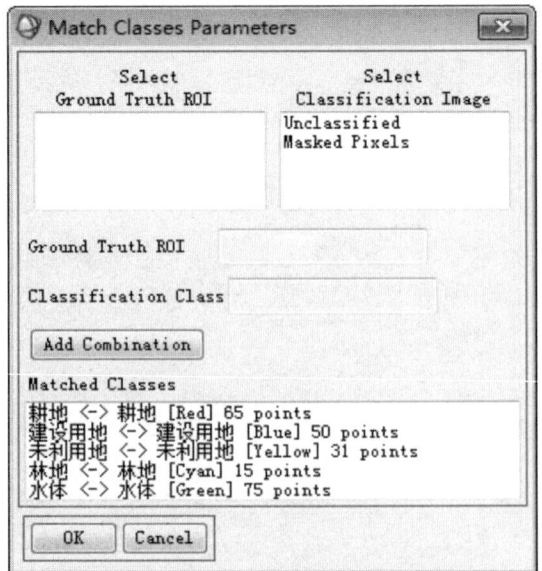

图 10.139   混淆矩阵匹配类别

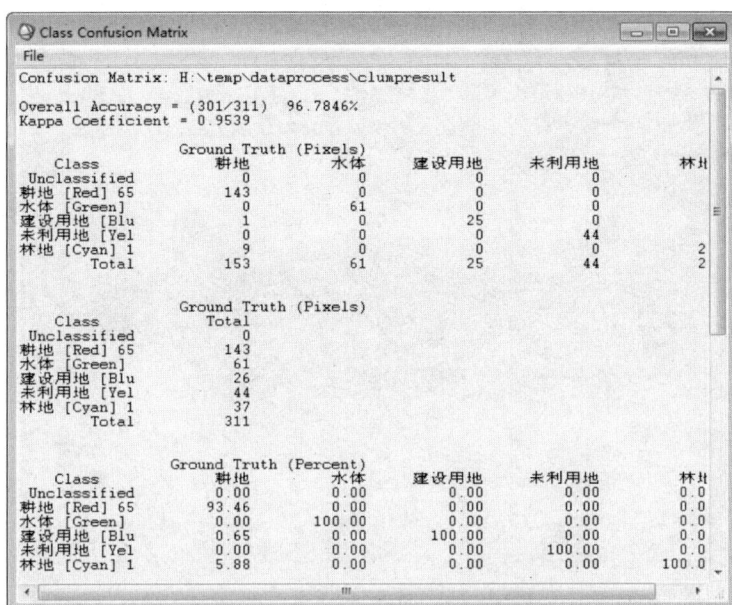

图 10.140　混淆评价精度结果

（14）在主菜单中，单击【Classification】菜单下【Post Classification】后的【Classification to vector】选项，选择分类结果文件后即打开"Raster To Vector Parameters"对话框，填入相应参数后单击【OK】即可转为矢量，如图 10.141 所示，因其格式是 ENVI 的 evf 矢量数据格式，可以将其导出为 shp 格式的矢量文件，最终在 ArcMap 中打开，如图 10.142 所示。

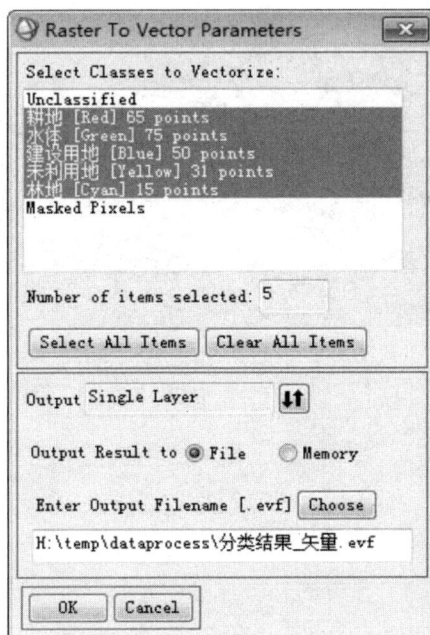

图 10.141　分类结果转成矢量数据

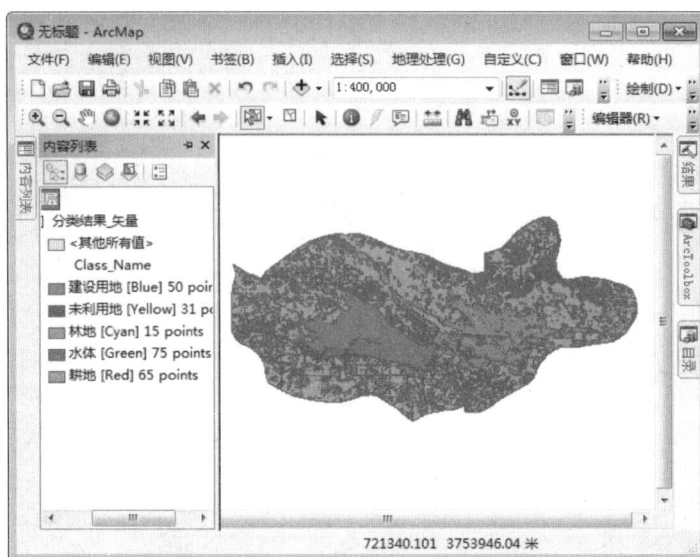

图 10.142   分类结果矢量数据

（15）在主菜单中，单击【classification】菜单下【post classification】后的【class statistics】选项，选择分类结果后即可对各个类别的面积进行统计，如图 10.143 所示。

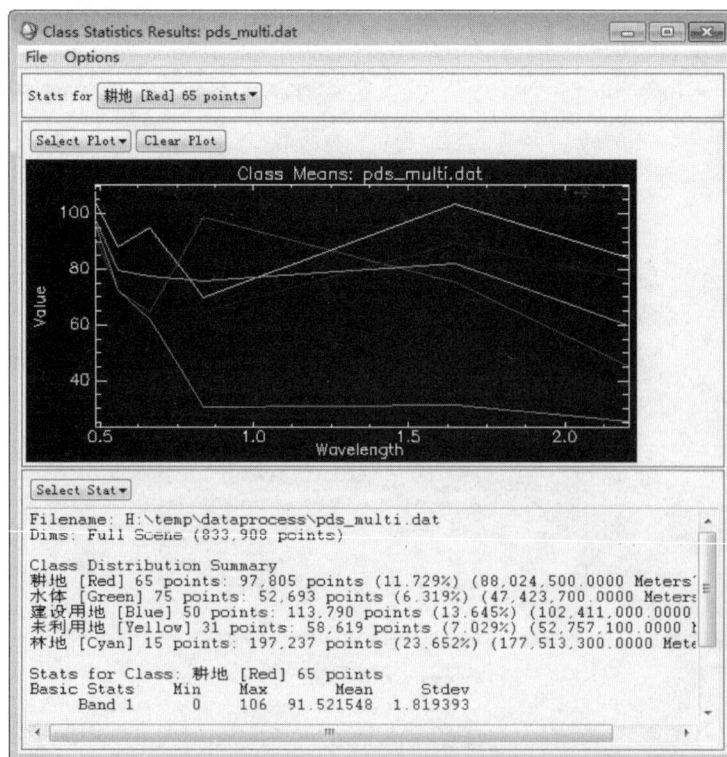

图 10.143   各类别面积统计

（16）同理，对2013年的影像进行以上处理，得到最终的分类结果如图10.144所示。

图10.144　2013年各类型面积

（17）在主菜单中，单击【Basic Tools】菜单下【Change Detection】后的【Change Detection Statistics】选项，分别在【Initial State】对话框和【final state】对话框中选择前一时相和后一时相的土地利用结果。在【Define Equivalent Classes】对话框中，如果两个土地利用分类名称一致，系统自动将 Initial State Class 和 Final State Class 对应，否则手动选择，单击 Add Pair 按钮选择，如图10.145所示。单击【OK】后即得到土地利用转移矩阵，如图10.146所示。可以看出有3197700平方米耕地变成了建设用地。

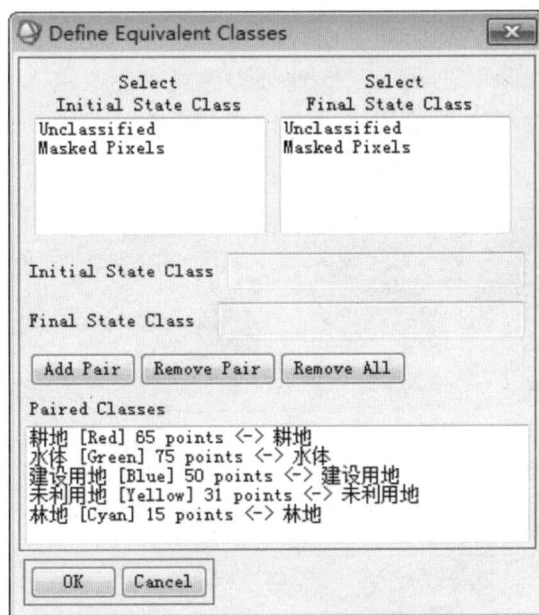

图10.145　定义相同类别

图 10.146　土地利用转移矩阵

另外还可根据提取的土地利用信息计算单一土地利用动态度、综合土地利用动态度等指标衡量土地利用动态的变化。

二、平顶山市城市扩张研究

利用遥感技术,监督分类 1993 年、2003 年、2013 年影像,分别提取平顶山市 3 个年份的城区矢量边界,并将三幅矢量图进行叠加,最后再利用相关资料对城市扩张的驱动力进行分析。如果有初期的土地利用图辅助对比将能够提高研究的精度,因这里无土地利用现状图,只借助遥感技术来研究城市的扩张。

因城市扩张所研究的范围不是整个城市的范围,而是城市的建成区面积,城市建成区是指城市行政区范围内经过征用的土地和实际建设发展起来的非农业生产建设地段,包括市区集中连片的部分以及分散在近邻区与城市有着紧密联系、具有基本完善的市政公用设施的城市建设用地;要提取的主要是城市建成区边界以及其面积,其相对于整个平顶山市行政区小得多,而且不利于精确地分类出城镇建成区,为了能够快速而准确的达到目的,所以我们有必要对原始的遥感影像进行截取。只要使得截取得图像足够大、完全包含有城区即能满足要求,如图 10.147 为截取的遥感图像范围。

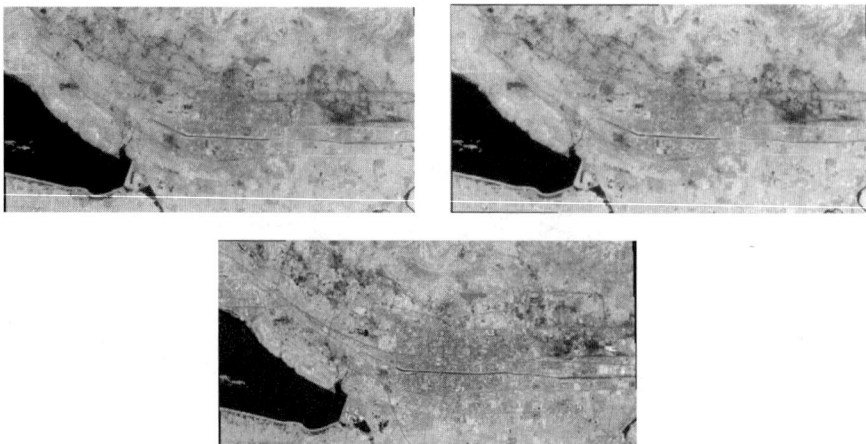

图 10.147　分别为 1993 年、2003 年、2013 年遥感影像

　　本实例中依然用监督分类对原始影像进行分类,根据实际情况将研究区域分成三类:水体、植被和城区,最后再将水体和植被合并为非城区,下面以 2003 年影像为例进行操作。

　　(1)按照前述监督分类方法将研究区域分成 3 类:水体、植被和城区,如图 10.148 所示。

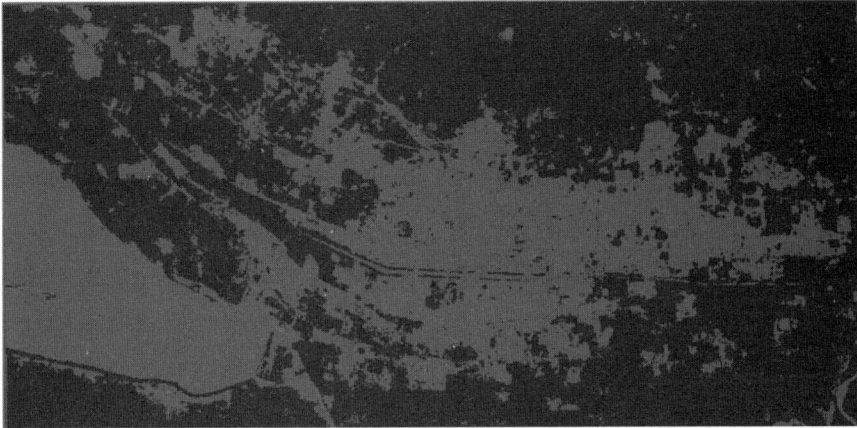

图 10.148　2003 年影像分类结果

　　(2)在 Evni Classic 界面中,进行分类叠加,对原始分类中有错误的地方进行修改,在【Interactive Class Tool】对话框中,单击【Options】菜单下的【Merge Classes】选项,在【Base】类别中选择【植被】,在【Classes to Merge into Base】中选择【水体】,即是将【水体】合并到【植被】类别中,如图 10.149 所示。

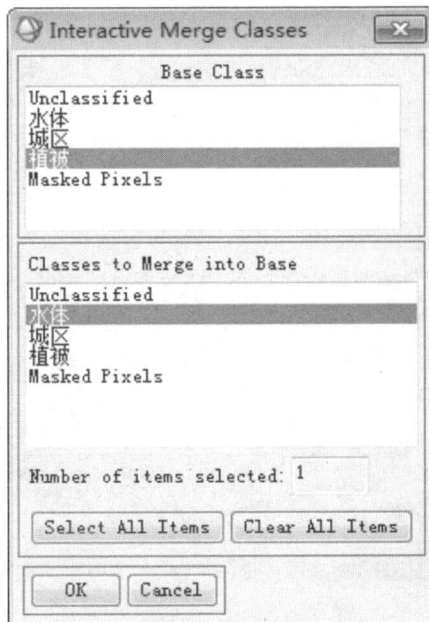

图 10.149　类别合并对话框

（3）在【Interactive Class Tool】对话框中，单击【Options】菜单下的【Edit Classes colors/ names】选项，将【植被】的名称修改为【非城区】，现在的类别只剩了两个：城区和非城区，如图 10.150 所示。

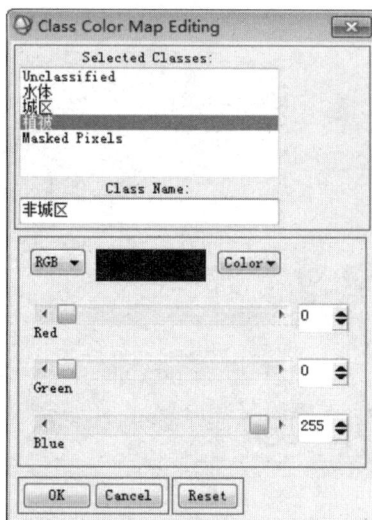

图 10.150　修改类别的名称

（4）在主菜单中，单击【classification】菜单下【post classification】后的【clump classes】，选择分类结果后打开【clump parameters】对话框，在对话框中选择分类结果的类别，模板按照默认设置，为聚类结果指定保存路径和名称，并将其转为矢量 shp 格式数据，结果如图 10.151 所示。

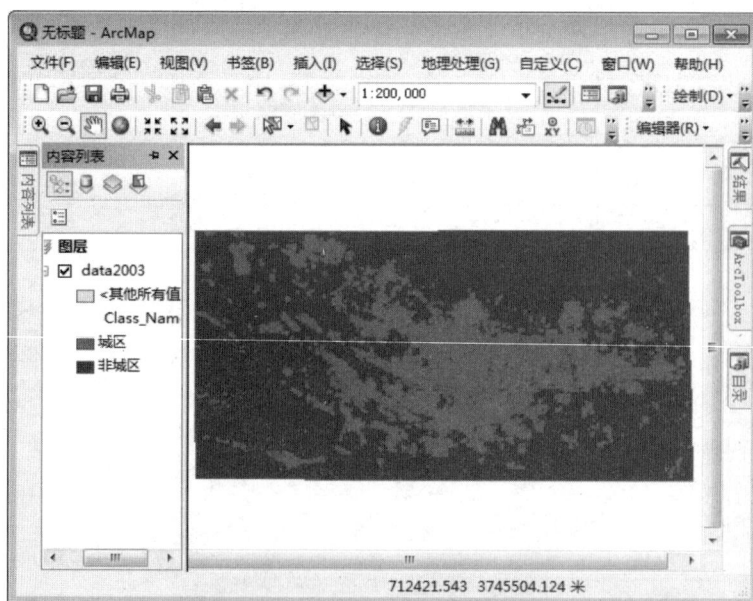

图 10.151　2003 年城区提取结果

（5）同理，提取 1993 年、2013 年的城区范围，如图 10.152 所示。在 ArcGIS 对建成区面积进行统计，最终的统计结果如表 10.9 所示。

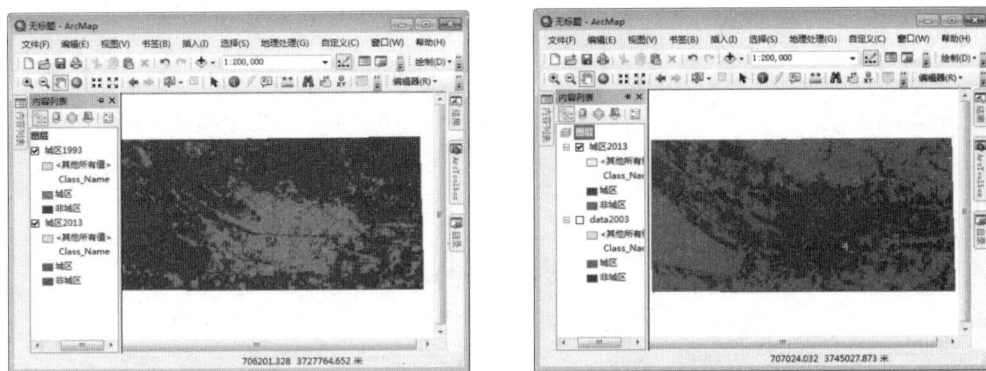

图 10.152　1993 年(左图)和 2013 年提取结果(右图)

表 10.9　建成区面积统计结果

年份	面积/平方米	与上期数据变化幅度/平方米
1993	57002400	—
2003	61160400	4158000
2013	126959400	65799000

结果分析：平顶山市建成区面积从 1993 年到 2013 年面积增加了 1 倍多，并且从图中可以看到其发展方向为向西发展，这也和新城区(平顶山市区西部)的发展有关系；对于城市扩张的驱动力方面，是和自然、人口、经济、生活水平、交通基础设施等方面有关，感兴趣的读者可以从上述方面探索平顶山市城区扩张的驱动因素。

三、平顶山市城市热岛效应研究

采用 Landsat ETM+遥感影像，运用辐射传输方程法(大气校正法)对地表温度进行反演。该方法需要进行大气校正，消除大气层对地表辐射能量的影响，这就需要从卫星观测得到的热辐射能量中扣除大气层的辐射分量，并利用热红外波段(Band 61、62)范围内的地表发射率作为参数，反演出地表的真实温度。

主要技术路线：①Landsat ETM+数据预处理：数据读取、辐射定标、工程区裁剪。②相关辅助数据的确定与查找：大气上行辐射以及下行辐射，采用数据当天的大气透过率信息等。③采用大气校正法(辐射传输方程法)利用 Landsat ETM+ band 61 进行地表温度反演：在反演前首先获取地表比辐射率值，其次，计算黑体在热红外波段的辐射亮度；最后，利用普朗克公式的反函数反演出整个研究区域的地表温度分布情况。

下面以 2003 年 landsat ETM 数据为例进行操作。

（1）启动 ENVI Classic，选择【File】→【Open External File】→【Landsat】→【GeoTIFF with Metadata】选项，打开数据 L71124037_03720030414_MTL. txt。包含了三种数据：可将光波段数据（HRF），热红外波段数据（HTM）和全色波段数据（B80）。

（2）在主菜单中选择【Basic Tools】→【preprocessing】→【Calibration Utilities】→【Landsat Calibration】，选择需要定标的数据，包括可见光波段数据和热红外波段数据，该过程功能可以从读取文件中直接获取实验数据的元数据（成像时间，定标参数等等），如图 10.153 所示。

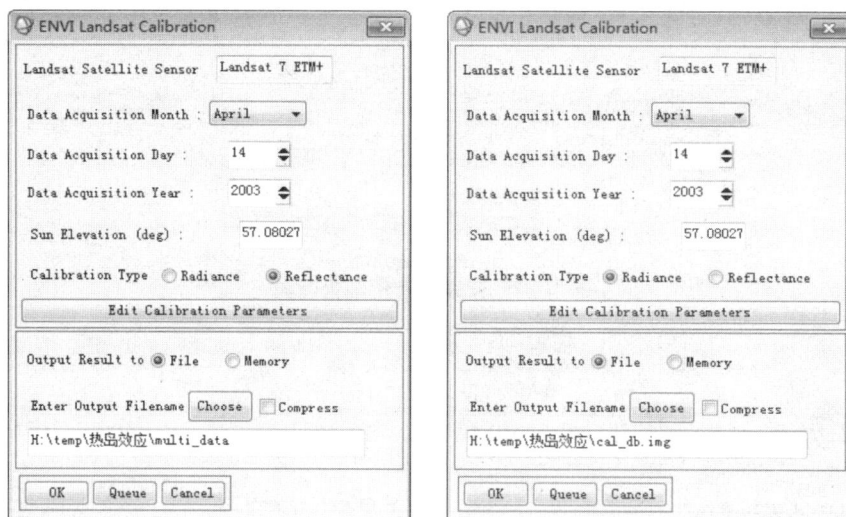

图 10.153　辐射定标

（3）打开平顶山市矢量数据边界，用矢量数据边界裁剪定标后的多波段数据和热红外波段数据得到研究区（平顶山市）的多波段、热红外数据，如图 10.154 所示

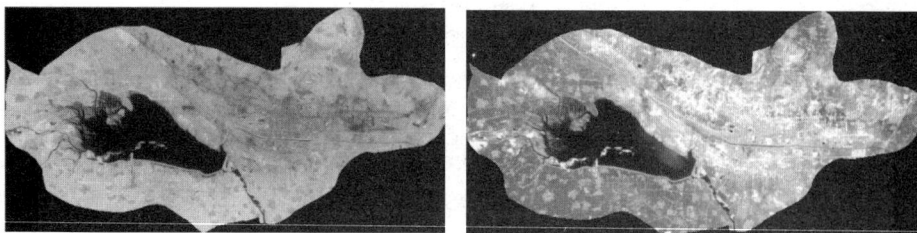

图 10.154　裁剪后的多波段以及热红外数据

（4）计算地表比辐射率：在主菜单中选择【Spectral】→【QUick Atmospheric Correction】选项，对定标后的可见光-近红外数据执行快速大气校正，如图 10.155 所示。

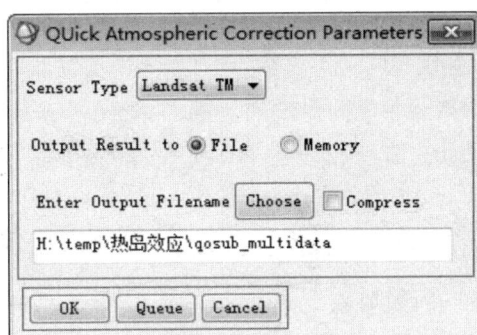

图 10.155   快速大气校正

(5)计算 NDVI:利用 ETM3、4 波段的像元 DN 值求得归一化植被指数 NDVI,公式如下:

NDVI =（NIR−R）/（NIR+R）

NIR 和 R 分别是 ETM 的近红外波段(波段4)和红光波段(波段3)的 DN 值。

在主菜单中→单击【Transform】→【NDVI】选项,选择文件后打开对话框,为 NDVI 指定输出路径和名称,如图 10.156 所示。

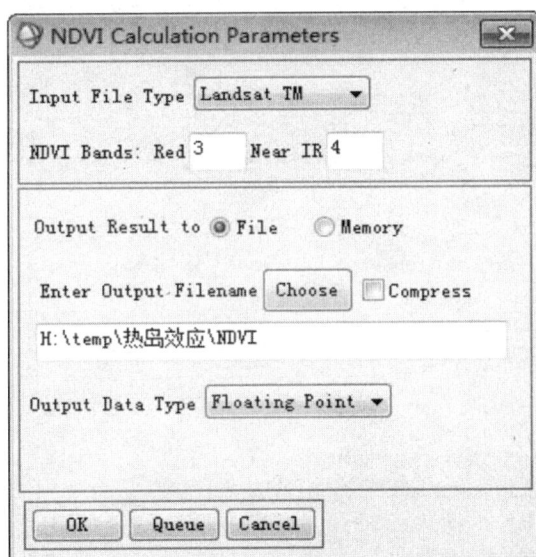

图 10.156   NDVI 计算参数对话框

(6)计算植被覆盖度:本专题计算植被覆盖度 PV 采用的是混合像元分解法,将整景影像的地类大致分为水体、植被和建筑,具体的计算公式如下:

$$PV = [(NDVI- NDVI_S)/(NDVI_V- NDVI_S)]^2$$

其中,NDVI 为归一化差异植被指数,取 $NDVI_V = 0.70$ 和 $NDVI_S = 0.00$,且有,当某个像的 NDVI 大于 0.70 时,PV 取值为 1;当 NDVI 小于 0.00,PV 取值为 0。

在主菜单中→单击【Basic Tools】→【Band Math】选项,在公式输入栏中输入:

（b1 gt 0.7）＊1+（b1 lt 0.0）＊0+（b1 ge 0 and b1 le 0.7）＊（（b1-0.0）/（0.7-0.0））
b1：表示获取的 NDVI 值。

通过上述公式，可以将水体、植被和建筑区分开；单击【Add to List】后，如图 10.157
所示，单击【OK】后，为参数 b1 选择波段为 NDVI，并为结果指定输出路径和名称，如图
10.158 所示。

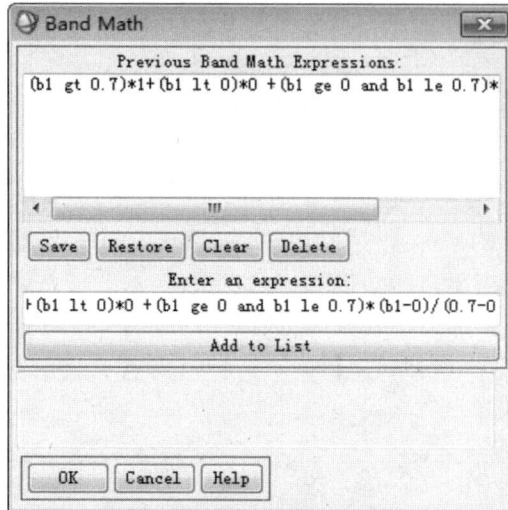

图 10.157　Band Math 对话框

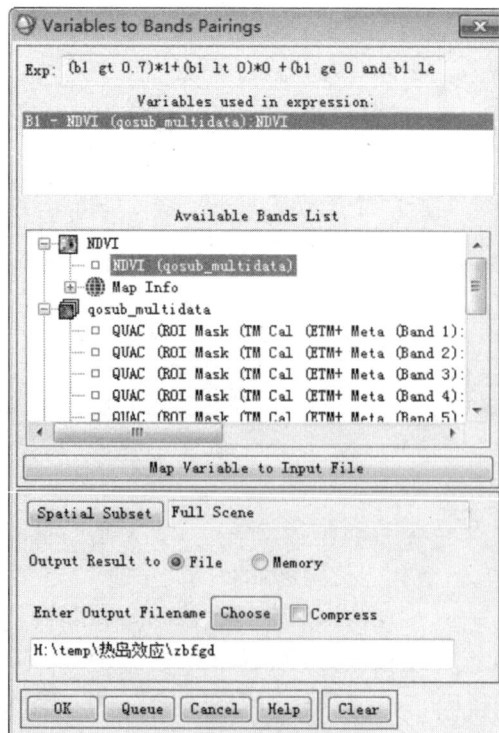

图 10.158　选择波段

（7）根据前人的研究，将遥感影像分为水体、城镇和自然表面 3 种类型。本例采取以下方法计算研究区地表比辐射率：水体像元的比辐射率赋值为 0.995，自然表面和城镇像元的比辐射率估算则分别根据下式进行计算：

$$\varepsilon\ surface = 0.9625 + 0.0614PV - 0.0461PV^2$$

$$\varepsilon\ building = 0.9589 + 0.086PV - 0.0671PV^2$$

式中，$\varepsilon\ surface$ 和 $\varepsilon\ building$ 分别代表自然表面像元和城镇像元的比辐射率。

在主菜单中->单击【Basic Tools】->【Band Math】选项，在公式输入栏中输入：

(b1 le 0)*0.995+(b1 gt 0 and b1 lt 0.7)*(0.9589 + 0.086 * b2 - 0.0671 * b2^2)+(b1 ge 0.7)*(0.9625 + 0.0614 * b2 - 0.0461 * b2^2)

b1：NDVI 值；b2：植被覆盖度。

如图 10.159 所示，单击【OK】后，为参数 b1 选择波段为 NDVI，为参数 b2 选择波段 zbfgd，并为结果指定输出路径和名称，如图 10.160 所示。

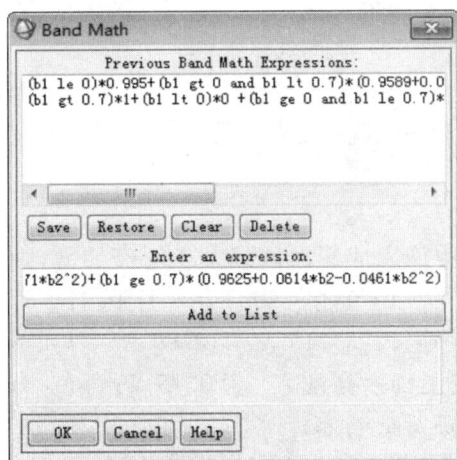

图 10.159　Band Math 对话框

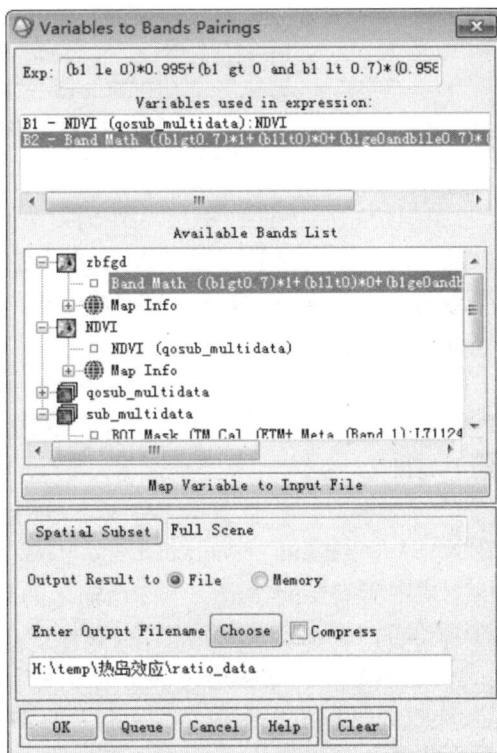

图 10.160　选择波段

（8）上述公式计算的结果分辨率为 30 m，由于热红外波段数据分辨率为 60 m，故而需要将其分辨率重采样为 60 m，目的是为下面反演地表温度提供基础数据。

在主菜单->单击【Basic Tools】->【Resize Data】选项，选择文件后打开"Resize data parameters"对话框，单击【set out dims by pixel size】选项，将 x、y 的分辨率设置成 60 m，并未输出结果指定保存路径和名称，如图 10.161 所示。

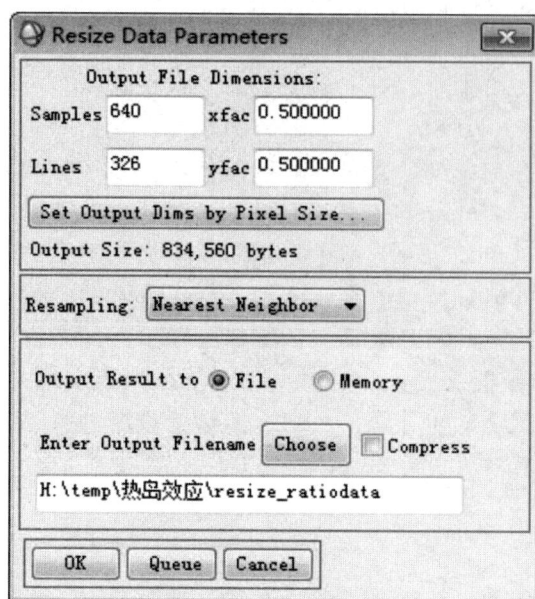

图 10.161　对数据重采样

（9）卫星传感器接收到的热红外辐射亮度值 L_λ 由三部分组成：大气向上辐射亮度 $L\uparrow$，以及地面的真实辐射亮度经过大气层之后到达卫星传感器的能量。地面的真实辐射亮度为同温度黑体的辐射亮度值 L_T 与地物发射率 ε 的乘积 $\varepsilon \cdot L_T$。即，大气校正法的表达式可写为：

$$L_\lambda = [\varepsilon \cdot L_T + (1-\varepsilon)L\downarrow] \cdot \tau + L\uparrow$$

T 为地表真实温度，τ 为大气在热红外波段的透过率.则温度为 T 的黑体在热红外波段的辐射亮度 L_T 为：

$$L_T = [L_\lambda - L\uparrow - \tau \cdot (1-\varepsilon)L\downarrow]/\tau\varepsilon$$

在 NASA 官网(http://atmcorr. gsfc. nasa. gov/)中输入成影时间以及中心经纬度，则会提供上式中所需要的参数。本专题输入的数据是平顶山市地区 2003 年 4 月 14 日 2 时间 2:50 成像的 Landsat7 ETM+影像，影像中心的经纬度为:33. 15 N, 112. 99 E。得到参数图:大气在热红外波段的透过率 τ 为 0. 89，大气向上辐射亮度 $L\uparrow$ 为 0. 75 W/(m² · sr · μm)，大气向下辐射亮辐射亮度 $L\downarrow$ 为 1. 27 W/(m² · sr · μm)。

在主菜单中->单击【Basic Tools】->【Band Math】选项，在公式输入栏中输入：

(b2-0.75-0.89 * (1-b1) * 1.27)/ (0.89 * b1)

b1:60 m 分辨率的地表比辐射率值；

b2:表示热红外波段；

单击【OK】后，为参数 b1 选择波段为 resize_ratiodata，为参数 b2 选择热红外波段，并为结果指定输出路径和名称，如图 10.162 所示。

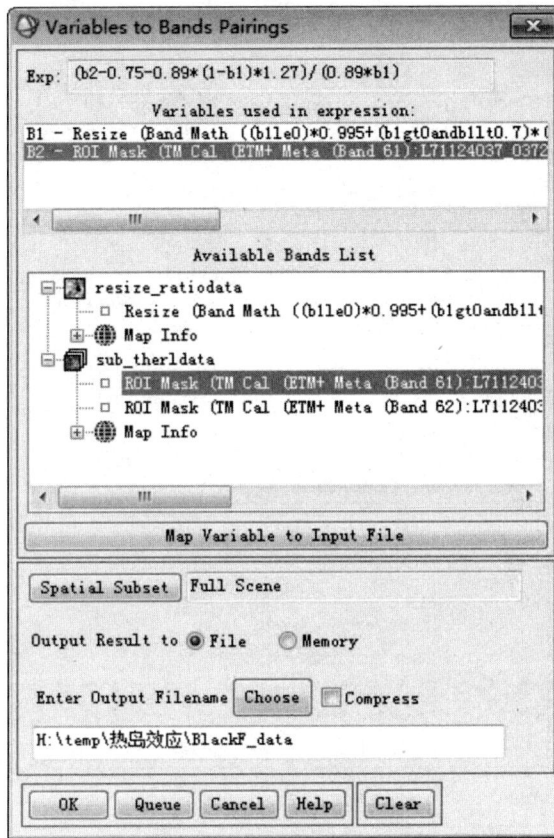

图 10.162　选择波段

（10）在获取热红外波段辐射亮度值以后根据普朗克公式的反函数,求得地表真实温度 T：

$$T = K_2 / \ln(K_1 / L_T + 1)$$

对于 ETM$^+$,$K_1 = 666.09$ W/(m^2 · sr · μm),$K_2 = 1282.71$ K。

在主菜单中→单击【Basic Tools】→【Band Math】选项,在公式输入栏中输入：

(1282.71)/alog(666.09/b1 +1)

单击【OK】后为 b1 选择波段,并为输出结果指定保存路径和名称,如图 10.163 所示。

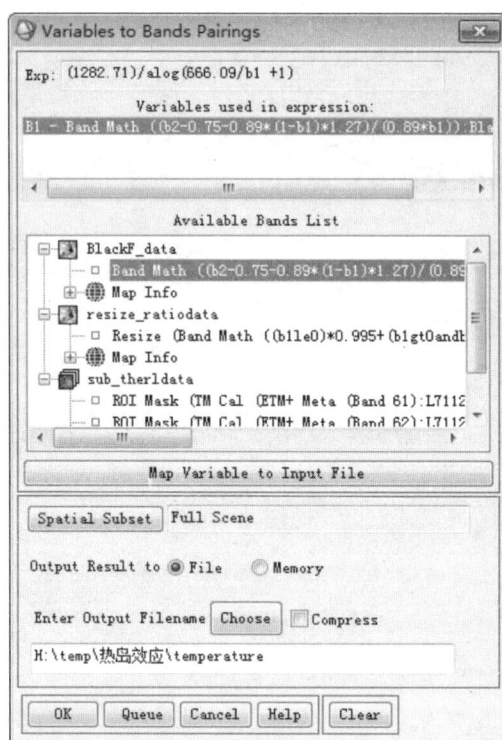

图 10.163　选择波段

反演的温度是开尔文温度,要转换成摄氏度,需要将数据减去 273,在【Band Math】工具框中,输入"b1−273"即可得到最终的结果,如图 10.164 所示。

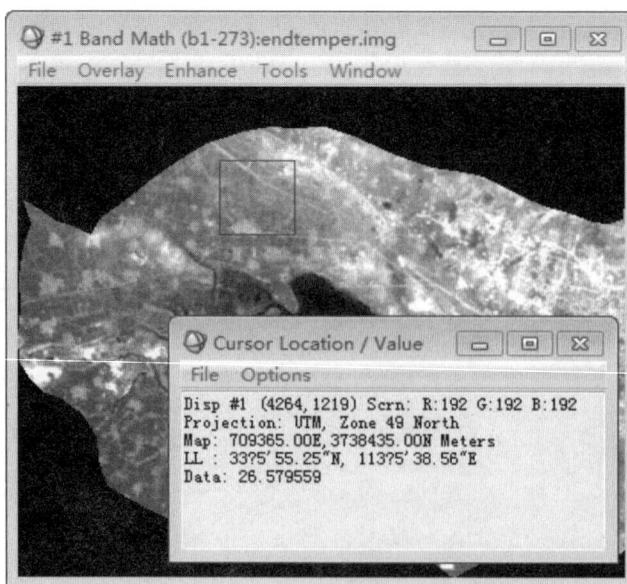

图 10.164　反演出的地表温度

（11）将分类的结果加载到 ArcMap 中,并在符号系统中,设置分类,选择一个颜色色系,结果如图 10.165 所示。

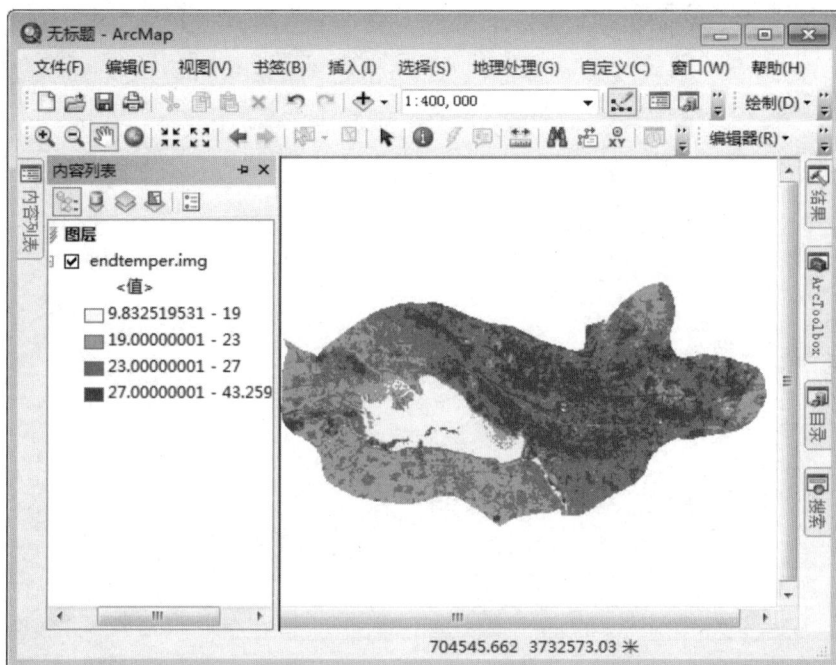

图 10.165　温度反演结果

结果分析:平顶山市区整体上呈一热岛分布区,形成岛屿状的高温区域,界线清晰。市中心是温度明显偏高的区域,市中心所在的城区温度基本在 27 ℃以上,最高温度可达 43 ℃;市中心尤其是老城区建筑物密集,这样很容易造成地表通风不良,不利于热量向外扩散,获得的热量主要用来加热大气,使其温度相对较高。而郊区除个别地区外,多为温度偏低区域,这样就造成了市区的下垫面温度高于郊区的下垫面温度。

城市热岛效应是各种人为活动造成能量再分配的新的热量平衡的结果。受多种因子综合作用,包括下垫面、人为因素和温室气体排放等。根据对平顶山市温度的反演结果分析,出现了部分异常高温区域,这些高温区和热力区正是水泥、瓦片结构的城镇扩展区和人口集中地。工业密集区中能耗大,热源强度高的工厂分别对应着热岛高峰。主要包括平顶山的几个矿区以及热力火电厂。

城市特有的热源会增强某些地区的热力强度,有研究发现,地面热力分布特征主要和下垫面介质、城市格局变化有关,而和气候变化、季节不同的关系较小,但其热力强度却和气象、气候条件、季节变化有着很大的关系。这些现象表明,人为热对城市热岛的形成和热场强度有重要的影响。

另外读者可以试着进行下面深一步的研究:

（1）其他温度反演的算法:如单通道算法、单窗算法等;

（2）采集建筑物、矿厂、化工厂、电厂等数据,与温度反演结果叠加,研究温室效应的影响因素；

（3）反演多个年份同时期的影像，并将反演结果与城市扩张联系在一起，研究温室效应与城市扩张之间的关系。

学生实习作品集锦

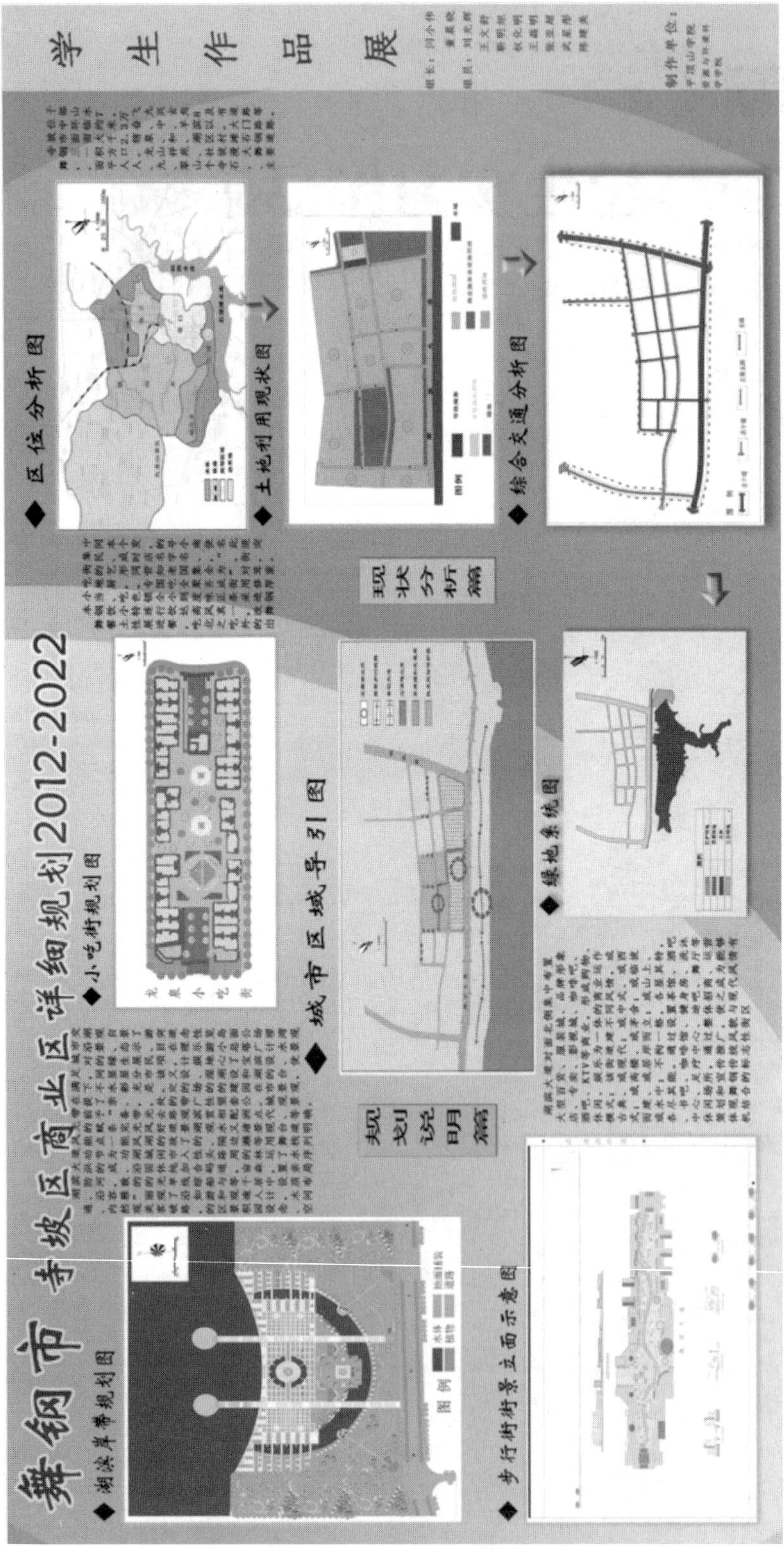
学生作品展
舞钢市寺坡区商业区详细规划2012-2022
区位分析图
土地利用现状图
综合交通分析图
现状分析篇
湖滨岸带规划图
小吃街规划图
城市区域导引图
绿地系统图
规划说明篇
步行街街景立面示意图

湖滨岸带景观规划设计

平顶山市朱砂洞宜居新城规划

组员：夹韶代
王鹏 规亚伦 张亚慧 阿楚丽 刘有 高亚利 田亚名 宁晶 刘影飞

制作单位：
中国山矿院
武责与区域科学学校

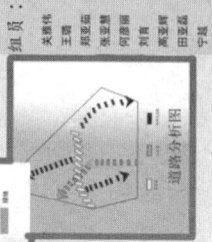

道路分析图

这设计主要以居整形式布局为主，在充图以及主提后部科区采用自然式布景，做到循景与自然式相结合，在林木之间为居民提供供良好的休闲娱乐环境。

景观分析

功能分区图

整体设计以水为主线构地，轴线进行注释、轴线二侧是宅间绿地，采用院法，朝休的花式风格，以自然为主元素：石头、木材、水和曲线为背景。在其上叠加架，玻璃构成的飘窗。景亭、小品等。在木景处理上融合自然水多种形态水景。水池、水渠、跌水、水中宁静的郊外。以一系列空间绿化过程开放一私家湖一湖静绿叶生态；人工一自然，绿茵一这渡逐渐不同风貌和感受。

小区道路连接城市主干道为快捷联层架设行小区两面和东面设置了两个出入口，主入口就置未来大道上，男通小区东至未来大道上。

设计遵循高品质及现代化的整体构念，强调高、高、暂的体化整合。从对用地设计环境特征的分分析入手，结合地形地物特点，合理安排拥地绿块及空间构形。功能层次注意分区及交通设计的空闲序列。形成以下设计理念。

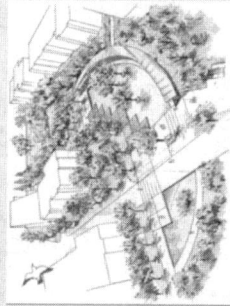

中心景观设计

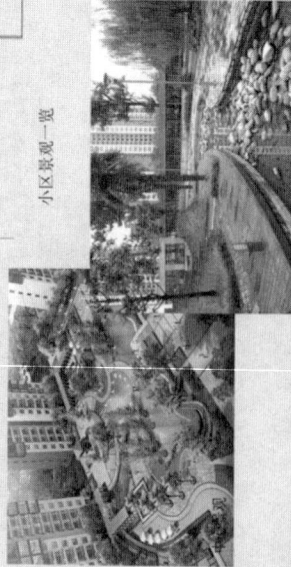

小区景观一览

居住环境是人类最为重要的生存空间。居住生之间的密切关系密不人皆知，本规划设计中注意与周边环境的协调，内部环境中强调生活、文化、景观网的结合。达到美化环境，方便生活之目的。因此，名字就是我们的思想。"宜居"，全心全意打造一个新城区的最佳天堂。

设计说明

人的生活离不开建筑，建筑组成居住小区，居往小区构成了我们的环境。环境是构成居住的主体，然而人又是自然的主，本方案设计中主要考虑"人与自然"之间的和谐关系，坚持以人为本的设计理念。设计中以生态环境为准为核则，充分体现对人的关怀、坚持以人为本、大众审阅、整体设计。

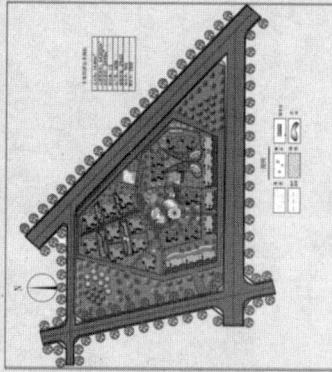

总体规划效果图

朱砂洞村，平顶山市新城区湛河滨路办事处所辖的一个行政村，位于新城区东部、主至正宝宝村，宁洛高速公路，南临铁成山、白龟湖、是进入新城区的大门。

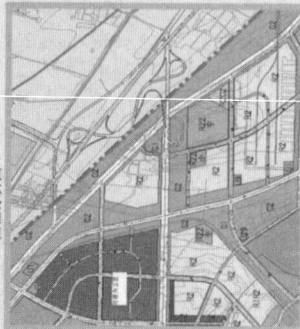

区位分析图

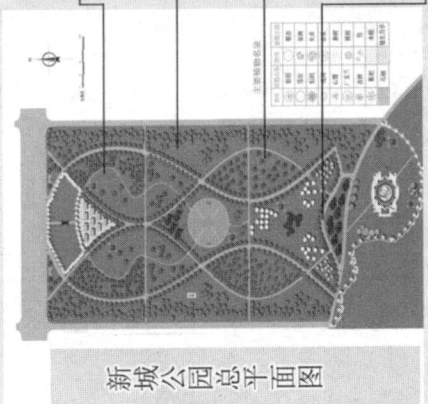

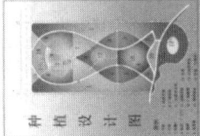

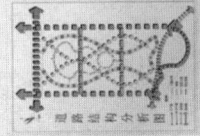

白龟山水库滨湖岸带生态景观规划

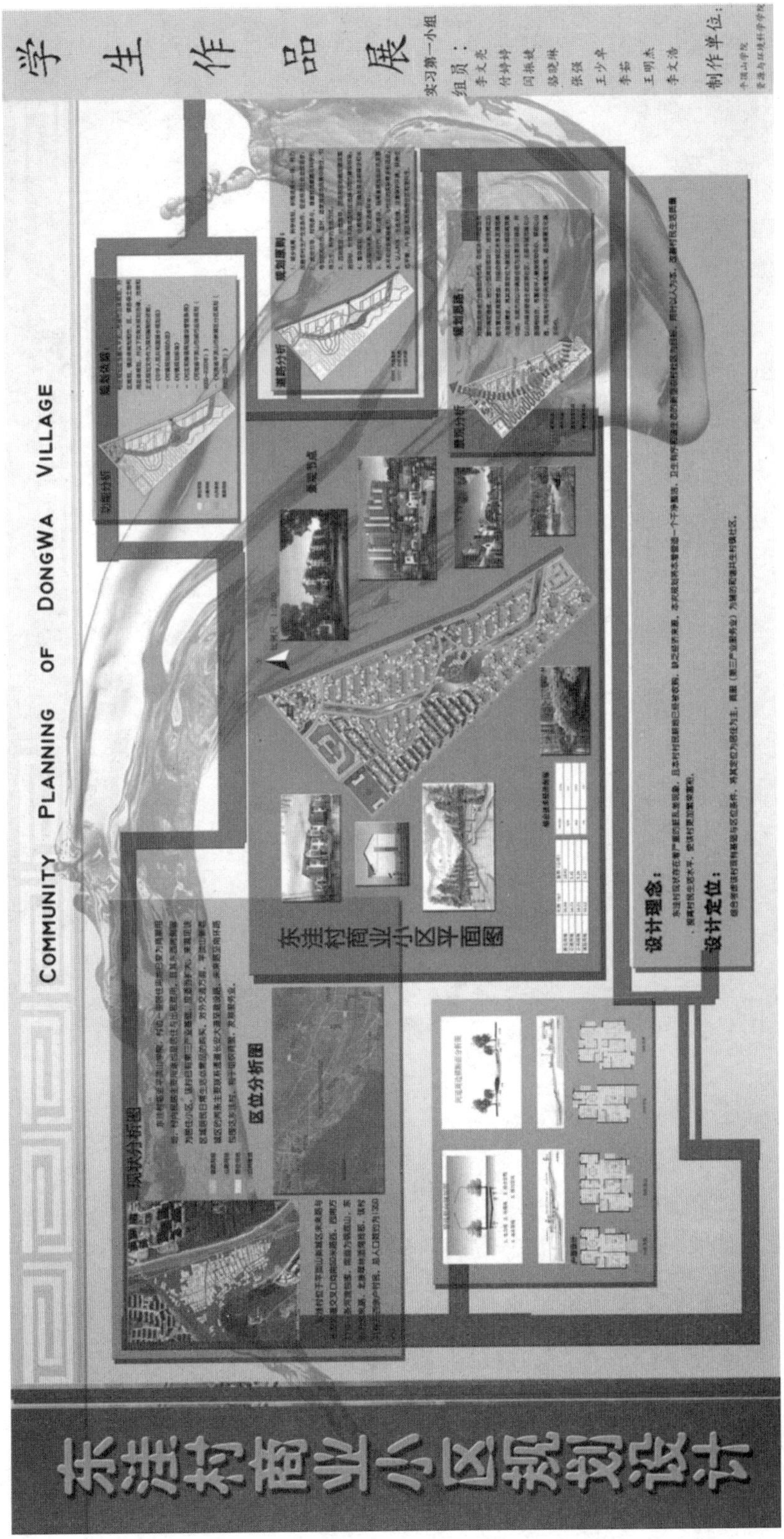
东洼村商业小区规划设计
COMMUNITY PLANNING OF DONGWA VILLAGE
学生作品展
东洼村商业小区平面图
区位分析图
设计理念：
设计定位：

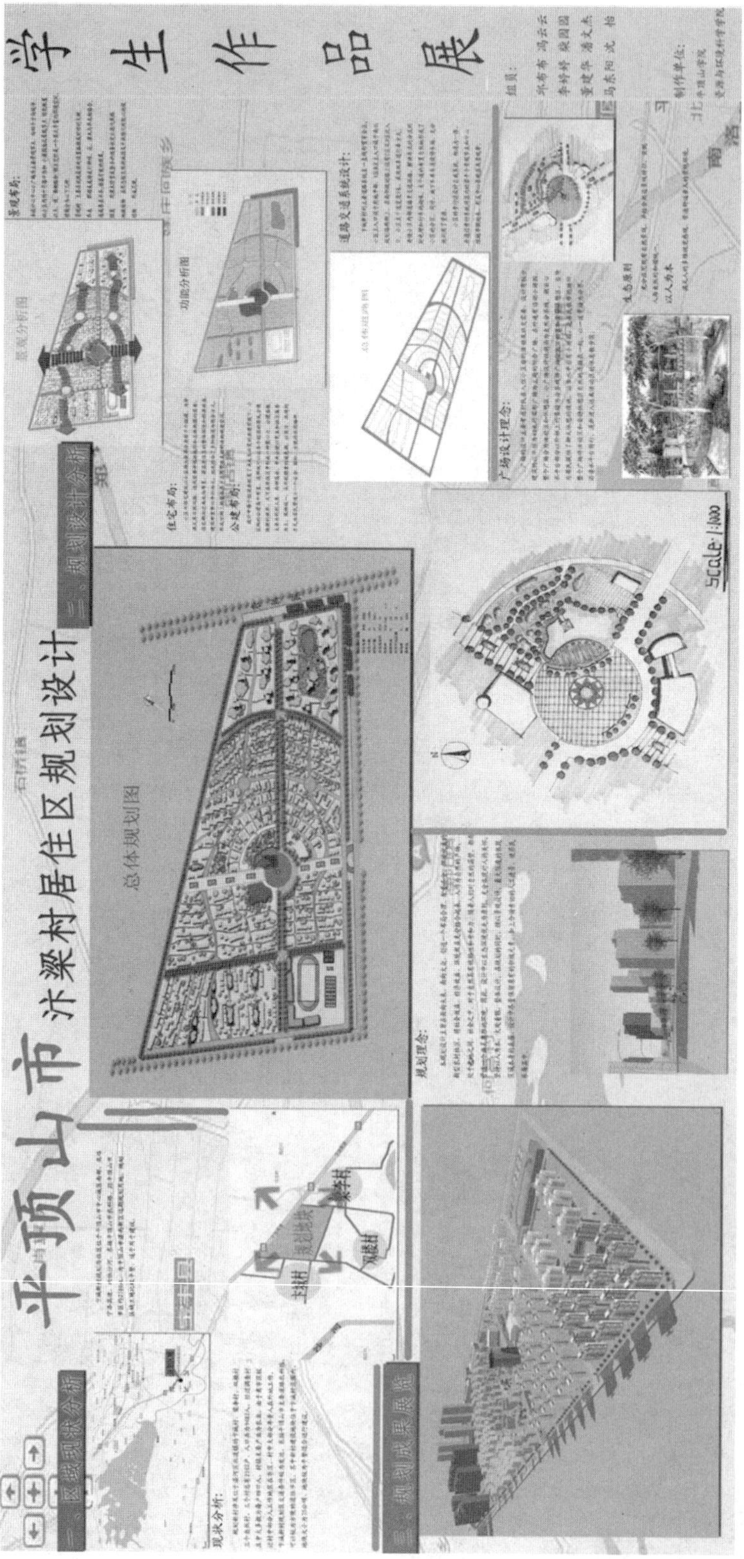
平顶山市
汴梁村居住区规划设计
学生作品展
一、区位现状分析
二、规划设计分析
三、规划成果展示
总体规划图
Scale 1:1000

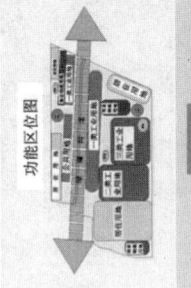
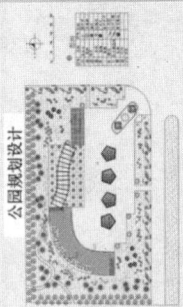

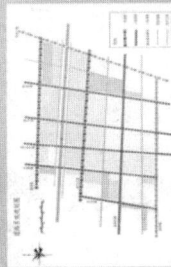

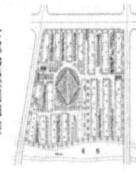

平顶山市白龟湖国家湿地公园规划图

学 生 作 品 展

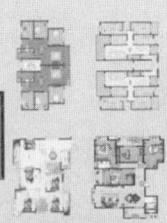

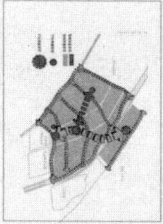

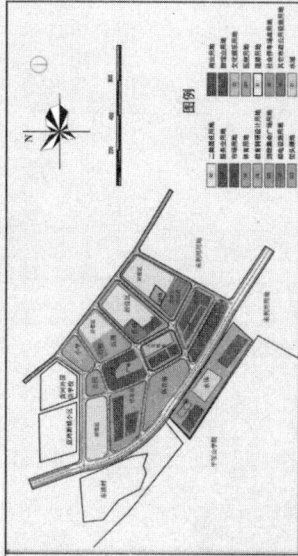
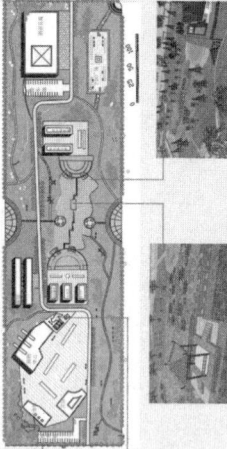

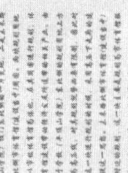

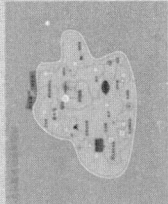

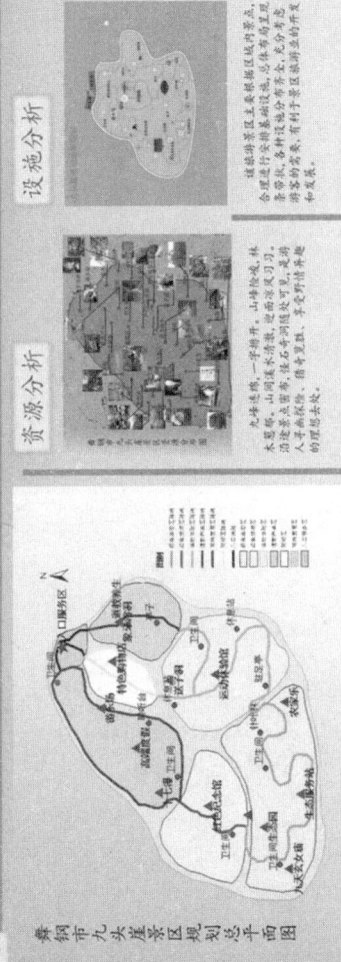
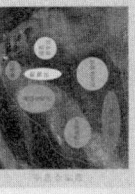
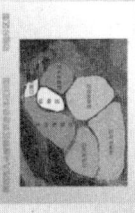
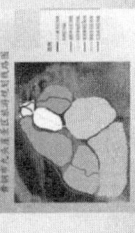

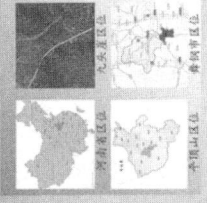

舞钢市九头崖景区旅游总体规划

牟众上奇 老城区中心区规划设计

■ 局部效果图

■ 分析图

■ 总平面图

规划说明：

■ 区位分析

现状图

■ 现状分析

学生作业展

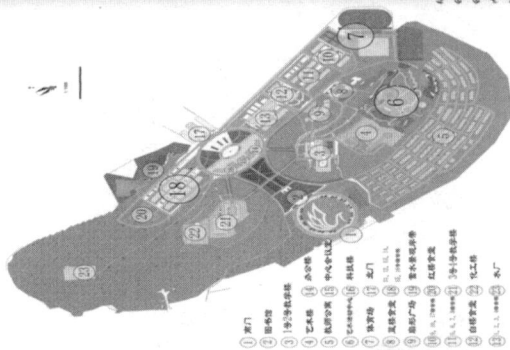
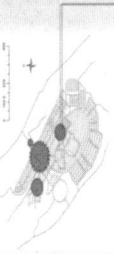
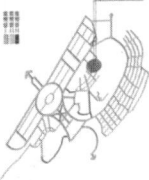

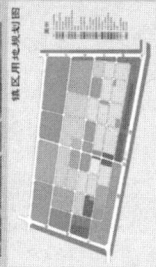

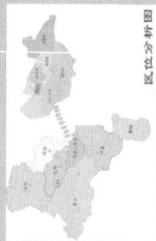

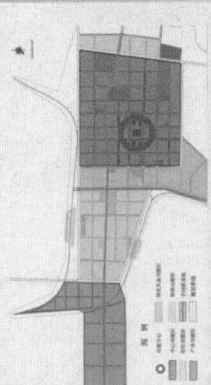

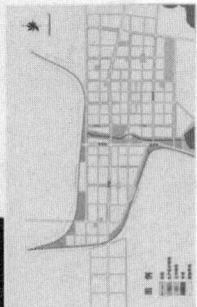

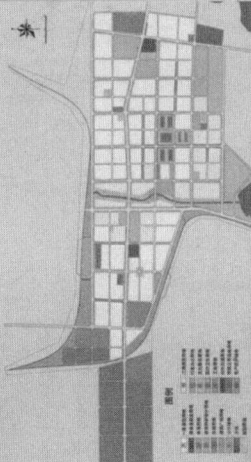

舞钢市朱兰区分区规划

学生作业展

祥云公园规划设计方案

分析图

局部效果图

总平面图

总体布局设计说明

学生作品展

平顶山市白龟山水库暗河至西留村段湖滨景观规划

■ 区位分析：

■ 规划方案：

规划原则：

规划理念：

微观规划：

■ 水界区

■ 拍照广场

■ 文化休闲区

水中汀步

中心广场

■ 健身区

观景台

学生作业展

平顶山市 舞钢垭口区局部改造规划

现状分析

区位分析

区位分析：垭口区位于舞钢市城区的中部。本次规划范围为垭口区西至龙山大道与朱兰三区相接，南至朝阳路与寺坡区相连。东至钢城路。西至西环路舞钢山丘区基于丘陵到平原的过渡区，地势西高东低。现状建成区周边主要由山体有支旗山、蛇湖山、羚羊楼山、刘山等。除支旗山外其它山体未经开发破坏较大。

规划道路分析

局部效果图

土地利用规划图

规划结构分析

局部规划图

道路现状

土地利用现状

规划设计

道路分析：规划保留原有道路，新增两条道路形成中心区环路。疏散车流交通。规划区内道路分为主干路、次干路两个等级。主干路温州路保留。次干路文化路保留。常州路新建的次干路向西延伸至新建的文化路上。增加一条连接常州路和市场的次干路。

规划结构分析：规划形成"一轴一环一心四组团"的结构模式。一轴：以温州路为主的行政发展轴线。一环：以常州路、文化路、鑫源广场为核心的连接组团号路的连接线形成一个环状。一心：鑫源广场为中心组团。四组团：文化路组团和北中组团、文教组团和民法院组团四个组团。核心的垭口区行政文教中心、居住组团和北中组团。

景观系统分析：规划形成四横两纵的景观轴。两轴线为沿温州路和常州路的绿色廊道。四纵线为中心区内的环形道路。多点为区内的几个生活型广场景观。

景观分析

规划设计说明：
总体构想：通过已有的框架。实出区域的行政文化功能。重新对区域进行布局调整。提升区域整体活力。
规划重点：（1）片区的绿地景观成系统。在片区内增加支路疏散交通。优化居住环境。同时使景地景观成系统。（2）片区内温州路一条。其他支路加入主型干道只有温州路一条。减轻温州路的负担现状垭口片区以大型干道与片区内道路相连。（3）行政分公用地的整合与布局规划新区行政中心和完善城市功能。提升片区的景观。因此，规划重点在于增加片区内道路。和完善该城市景观。构想规划重点在于山体利用整合。提升片区的景观。

学生作业展

蚌埠市 朱兰区 绿地系统规划 2014-2030

规划设计

■ 朱兰区绿地系统规划图

针对朱兰区的现状绿地结构规划为"一心、两带、两廊、八线、多点分布"。

"一心"——体育钢园林而建设的绿城广场。

"两带"——分别是公共绿地而建设的绿城广场和居住区的古环路为依托的景观绿化两廊道。

"两廊"——以水为依托的，一是在朱兰河现状的基础上进行修整建设一系绿化长廊；另一道是在迎宾大道附近，临近田垧水库可以建设的景观廊道。

"八线"——需要加强绿化的古环路、铜城路、师范路、北环路、东环路，其中心钢铁路和建设路作为朱兰区的景观绿化线。最终达到展现出户300~500m纵横走进游园。

"多点"——分布在片区的多处作为朱兰区的景观节点。

绿城口西南部，作为朱兰区的中心绿地，占地面积约4.52公顷，位于朱兰大道和师范沿路交叉口西南部，是集休憩、娱乐，是综合一体的一个综合型广场。

滨河公园：临朱兰河而建，位于干体一街两侧，在现状0.9公顷左右的面积上进行改善扩建至1.3公顷。

滨河公园

中心绿地

■ 滨河道路景观设计

滨河公园：临朱兰河而建，位于干体一街两侧，在现状0.9公顷左右的面积上进行改善扩建至1.3公顷。

绿城广场，作为朱兰区的中心绿地，占地面积约4.52公顷，位于朱兰大道和师范沿路交叉口西南部，是集休憩、娱乐，是综合一体的一个综合型广场。

基本概况

■ 朱兰区绿地系统现状图

朱兰区位于蚌埠市的北部，现状总建设用地495.4公顷，总绿地面积为61公顷，其中防护绿地是33.2公顷，主要的公共绿地有建中广场、滨河公园。朱兰广场总共约5.12公顷，附属绿地大致为16.8公顷，其它绿地类型的面积极少。

■ 朱兰区绿地系统分析图

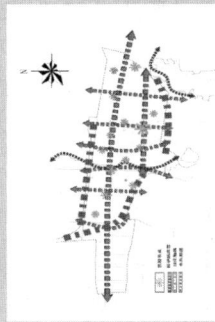

参考文献

[1]崔功豪.区域分析与区域规划[M].2 版.北京:高等教育出版社,2006.

[2]吴志强.城市规划原理[M].4 版.北京:中国建筑工业出版社,2010.

[3]周尚意.人文地理学野外方法[M].北京:高等教育出版社,2010.

[4]风笑天.现代社会调查方法[M].5 版.武汉:华中科技大学出版社,2014.

[5]《城市规划编制办法实施细则》,1995 年 6 月 8 日 建规字第 333 号文发布

[6]郭怀成,尚金城,张天柱.环境规划学[M].2 版.北京:高等教育出版社,2009.

[7]刘康.生态规划——理论、方法与应用[M].2 版. 北京:化学工业出版社,2011.

[8]郭怀成,刘永,贺彬.流域环境规划典型案例[M].北京:北京大学出版社,2007.

[9]王云才.景观生态规划设计案例评析[M].上海:同济大学出版社,2013.

[10]章家恩,叶延琼.生态规划的方法与案例[M].北京:中国环境出版社,2012

[11]李光录.村镇规划与管理[M].北京:中国林业出版社,2014.

[12]赵肖丹,陈冠宏.景观规划设计[M].北京:水利水电出版社,2012.

[13]于一凡,周俭.城市规划快题设计方法与表现[M].北京:机械工业出版社,2011.

[14]舞钢市地方史志编纂委员会.舞钢市志[M].北京:方志出版社,2010.

[15]吴殿廷,王欣,耿建忠,等.旅游开发与规划[M].北京:北京师范大学出版社,2009.

[16]吴必虎.区域旅游规划原理[M].北京:中国旅游出版社.2011.

[17]梁留科.洛阳市龙门风景名胜区旅游发展总体规划(2006—2025 年)[R].开封:开
    封市大河旅游规划规划设计中心,2006.

[18]王庆生.三门峡市旅游业发展总体规划(2006—2015 年)[R].郑州:河南省科学院
    地理所,2006.

[19]杨香云."3S"技术在城乡规划管理中的应用[J].科技资讯,2009,(7):125.

[20]范文兵."3S"技术在城市规划及建设中的应用[J].安徽建筑,2006,(1):16-17.

[21]郭华东. 城市规划 GIS 技术应用指南[M].北京,科学出版社,2001.

[22]郭婷婷,邵晓昕.浅析海岸带侵蚀[J].环境保护与循环经济,2011,31(5):37-39.

[23]赵英时.遥感应用分析原理与方法[M].北京:科学出版社,2001.

[24]梁涛,蔡春霞.城市土地的生态适宜性评价方法-以江西萍乡市为例[J].地理研究,
    2007,26(4):782 – 787.

[25]王海鹰,张新,康停军.基于 GIS 的城市建设用地适宜性评价理论与应用[J].地理与
    地理信息科学,2009,25(1):14-17.

[26]陈燕飞,杜鹏飞,郑筱津,等.基于 GIS 的南宁市建设用地生态适宜性评价[J].清华

大学学报(自然科学版)2006,46(6):801-804.

[27]徐振华,韦松林,张燕妮,等.3S 技术的发展趋势及其在城市规划中的应用前景[J]. 科技情报开发与经济,2005,15(12):139.

[28]宋小冬.地理信息系统在城市规划中应用的问题及探讨[J]. 城市规划汇刊,1995 (2):70-75.

[29]陈文晖,鲁静.区域规划研究与案例分析[M].北京:社会科学文献出版社,2010.

[30]李铮生.城市园林绿地规划与设计[M].北京:中国建筑工业出版社,2006.

[31]尚磊,杨珺.景观规划设计方法与程序[M].北京:中国水利水电出版社.2007.

[32]苏金乐.许昌东城新区生态湿地公园景观规划设计(2010—2020 年)[R]郑州:河南 农业大学风景园林规划设计院,2010.

[33]金兆森.村镇规划[M].南京:东南大学出版社,2010.

[34]骆中钊.小城镇规划与建设管理[M].北京:化学工业出版社.2005.

[35]田朝阳.濮阳市马辛庄农业园区规划设计(2010—2025 年)[R]郑州:河南农业大学 风景园林规划设计院,2010.

[36]杨俊宴,谭瑛.城市规划快题设计与表现[M].沈阳:辽宁科学技术出版社,2010.